Strategie Zukunft und Welt

Johanna Henrich

Strategie Zukunft und Welt

Zur Bedeutung eines ontologischen Begründungskonzeptes nachhaltigen Handelns und Verantwortens

PETER LANG
EDITION

Bibliografische Information der Deutschen Nationalbibliothek
Die Deutsche Nationalbibliothek verzeichnet diese Publikation in der Deutschen Nationalbibliografie; detaillierte bibliografische Daten sind im Internet über http://dnb.d-nb.de abrufbar.

Zugl.: München, Univ., Diss., 2014

Gedruckt auf alterungsbeständigem,
säurefreiem Papier.

D 19
ISBN 978-3-631-65998-4 (Print)
E-ISBN 978-3-653-05490-3 (E-Book)
DOI 10.3726/978-3-653-05490-3

Peter Lang Edition ist ein Imprint der Peter Lang GmbH.

Peter Lang – Frankfurt am Main · Bern · Bruxelles ·
New York · Oxford · Warszawa · Wien

Diese Publikation wurde begutachtet.

www.peterlang.com

Inhaltsverzeichnis

I. Einleitung und Übersicht über den Untersuchungsgang

Zum Anlass dieses Buches

Am Anfang dieses Buches stand die Überzeugung, dass die Philosophie dieselbe Pflicht habe, die letztlich auch jeder anderen Wissenschaft zugerechnet wird: Sie soll etwas dazu beitragen, die Verhältnisse außerhalb ihrer selbst zum Besseren zu bringen und damit also dem nachkommen, was von jedem Element einer Gesellschaft verlangt wird: Seinen Teil nicht nur zum eigenen Bestehen, sondern zum Gelingen des Ganzen zu leisten. Dieses Ganze stellt sich nun als die Gesamtheit der Wissenschaften dar und darüber hinaus als das Ganze dessen, was von ihnen beschrieben wird. Philosophie müsse also, pauschal gesagt, etwas zum Gang der Welt als solchem beitragen. Ihre Aufgabe sei, wie bei so vielen anderen Wissenschaften auch, der Fortschritt in einem universalen Sinn des Wortes. Jede Wissenschaft hat die Möglichkeit nicht etwa in einer Dienstleistung, sondern aus ihren eigenen Verfahren und Ergebnissen heraus Fortschritt zu erwirken, muss sich aber auch auf ihre Potentiale besinnen. Für die Philosophie gilt dies kraft ihrer Themen und der ihr aufgegebenen Frage nach dem Ganzen und dem guten Leben auf besondere Weise.

Nun ist Fortschritt im Sinne der Überwindung von Grenzen und der Entfaltung von Fähigkeiten ein Prinzip, wenn nicht gar *das* Prinzip, welches die heutige Weltgesellschaft prägt und erst möglich gemacht hat. Technologisch, politisch und gesellschaftstheoretisch hat sich die Spezies Mensch in den letzten Jahrhunderten selbst in vieler Hinsicht neu erfunden und beständig als Dagewesenes hin zu Neuem übertreffen wollen und wirklich übertroffen. Der immense Erfolg dieses Fortschrittsgedankens, der sich im Erwerb neuer Fähigkeiten und der Erleichterung des Lebensvollzuges besonders in den westlichen Gesellschaften der Nordhalbkugel zum Ausdruck brachte, führte zu einer Selbstlegitimation solchen Fortschritts an sich. Es liegt in der Natur des Menschen, neue Methoden zu erproben und sie bei Erfolg immer wieder anzuwenden, dabei zu verfeinern und zu erweitern. Dies ist seine Chance, sich trotz körperlicher Nachteile gegenüber Vertretern anderer Spezies zu behaupten. Fortschritt selbst ist aber für den modernen Menschen zur Ausrichtung seiner Handlungsenergie geworden. Das Ausmaß seines Erfolges gibt ihm dabei Recht. Aus eigener Kraft hat er sich die Erde untertan gemacht und man könnte wohl sagen, damit dürfe er zu Recht stolz auf sich sein.

In den letzten Jahrzehnten jedoch lässt sich eine gegenläufige Entwicklung beobachten. Das Primat des Fortschritts findet sich durch die zunehmende Bewusstwerdung seiner unerwünschten Nebenwirkungen erstmals weithin in Frage gestellt. Es begann mit den Zeichen der Überforderung der Natur, die sich im Waldsterben, der Verschmutzung von Meer und Luft und dem Aussterben von Arten sowie in den Anzeichen der überproportionalen Ausbeutung der natürlichen Ressourcen etwa durch Rodung, Bergbau und Überfischung bemerkbar machten. Das wachsende Problembewusstsein verband sich bald mit dem Bewusstsein sozialer Probleme im internationalen und globalen Vergleich, wie Lohndumping, Enteignung von Kleingrundbesitzern zu industriellen Produktionszwecken oder extensive Bodennutzung und steigerte sich über die weltweit spürbaren Veränderungen und Katastrophen, deren aktueller Höhepunkt wohl durch die Bedrohungen aufgrund des Klimawandels markiert ist. So werden die politischen Gesellschaften der Erde zunehmend mit Problemen konfrontiert, die ihrem eigenen Fortschrittshandeln entwachsen sind. Heute sieht sich der Mensch in einer Art von Zwickmühle. Tief inhärent ist ihm die Wertschätzung des Fortschritts, der ihm sein heutiges Leben mit all seinen Vorzügen erst möglich gemacht hat und auf den hin ihn wohl sogar seine genetische Disposition nach Jahrzehntausenden Darwin'schen Überlebenskampfes unwiderstehlich hintreibt. Gleichzeitig ist er mit den Folgen dieses Handelns konfrontiert, das ihn letztendlich in seiner Verfassung und seiner Existenz zu gefährden beginnt. Leugnet er diese selbstverschuldete Bedrohung nicht ab, sieht er sich in einem Zweifrontenkrieg um die Fortführung seines Lebens als das Wesen, zu dem er sich selbst gemacht hat und das er bleiben möchte, um seiner selbst willen und gleichzeitig trotz seiner selbst.

Ein Schlüsselbegriff für das Verhältnis, in dem der Mensch zu seinem vergangenen, gegenwärtigen und zukünftigen Tun in seiner Welt steht, muss „Verantwortung" sein. Diese zu begreifen und sie in sein Handeln Eingang finden zu lassen ist die Aufgabe des Menschen im Zwielicht der gegenläufigen Tendenzen, welche nun die Moderne bedrängen. Er muss das Ganze seiner Lage und seiner Geschichte innerhalb der Natur, die sich gegen ihn zu wenden beginnt, verstehen und ihr handelnd entsprechen.

Damit wird deutlich was die besondere Möglichkeit der Philosophie in einer solchen Situation ausmacht und wozu sie sich deshalb auch aus ihrem eigenen Wesen heraus verpflichtet wissen muss. Sie kann im Blick auf das Ganze die Verantwortung des Menschen für sich selbst und die von ihm affizierte Welt aus letzten Gründen deutlich werden lassen und für ein Handeln, dem sie sich eingliedert, die Perspektiven und die Horizonte erschließen. Was sie leistet muss zwar von anderen Disziplinen aufgegriffen und nach ihren jeweiligen Methoden umgesetzt werden, dies aber ist ihre besondere Aufgabe, die nur ihr zufallen kann und muss, da sie von keiner anderen Wissenschaft getragen werden könnte. Gleichzeitig ist es eine Aufgabe, die an Gewicht und Bedeutung kaum zu übertreffen ist. Ihre Last zieht sie ganz in die Handlungswelt der Gegenwart hinein und ist ihr dabei doch eigentlich keineswegs fremd und neu.

Der Philosoph Hans Jonas legte mit seinem Werk „Das Prinzip Verantwortung"[1] bereits 1979 einen Versuch zur Erklärung und zur Lösung dieser philosophischen Aufgabe vor. In der beginnenden ökologischen Bewegung ab dem Ende der siebziger Jahre, besonders aber in Deutschland, wurde er zu einer einflussreichen Stimme. Auch in der politischen Arena wurde er gern von ganz unterschiedlichen Parteien jeweils für sich in Anspruch genommen. Seine Position ist noch heute in der zukunftsethischen Diskussion der Industriestaaten von Wichtigkeit. Er wird auch in der Philosophie weiterhin diskutiert[2]. Das heißt aber nicht, dass in diesen Debatten die Position von Hans Jonas in ihrem ganzen Umfang und in der Notwendigkeit der Verbindung ihrer Begründungsteile miteinander deutlich genug in den Blick gebracht worden ist.

Jonas, als deutsch geborener und schon 1933 nach Palästina in die Emigration gezwungener Jude, hatte zunächst eine von seinen Lehrern Bultmann und Heidegger als bedeutend angesehene Untersuchung über die historische Gestalt der Gnosis begonnen. Er wollte zeigen, wie sich in dieser spätantiken Lebenslehre eine Form ursprünglicher Daseinserfahrung des Menschen ausbildet und der griechischen Welterfahrung entgegenstellt. Später gelangte er zu der Einsicht, dass er in dieser historischen Gestalt zugleich die Grundzüge der Geschichtsbefangenheit und des kosmischen Nihilismus der Existenzphilosophie mit ihrem Bewusstsein, in einer fremden und feindseligen Welt leben zu müssen, aufgedeckt habe.

Nach dem Ende des Zweiten Weltkrieges gab Jonas, möglicherweise auch motiviert durch die Position Heideggers im nationalsozialistischen Regime, die Beschäftigung mit der Gnosis zu Gunsten eines neuen Interessenbereiches auf, von dem er dachte, dass er von dem, was ihn zuvor beschäftigt hatte, verdrängt und ihm geradewegs entgegengesetzt sei: Eine Philosophie des organischen Lebens im Rahmen einer Theorie der Natur. Nachdem er sich zunächst durch die Lektüre verschiedener Schriften und durch einen Briefwechsel mit seiner Frau Lore in

1 Hans Jonas, Das Prinzip Verantwortung. Versuch einer Ethik für die technologische Zivilisation, Frankfurt am Main 1979.

2 beispielsweise von Gerald Hartung (Hrsg.), Naturphilosophie als Grundlage der Naturethik: zur Aktualität von Hans Jonas, Freiburg i. Br. 2013.

das Thema „Leben“ einarbeitete, entwarf Jonas einen philosophischen Ansatz zu diesem Thema, in dem er den Menschen als mit Freiheit und Geist begabt als Teil einer sich selbst bejahenden und dynamischen Natur beschrieb, in der er sich nicht fremd, sondern aufgehoben und beheimatet fühlen kann. Dass der Mensch in der Natur zu Hause ist und sich positiv zu ihr verhalten kann und muss, ist für Jonas bis zum Ende eine grundlegende Lebenshaltung gewesen. Erwägt man seinen Hintergrund im deutschen Nationalsozialismus, die Ermordung seiner Mutter in Auschwitz und die langjährige heftige Ablehnung, die er während der Jahre des Nazi-Regimes bis weit in die Nachkriegsjahre Deutschland entgegenbrachte, so ist dies umso beachtenswerter.

Seine Arbeit zu dieser philosophischen Interpretation der von der biologischen Wissenschaft erforschten Prozesse des Lebens und der Rolle des Menschen in dem Ganzen der belebten Natur stellt (auch nach seiner eigenen Ansicht) Jonas' Hauptwerk dar[3]. Sie führte ihn bereits zu einer Betrachtung der Stellung des Menschen zum Weltganzen, an die er im Kontext der politischen Bewegungen der sechziger Jahre des zwanzigsten Jahrhunderts mit seinem „Entwurf einer Ethik für die technologische Zivilisation“[4] anschließen konnte. Mit ihm fand er schließlich weit mehr Beachtung, als seine Biophilosophie jemals auf sich zog. Jonas bemühte sich um eine Zukunftsethik, die sowohl universell überzeugen, als auch argumentativ schlüssig begründet sein sollte. Sie war zudem mit dem hohen Anspruch verbunden, eine Ehrfurcht vor dem Leben stützen zu können, die Jonas selbst empfand und die Verhaltensweisen begründen sollte, die sich durch Verzicht, Demut und Selbstbegrenzung des Menschen zu Gunsten der ihm anvertrauten lebendigen Welt auszeichnen. Dabei basieren alle Aussagen auch dazu auf seiner Philosophie des Organischen, die den Menschen immer als lebendiges, wachsendes und sterbliches Wesen begreift, das sich mit Hilfe seiner Anlagen zu seiner Umwelt verhalten muss, um sich am Leben zu erhalten. Wie diese Selbstbewahrung in einer Situation des Überbordens menschlicher Handlungsmacht und, daraus resultierend, in einer Situation der Krise und Selbstbedrohung noch gelingen kann, ist die Frage, die am Anfang von Jonas' Ethik steht.

Diese Krise ist auch heute, fast vierzig Jahre später, die Lebenserfahrung des Menschen in der Moderne. Einen Umgang mit ihr und einen Weg aus ihr zu finden, ohne sein Selbstverständnis und seine Auffassung von einem lebenswerten Leben aufgeben zu müssen, bleibt Aufgabe des Menschen in dieser von ihm

---

3 Hans Jonas, Organismus und Freiheit. Ansätze zu einer philosophischen Biologie, Göttingen 1973.

4 so der Untertitel des Buches.

selbst ausgestalteten und doch nicht beherrschten und beherrschbaren Welt. Neben der Intensität seines Appells an die Menschen und an ihre politischen Repräsentanten brachten Jonas die praktischen Konsequenzen seiner Ethik, die er in „Das Prinzip Verantwortung" skizzierte, die meiste öffentliche Aufmerksamkeit ein. Von ihnen gingen auch die meisten Anregungen für die nachfolgenden Diskussionen aus.

Dabei wird das, was seine Ethik stark macht und sie aus dem Kreis der zukunftsethischen Beiträge gerade durch ihren philosophischen Weitblick heraushebt, leicht ganz übersehen. Jonas hat es als notwendig angesehen, bei der Begründung seiner Ethik letztlich auf eine Ontologie zu rekurrieren und er sah darüber hinaus, dass er sich nicht der Aufgabe würde entziehen können, diese Ontologie selbst zu entwerfen. „Ontologie" ist im modernen philosophischen Bewusstsein kein besonders vielversprechender Disziplinname, am allerwenigsten im Zusammenhang mit der Ethik. Jonas aber sah, dass die Bindung der Ethik an eine Ontologie doch für den Anspruch, den diese Ethik an sich selbst stellen muss, sinnvoll und unabweisbar ist. Noch bevor auf Jonas' Begründung dafür eingegangen wird, lässt sich schon das Folgende absehen: Indem Jonas den Wert, den er nicht nur im menschlichen, sondern überhaupt allem Leben lokalisiert, zwar durch die Natur hindurch dem Menschen vermittelt sieht, ihn aber in einem letzten Grund von allem und insbesondere der Natur, den er „Sein" nennt, verankern kann, gewinnt dieser Wert eine Festigkeit und Unumgänglichkeit, die im Angesicht der Schwierigkeiten, die auf die Ethik in ihrer praktischen Umsetzung eindringen, von großer Bedeutung sind. Indem Jonas eine solche Begründung gelingt, was im Folgenden zu zeigen sein wird, hebt er sein ethisches Begründungskonzept über andere hinaus und lässt es zuallererst für ein Handeln überzeugend werden, das keiner Frage ausweicht und das doch die in der Krise notwendige Entschlossenheit nicht verliert.

Ich werde im Folgenden darlegen, dass es für Jonas' Position charakteristisch ist, die Evidenz unbedingter Geltung von Werten als durch ein Verstehen der Natur vermittelt zu sehen. Aber Jonas sieht zugleich auch, dass es nicht ausreichen kann, zur Herleitung eines verpflichtenden und unbedingten sittlichen Wertes auf die Natur allein Bezug zu nehmen. Dazu wird ein Prinzip benötigt, von dem her sich Wert als solcher begreifen lässt. Daraus ergibt sich, dass der Naturlehre eine Seinslehre vorgeordnet werden muss. Man kann das Sollen, eben deshalb weil es Unbedingtheit einschließt, nicht allein von der Natur her begründen, auch wenn Jonas die Natur im Zentrum seiner Argumentation halten will. Darum muss er ein Sein zum Thema machen, durch das die Natur bedingt und von dem her sie allererst selbst verständlich ist. Die Herleitung der sittlichen

Imperative aus dem Sein läuft über die Natur, nicht aus der Natur selbst und aus ihr allein heraus. Es soll gezeigt werden, dass Jonas die Idee der Natur in seiner Philosophie des Lebens reformierte, in der Natur aber der Mensch auch als sittliches Wesen in seiner Verpflichtung verstanden werden muss. Dies aber ist nur möglich ist, wenn der Grundgedanke in einer Ontologie fundiert und gestützt wird. Die Vollendung von Jonas' Gesamtkonzept ist die durch diese Ontologie begründete Ethik. Er hat sie zwar verhältnismäßig spät und erst in „Das Prinzip Verantwortung" ausformuliert, aber sie ist es, die seiner gesamten Konzeption Halt gibt. Sie umspannt seine Bio- und Verantwortungsethik und schweißt sie mit seiner Lebensphilosophie zu einem Gesamtgefüge zusammen. Erst aufgrund der es fundierenden Seinslehre gewinnt dies Gefüge eine wirklich universale und eine hinreichend tief angelegte Aussagekraft, sodass man zur Orientierung in der heutigen verantwortungsethischen Diskussion noch immer auf es rekurrieren kann und es zumindest als Muster für das gelten lassen sollte, was von einer solchen Orientierung zu verlangen ist. Eben das ist der Anlass für die folgende Untersuchung, die sich auf den Schlüsselgedanken von Jonas' Werk in seiner Beziehung auf die Grundlage einer Ethik für die technologische Zivilisation konzentriert.

Man könnte nun gegen die Motivation einer Abhandlung zu einem umweltethischen Thema, wie es die Ethik von Jonas darstellt, argumentieren, dass ein Aufruf zum Schutz der Grundlagen des Lebens und zur Begründung eines Bedarfs nach nachhaltigen Produktionsmethoden heute nicht mehr notwendig ist. Man wisse all diese Dinge schon. Es gehe vielmehr darum, eben diese Methoden faktisch zu entwickeln, ohne darüber ein Mindestmaß eines angemessenen Lebensstandards der Menschen aufgeben zu müssen. Solche Aufgaben fielen eher den Disziplinen der Technologieentwicklung und Ingenieurskunst zu.

Dass diese Einstellung faktisch nicht begründet ist, zeigt nun aber schon ein Blick auf die aktuelle globale Klimapolitik. An ihr wird ersichtlich, dass die Begründungen der Argumente für Umweltschutz und Nachhaltigkeit heute noch immer nicht stark genug sind, um Fortschritts- und Profitgedanken entgegengehalten werden zu können. Die Ratifikation des Kyoto-Protokolls durch die Vereinigten Staaten steht bis heute aus. Noch immer und trotz schwerwiegender Beweislast ist der Mensch als Ursache des bereits im Gange befindlichen Klimawandels nicht einhellig anerkannt. Solange die Durchsetzung weitreichender und auch unbequemer Methoden zur Bekämpfung der Selbstbedrohung des Menschen nicht gelingt, muss an den Begründungswegen zu einem solchen Handeln gearbeitet werden – und sei es nur, um die moralische Energie derer zu stützen, die dem Menschen die Pflicht verdeutlichen und auferlegen müssen, in der er sich eigentlich schon längst befindet. Seine Verantwortung muss eine solche sein, der er sich nicht mit scheinbar zutreffenden, entlastenden Argumenten entziehen kann. Auch das gehört zu den Voraussetzungen dafür, dass man hoffen kann, die Aufgabe, die dem Menschen durch die Krise seiner Zivilisation auferlegt ist, könne doch wirklich noch gelöst werden. So kommt also der Fragestellung nach der Grundlegung einer solchen Handlungsorientierung heute unverändert große Bedeutung zu. Sie veranlasst uns dazu, über jede Form von praktischem Diskurs hinaus die Fundamente des Daseins des Menschen auf Erden zu bedenken, um etwas Wesentliches dazu beizutragen, ihm einen gangbaren Weg in seine Zukunft zu eröffnen.

Die These des Buches

Die Ontologiekonzeption, welche Hans Jonas innerhalb seines Werkes „Das Prinzip Verantwortung" verhältnismäßig knapp, fast nur als eine Skizze der letzten Begründung der von ihm entwickelten Konzeption, umreißt, stellt, trotz ihrer unprominenten Positionierung im Werkskörper, eine Passage dar, welche für das Ganze entscheidende Bedeutung hat und die notwendige Voraussetzung für die Konstitution der Ethik ist. Als Bindeglied in der Theoriegenese zwischen Hans Jonas' vorangegangener Herausarbeitung seiner Lebensphilosophie und seiner später entwickelten Verantwortungsethik ist sie auch entwicklungsgeschichtlich die Brücke zwischen den beiden Themenfeldern. Mit ihr denkt und fragt Jonas auch hinter die Sphäre des Lebendigen zurück und nimmt die Fäden seiner frühen philosophischen Studien wieder auf, indem er das Leben in den Horizont des „Seins" als dessen Manifestation einbegreift.

Die Begründungsformen und Implikationen der Ontologie haben wiederum vielfältige Spuren in Jonas' Verantwortungsethik hinterlassen, ohne dass man sagen kann, Jonas habe diese Ethik in ständigem Blick auf diese ihre letzte Grundlegung niedergeschrieben. Daraus ergibt sich die Aufgabe, solche Zusammenhänge dort aufzudecken und zu erläutern, wo Spannungen zwischen seinen Formulierungen darauf hindeuten, dass er selbst diese Zusammenhänge im Zuge der Niederschrift seiner Texte in ihrer Gänze womöglich nicht überblickt hat. Der Text der Ontologie ist überdies von Jonas insbesondere im Blick auf ihre Folgen in der Ethikkonzeption treffsicher formuliert. Er hat sie aber nicht sorgfältig im Erwägen von Pro und Kontra zu seinen Theoremen ausgearbeitet.

Fasst man das Gewicht dieses kurzen Textes für die Begründung von Jonas' Verantwortungsethik ins Auge, so muss man weiter auch sagen, dass ihre skizzenhafte Ausführung viele Nachfragen aufkommen und das Bedürfnis spürbar werden lässt, die gesamte Argumentation ausführlicher entwickelt und unter der

Berücksichtigung von möglichen Einwendungen beurteilt zu sehen. Eine solche Entwicklung und Erörterung dieses für Jonas' Werk grundlegenden Abschnittes ist erforderlich, um der Fundierung seiner Theorie zu größerer Überzeugungskraft zu verhelfen, als man ihr nach einer ersten Lektüre des kurzen Textes zutrauen mag. Zugleich kann so die Eigentümlichkeit und Originalität von Jonas Konzeption deutlich hervortreten, die er selbst nach seiner eigenen Erklärung als noch nicht ausreichend gerechtfertigt angesehen hat[5]. Sie ist der Versuch zu einer ontologisch fundierten Wertlehre, die aber nicht einer eigenen idealen Dimension zugeschrieben, sondern unmittelbar mit der Naturtheorie verbunden ist und die sich dem Menschen zusammen mit seinem Wissen von seiner eigenen Natur, von lebendiger Natur und Natur überhaupt erschließt. In Bezug auf Jonas' Gesamtwerk kann die vertiefte Auslegung dieses kleinen, aber zentralen Textteiles zugleich die Bedeutung dieser Ontologie für den Verlauf seiner Gesamtentwicklung verdeutlichen: Von der Analyse von Menschenbildern in Religionen über die Wendung zu einer Philosophie der Natur und des Organischen und deren Entwicklung in Jonas' früherem Werk „Organismus und Freiheit" hin zu der Verantwortungsethik, die aus seiner Biophilosophie hervorging und die an dies alles schließlich insbesondere durch den Entwurf der Ontologie anschließt.

Zum Gang der Argumentation

Die Arbeit nimmt ihren Anfang bei dem, was auch der Ausgangspunkt der Untersuchung in Jonas' „Das Prinzip Verantwortung" gewesen ist: der Verständigung über die Krise der modernen Welt. Dabei wird sowohl Jonas' Diagnose als auch seiner Veranlassung zu ihr nachgegangen und kritisch abgewogen. Im Mittelpunkt steht dabei die Frage, ob die Definition dieser Krise als völlig neuartige Situation in der Menschheitsgeschichte gerechtfertigt ist und welche Folgen diese Annahme für Jonas' weiteren Argumentationsgang haben wird. Im Anschluss kommt die Philosophie in den Blick als diejenige Institution, der auf die Problemstellungen dieser Krise eine Antwort zugetraut und zugemutet wird. Warum gerade sie, und zwar zusammen mit dem menschlichen Vermögen der Verantwortung, die Kraft entfalten soll, dem gegebenen Problem zu begegnen, wird erörtert. Jonas' eigene Veranlassung zu dieser Wahl seines Vorgehens wird berücksichtigt. Was Verantwortung dabei im Eigentlichen und spezifisch für Jonas bedeutet kommt zur Sprache, bevor die Folgen des von Jonas propagierten Verantwortungsbewusstseins in den Blickpunkt rücken. Er entwarf als Methode des

5 Hans Jonas, Das Prinzip Verantwortung, S. 237.

Erkennens dessen, wofür diese Verantwortung getragen werden muss, das Konzept einer „Heuristik der Furcht“[6], welches in seiner Verfassung und Tragkraft beurteilt werden muss. Eng verbunden zeigt sich dieser ganze Problemkomplex der Krise schließlich mit dem Bereich von Technik und Naturwissenschaft. Für Jonas haben die Naturwissenschaften und die Ethik etwas miteinander zu tun. Ethik ist nicht ganz ohne Wissenschaft zu denken, da die Verantwortung letztlich aus der Natur dem Menschen zuwächst. Deshalb ist für ihn eine spezifische und zentrale Aufgabe der Ethik, eine Zurückhaltung der Naturwissenschaften in ihrer Übermacht über alle anderen Wissenschaftskomplexe und der Dominanz ihrer Folgen über den Lebensvollzug des modernen Menschen zu begründen und zu erwirken. Die Wissenschaft selbst verlangt nach einer Ethik für den Umgang mit ihren Folgen in der Technik. So sieht es Jonas und stellt damit die Praxis der zu entwickelnden Verantwortungsethik noch vor ihre theoretische Begründung. Im zweiten Kapitel wird diesem besonderen Verhältnis, das auch schon in Jonas' Naturphilosophie zu beobachten ist, Rechnung getragen, bevor dann zum Kernkomplex dieser Arbeit übergegangen wird: Die Begründung der Unverzichtbarkeit der ontologischen Fundierung seiner Ethik. Der Beleg aus Zeugnissen Jonas' zu dieser These geht einer eingehenden Untersuchung und Nachverfolgung des ersten und noch skizzenhaften Entwurfes seiner Seinslehre in „Das Prinzip Verantwortung“ voran.

Dieser widmet sich dann das vierte Kapitel. Hier wird erläutert, wie Jonas an diese Begründung herangeht, wie weit er sie in der überraschenden Kürze des Textes, den er ihr widmet, durchführen kann, welche Lücken seine Argumentation dabei aufweist und wie man ihnen womöglich beikommen und sie durch Jonas gemäße Argumente schließen könnte. Dabei wird auch seine besondere und nirgends erläuterte Weise erörtert, von „Sein“ und „dem Sein“ zu sprechen. Sie dominiert in dem ontologischen Konzept, führt aber mit sich Assoziationen aus vielerlei Zusammenhängen – unter denen Jonas' Naturverständnis besonders wichtig ist. Zu diesen Verbindungen gehören aber auch die auf die griechische Kosmologie zurückgehende Tradition, Whitehead und manche Erinnerung an Jonas' Lehrer Heidegger.

Die frühe Prägung durch seine sehr unterschiedlichen Lehrer Martin Heidegger und Rudolf Bultmann, aber auch Jonas' Absetzung von ihnen, wird in Jonas' Werk immer wieder an bedeutsamen Stellen deutlich. Diese Beziehungen und ihre Motive sollen in Kapitel fünf herausgehoben werden. Es befasst sich aber vor allem mit der Rolle des Menschen in diesem ontologisch begründeten

6 Hans Jonas, Das Prinzip Verantwortung, S. 63.

Ethikkonzept und schließt an ein Menschenbild an, das Jonas in seinem früheren Werk „Organismus und Freiheit" entworfen hat. Dessen Motive übernahm er ohne Verweise und weitere Ausarbeitungen in „Das Prinzip Verantwortung". Sie werden in diesem Kapitel aufgedeckt und erörtert. Begonnen wird dabei mit einem Rückblick auf Jonas' Veranlassung, sich überhaupt mit dem Begriff des Lebens zu befassen. Daraufhin wird sein Konzept des Menschen als einem aus der evolutionären Entwicklung hervorgegangenen und auf sie bezogenen natürlichen Wesens untersucht. Unter Berücksichtigung der später hinzugewonnenen ontologischen Sphäre lässt sich dieser Mensch nun als in einzigartiger Weise auf das Sein zurückbezogen und als ihm verpflichtet verstehen. Diese Akzentuierung vollzog Jonas so in „Das Prinzip Verantwortung" nicht ganz explizit, wie er denn überhaupt in diesem Buch die philosophische Argumentation hinter der appellierenden Zuwendung zu den Menschen und ihren politischen Repräsentanten so weit wie möglich zurückgenommen hat. Aber dieser besondere Zusammenhang ist eine notwendige Folge seiner Gesamtarbeit über Leben, Mensch und Verantwortung und lässt sich aus der Übersicht über seine gesammelten Werke gewinnen. Versteht man den Menschen solcherart in dieser seiner besonderen Hüterrolle im Blick auf den Ursprung und das Ganze der Natur, wird man auch Jonas' Ethik im Ganzen seiner Argumentation und deren Stilform besser nachvollziehen können.

Das macht es aber auch nötig auf Jonas im Kontext seiner Ontologie und Naturtheorie fremdartig anmutendes theologisches Konzept einzugehen, was nun in diesem Zuge erfolgt. Obwohl Jonas in allen seinen Werken, die das Verhältnis des Menschen zum Leben betreffen, immer wieder einen Gottesgedanken ins Spiel bringt, bleibt dieser doch eine Art illustrierendes Gedankenexperiment, auch auf dem Hintergrund gewichtiger persönlicher und geschichtlicher Erfahrungen, die ihm und vielen seiner Leser gegenwärtig sind. Jonas wollte die Theologie, die er aufnahm und auch selbst ausarbeitete, niemals als Begründung der von ihm ausgearbeiteten Ethik einsetzen. Dennoch bietet dieser Gottesgedanke ihm einen leichteren Übergang für das Demutsverhältnis des Menschen zur „Schöpfung", die ihm anvertraut ist und als deren Folge er sich doch selbst zugleich verstehen muss. Wie Jonas' Gottesbild angelegt ist, welche Bedeutung es für ihn hatte und welche Rolle es für sein Gesamtwerk spielt, wird im sechsten Kapitel erörtert. Damit sind dann die Betrachtungen zur Verfassung und den Implikationen der Ontologie in Jonas' Werk abgeschlossen.

Da ich aber davon ausgehe, dass Jonas' Konzept noch immer eine herausgehobene Bedeutung zukommt, ist es sinnvoll, nunmehr auch einen Blick in die jüngste Entwicklung der Verantwortungsethik im Zusammenhang der Bereiche ihrer Anwendung zu werfen, um zu sehen, was dort mit Hilfe von Jonas' Gedanken noch geleistet werden kann. Exemplarisch wurde dazu die moderne Gentechnologie herausgegriffen und ihre Beurteilung sowohl allgemein als auch spezifisch in ihrem Anwendungsbereich auf den Menschen untersucht. Mit seiner Ethikbegründung, die in besonderem Maße auf die körperliche Verfassung von Leben allgemein und des Menschen im Besonderen ausgerichtet ist, entwickelte Jonas ein Konzept, das nicht nur in ethischen Diskussionen im Rahmen des Umweltschutzes, sondern auch in Humanbiologie und Medizin einflussreich blieb. Jonas formulierte eine Reihe ethischer Leitlinien für die Medizin, befasste sich besonders mit der Natürlichkeit von Geburt und Tod und suchte ihre besondere Würde zu bewahren und zu verankern. Er war immer der Auffassung, dass das Leben mit seinem Anfang und seinem Ende in der Form, in der es natürlich zum Ausdruck kommt, eine tiefe Berechtigung und damit einen Anspruch auf Achtung hat, dem die Medizin nachkommen muss. Speziell im Bereich der Gentechnologie sprach er sich deshalb nicht gegen den Fortschritt, aber auch nicht für Forschung um jeden Preis aus. Jonas erlebte nur die Anfänge der Entwicklung gentechnologischer Methoden. Zu seinen Lebzeiten war beispielsweise das Klonen nur eine vage Zukunftsaussicht. Deshalb soll in einem eigenen Kapitel herausgearbeitet werden, was für den heutigen Stand der Wissenschaft mit Jonas gewonnen werden kann und welche Bedeutung seiner philosophisch und zugleich naturtheoretisch gestützten Ethik unter den gegenwärtigen Stimmen nach wie vor zukommt.

Damit ist der Untersuchungsgang dieses Buches abgeschlossen. Zusammenfassend lässt sich aussagen, dass das knappe und erst spät niedergeschriebene Kapitel zur ontologischen Grundlegung der Ethik den Schlüssel zu Hans Jonas' Gesamttheorie enthält – und damit auch für das Verständnis der besonderen Bedeutung seines Konzepts für die Ethik an sich und auch in ihrer gegenwärtigen Situation darstellt. Betrachtet man dieses Konzept in seinem Zusammenhang, aber auch unter Berücksichtigung der „Gebrechlichkeit" der von ihm wirklich ausgeführten Argumentationen, die der Autor ihm ja selbst attestierte[7], so wird ersichtlich, welchen wertvollen Beitrag Jonas für das Verständnis und auch die Bewältigung der Aufgabe leisten kann, die dem Menschen in der gegenwärtigen geschichtlichen Konstellation seines Daseins auf diesem Planeten und für seine Zukunft gestellt ist.

7 Hans Jonas, Das Prinzip Verantwortung, S. 237.

II. Hans Jonas' Ethikkonzeption und die Theorie der Verantwortung: Zum Verhältnis von Theorie und Praxis

In Hans Jonas' Lebenswerk, das sich mit dem Verständnis des Menschen in der Welt und seiner Rolle für diese auseinander setzt, stellt die Verantwortungsethik den letzten und meistbeachteten Schritt dar. In einem Brückenschlag zwischen Philosophie und Naturwissenschaft leitete er zunächst den Menschen aus dem Leben heraus ab, wies ihm ein Zuhause in der organischen Welt zu und zeigte dann schließlich seine ihm spezifische Aufgabe auf, die ihn auf das Ganze, dem er entstammt, zurückbezieht. Der Schlüssel für Letzteres und damit auch für das Verständnis der Rolle, in der sich für ihn der Mensch in der lebendigen Welt wiederfinden kann, ist der Begriff der Verantwortung. Sie führt den Menschen zurück auf das, wodurch er im Leben verursacht ist, und zeigt ihm gleichzeitig einen angemessenen Umgang mit seiner eigenen Zukunft und der Zukunft des Lebendigen.

Mit der Betrachtung der Verantwortung rollt man aber Jonas' Werk gewissermaßen von hinten auf. Die von ihm in der Betrachtung von Leben und Mensch entwickelte Methode wird auf diesem Weg auf seine eigene Arbeit angewandt. Jonas war der Auffassung, dass das innere Prinzip einer Sache seine Tendenzen in dem äußert, „was es aus sich hervorgehen lässt [...], sodass wir uns vom Obersten, Reichsten über alles Untere belehren lassen müssen"[8]. Wo Kontinuität herrscht, muss von der Folge auf den Ursprung zurückgeschlossen werden können, nicht nur vom vorherigen Schritt auf den nächsten. Jonas kehrt in dieser Methode die gängige Emergenztheorie um. Wenn man annimmt, dass er damit angemessen vorgeht, muss sie auch auf ihn selbst anwendbar sein. So muss genauso die Verantwortung, die Jonas' Werk zum Abschluss bringt, auf seine Gesamtverfassung und die darin zuvor unternommenen Entwicklungsschritte zurückdeuten.

Dieser Methode gemäß zog Jonas Rückschlüsse aus der Verfassung des Menschen für die Grundtendenzen der Natur, aus der der Mensch verursacht ist und aus ihr wiederum Schlüsse auf die ontologische Grundlage der Natur. Nach derselben Methode soll hier Jonas' Gesamtkonzept untersucht werden, ausgehend

8 Hans Jonas, Das Prinzip Verantwortung, Frankfurt am Main 1979, S. 135f.

von seiner Verantwortungsethik bis hinein in ihre Begründung im ontologischen Kernstück der Theorie.

Bevor aber davon gehandelt werden kann, muss zunächst einmal die Theorie der Verantwortungsethik als Ausgangsbereich untersucht werden.

Das, worum es Jonas letztendlich in seinem Hauptwerk „Das Prinzip Verantwortung" geht, ist die Entwicklung einer Ethik für die Zukunft. Diese Ethik ist dadurch gekennzeichnet, die Verantwortung als ihr Zentrum zu haben. Um sie nun in ihrer Verfassung richtig verstehen zu können, muss man zunächst ein angemessenes Verständnis von Jonas' Verantwortungsbegriff gewinnen. Erst von ihm aus wird sich das Profil dieser Ethik der Verantwortung deutlich herausheben. In einem nächsten Schritt müssen anschließend von der Ethikkonzeption her die praktischen Implikationen der Theorie der Verantwortung erörtert werden, um die Verantwortungsethik als solche in ihrer Gänze beurteilen zu können.

Den Anfang macht dabei die Frage, wie eine Ethik der Verantwortung, wie Jonas sie zu konstituieren sucht, verfasst sein muss. Damit soll nun zunächst begonnen werden.

Über den Status einer Ethik der Verantwortung

Vom Begriff her ist Verantwortung etwas, das die verantwortliche Person auf etwas außerhalb ihrer selbst bezieht, für das diese Verantwortung besteht. Dieser Bezug ist einer, der Zugehörigkeit im Sinne einer einseitigen Verbindlichkeit auf solches hin vermittelt und der mit der Notwendigkeit eines Handelns verbunden ist, sei dieses Handeln möglicherweise auch nur ein passives im Sinne von Unterlassung. Verantwortung ist also nichts rein Theoretisches. Sie impliziert eine Pflicht, der sich zu entziehen nicht nach Belieben möglich, wenn auch nicht ausgeschlossen ist. Sie stellt eine tiefere Form der Verbindlichkeit dar, die sich von der eines Vertrages unterscheidet. Nicht umsonst verbindet man den Begriff zunächst mit der Sphäre der Elternschaft, der Pflicht gegenüber Schutzbefohlenen und auch Besitzverhältnissen, mit einer Bedeutung für Familien, Gemeinden und Kollektive.

Gleichzeitig ist Verantwortung ein positiv–moralisch konnotieres Konzept. Ihre Verbindlichkeit ist eine, die Schutz, gutwillige Führung und die Bemühung um Gelingen suggeriert. Im Bereich des Handelns und des Besitztums wird die besondere Schwere der Entziehbarkeit des Verantwortlichen gegenüber dem, was er dem zu Verantwortenden schuldig ist, besonders deutlich. Wer sich für eine Tat verantwortlich weiß, der hat ihr Zustandekommen erst verursacht und verschuldet. Als Urheber einer Handlung kann er seine Verantwortung ableugnen, aber nicht auflösen. Wer für Besitz, wie beispielsweise ein Grundstück verantwortlich ist, hat damit weitgehend unbeschränkte Macht über es, kann mit ihm aber nur nach Belieben verfahren, soweit es Gesetz und Vereinbarung gestatten. Verantwortung ist also etwas, das auch Macht mit einschließt.

Dieses Verhältnis spielt bei Jonas eine besondere Rolle. Die Machtkomponente der Verantwortung ist eine, die immer eine spezifisch menschliche ist. So liegt es im allgemeinen Verständnis des Begriffes und so stellt es sich auch für Jonas dar. Die menschliche Macht, besonders die der durch die Technologie und ihre Möglichkeiten geprägten Zivilisation, ist für ihn der Anhaltspunkt, sich überhaupt mit Verantwortung zu befassen und ihr zu einer gesteigerten Bedeutung zu verhelfen in einer Situation, die in seinen Augen die Notwendigkeit zu einer verstärkten Aufmerksamkeit für eine Verantwortung enthält, wie Jonas sie versteht.

Bevor es also um diese Verantwortung gehen kann, muss die Begründung dafür, sie überhaupt auf den Plan zu rufen, untersucht werden.

Die Krise der Gegenwart

„Dass die Verheißung der modernen Technik in Drohung umgeschlagen ist, oder diese sich mit jener unlösbar verbunden hat, bildet die Ausgangsthese dieses Buches“, so äußert sich Jonas auf der ersten Seite von „Das Prinzip Verantwortung“. Die Lage des Menschen in der Mitte und zum Ende des zwanzigsten Jahrhunderts hin ist für ihn der Anlass, sich mit dem Verantwortungsbegriff und seinen Implikationen für diesen modernen Menschen auseinanderzusetzen. In der von diesem Menschen wissenschaftlich und technologisch erschlossenen Welt ist durch diesen Prozess ein Ungleichgewicht entstanden, das die menschliche Gesellschaft in eine Krise stürzt. Jonas ist davon überzeugt, dass sie sich durch den bahnbrechenden Erfolg ihres Wirkens in der Welt nicht nur eine Bedrohung für alles andere, sondern auch für ihr eigenes Leben geschaffen hat. Diese „geht über die Feststellung physischer Bedrohung hinaus. Die dem Menschenglück zugedachte Unterwerfung der Natur hat im Übermaß ihres Erfolges, der sich nun auch auf die Natur des Menschen selbst erstreckt, zur größten Herausforderung geführt, die je dem menschlichen Sein aus eigenem Tun erwachsen ist. Alles daran ist neuartig, dem Bisherigen unähnlich, der Art wie der Größenordnung nach: Was der Mensch heute tun kann und dann, in der unwiderstehlichen Ausübung dieses Könnens, weiterhin zu tun gezwungen ist, das hat nicht seinesgleichen in vergangener Erfahrung“[9]. Ausschlaggebend für das Aufkommen der Krise ist also die menschliche Macht und hier ganz spezifisch diejenige, die durch den

9 Hans Jonas, Das Prinzip Verantwortung, S. 7.

technologischen Fortschritt und den Gebrauch seiner Erzeugnisse entstanden ist und die eine „Unterwerfung“, also Urbarmachung, Umwandlung und Verdrängung der Natur im Sinne des menschlichen Interesses zur Folge hat. Jonas war damit ein fortschrittlicher Denker, befand sich aber auch ganz im Ton seiner Zeit, was sicherlich auch den großen Erfolg seines Buches mit verursachte. Anders als viele seiner Zeitgenossen prangert er aber nicht einfach nur die Gefahr der Selbstvernichtung der Menschheit durch destruktive Gewalt, wie allen voran die Atombombe, an, sondern sieht besonders den wohlmeinenden technologischen Fortschritt zur Verbesserung des menschlichen Lebens, beispielsweise in den Neuerungen in den Bereichen von Biologie und Medizin, als Auslöser und vorantreibende Kraft der Krise an und steht damit vor einer ganz neuen Herausforderung des Umganges mit ihr: „Hier ist nicht mehr, wie beim Problem der Kernwaffen, Platz für ein einfaches Ja oder Nein, sondern hier ist ein Feld fließender Übergänge, subtiler Wertwägungen und strittiger Entscheidungen. Kein manichäischer Kampf zwischen Gut und Böse findet hier statt; kein Schadenswille, nur Hilfswille ist am Werk. Und doch erweist sich die Erfindungskunst im Dienste des Menschenwohls oft im Widerstreit mit der Menschenwürde“[10]. Die Krise ist also eine, die sich nicht mit Leichtigkeit abwehren lässt. Sie ist durch menschliches Verhalten entstanden, das im Sinne seiner Selbsterhaltung und der Verbesserung seiner Situation ausgeübt wurde und wird, schlägt daraus in Selbstbedrohung um, bleibt aber gleichzeitig auch Instrument des Gelingens des menschlichen Lebensvollzuges. Das macht bereits das Dilemma deutlich, das in ihr gelegen ist.

Darüber hinaus sieht Jonas sie als etwas ganz und gar Neuartiges an. Seiner Auffassung nach ist diese so gekennzeichnete Krise einmalig im bisherigen menschlichen Dasein und bietet damit auch keine Lösung auf der Basis von Erfahrungen. Jonas hat sicherlich Recht, wenn er die Lage der Menschheit als eine technologische Gesellschaft[11] als bisher einzigartig beschreibt. Der Fortschritt erreichte zu seinen Lebzeiten einen neuen Höhepunkt und eröffnete dem modernen Menschen eine weit größere Bandbreite an Möglichkeiten innerhalb seines Lebensvollzuges als je zuvor, sei es auf Gedeih oder Verderb Einzelner oder der Gesamtheit der Menschen. Das bedeutet aber nicht im selben Zug, dass die dadurch verursachte Krise notwendig ebenso beispiellos ist. Die Entwicklungsgeschichte des Menschen zeichnet sich dadurch aus, dass er sich

10 Hans Jonas, Philosophie. Rückschau und Vorschau am Ende des Jahrhunderts, Frankfurt am Main 1993, S. 30.

11 dazu auch der Untertitel seines Buches.

mit fortschreitender Zeit immer wieder selbst überbot. Es mag zweifelsohne Phasen gegeben haben, in der sich Gruppen oder ganze Völker durch Katastrophen oder Vergessen in ihrer Entwicklung zurückgeworfen sahen. Insgesamt aber ist jeder Moment des Daseins des Menschen in der Welt einer, in der er sich in einer neuen und bisher ungekannten Position befindet und sich mit seiner Macht im Kontext seiner Ressourcen auseinandersetzen muss.

Jonas diagnostiziert die Krise in dieser Art, weil er auf die Begründung einer neuen Form der Begegnung mit ihr abzielt. Ihm ist nicht an der Diskussion vergangener Strategien oder zufälliger Wendungen gelegen. Deren Eignung zur eventuellen Auflösung der Krise weist er von vornherein ab. Ein Grund dafür ist die Knappheit der zur Verfügung stehenden Zeit, die er als noch offen veranschlagt, um die Katastrophe abzuwenden, deren Bedrohung für die Menschheit die Krise zuerst definiert. Damit teilt er einen Gedanken, der das Situationsgefühl der westlichen Kulturen im ausgehenden zwanzigsten Jahrhundert maßgeblich prägte: die „Fünf-vor-Zwölf"-Idee, die vor Allem durch das atomare Wettrüsten im Zuge des Kalten Krieges aufkam und die Furcht vor einer möglichen Selbstvernichtung der Menschheit anfachte, die auch Jonas beschäftigte. Dieser Gedanke und sein spezifischer Kontext mögen neu in der menschlichen Historie sein, essenzielle Krisen sind es sicherlich nicht. Jonas hätte seine Diagnose der Situation der Gegenwart in Bezug auf ihre Einzigartigkeit wohl weniger scharf ausfallen lassen können. Aber letztendlich wäre das nicht im Sinne der von ihm als notwendig diagnostizierten zeitnahen und konsequenten Begründung, Konzeption und Durchführung eines Handelns zur Auflösung dieser Krise gelegen.

Sicherlich richtig ist die Beobachtung der durch die Technologienutzung angewachsenen Schwere der resultierenden Umweltveränderungen und das Ausmaß ihrer, auch unabsehbaren, Folgen für die Zukunft. Die neue menschliche Macht ist nicht nur eine momentane, sondern auch eine, die sich in die Zukunft erstreckt und so weitreichende Folgen nach sich zieht, dass sie sich mit dem heutigen Verständnis der Verursacher noch nicht erfassen lassen. So ist diese Macht zu einem gewissen Maße blind. Das macht das durch sie befähigte Handeln so überaus risikobelastet. Dies spitzt sich dadurch zu, dass „schon die alltägliche Ausübung unseres Könnens, in der ja die moderne Zivilisation routinemäßig besteht und wovon wir alle leben, zum [...] Problem wird"[12]. Damit ist die Sphäre der Ausnahmetechnologie, allen voran die der Nuklearwaffen, verlassen und Fragen nach der Problematik von Entwicklung und Nutzung beispielsweise

12 Hans Jonas, Philosophische Untersuchungen und metaphysische Vermutungen, Frankfurt am Main 1992, S. 133.

genetisch modifizierten Saatgutes, lebensverlängernder medizinischer Maßnahmen oder neuer Treibstoffe rücken in den Fokus der Betrachtung. Technologien, die zur Wohlstandsmehrung dienen, sind damit denselben Fragestellungen unterworfen wie solche, die zur Erhaltung menschlichen Lebens notwendig sind[13]. Technologisches Verständnis, ob zu produktiven oder destruktiven Zwecken, ist darauf gerichtet, den darüber Verfügenden in die Lage zu versetzen, etwas handelnd umsetzen zu können. Aber das Wissen über die Funktionsweise einer bestimmten Technologie ist nicht deckungsgleich mit dem Wissen über die Effekte ihres Einsatzes. Heute ist die schwerwiegende Bedeutung dieses Unterschiedes zunehmend zum Thema der gesellschaftlichen Diskussion geworden. Die Erwägung eventueller Folgen eines neu ermöglichten Handelns ist gewöhnlich nicht Teil der Bemühung um technologischen Zugewinn, der in erster Linie zur aktiven Verbesserung des menschlichen Lebens dient. Dass die Folgen des Einsatzes mancher Technik mehr das Gegenteil zur Folge haben, wird im allgemeinen Verständnis eher einer unglücklichen Entwicklung als einem dieser Technik direkt zuzurechnenden Effekt zugeschrieben. „Technologie" an sich ist ein in der modernen Gesellschaft positiv konnotierter Begriff. Das geht einher mit dem Primat der Naturwissenschaften, deren Methoden der Wirklichkeitserklärung in diesem Zeitalter allgemein als die zutreffendsten und überzeugendsten anerkannt sind. Zu verdanken haben sie dies sicherlich ihrer praktischen Folge in den vielen Spielarten der Technologie und der damit verbundenen weitreichenden Entwicklungen, die eine Verbesserung des menschlichen Lebens in nahezu allen Teilbereichen ermöglichte. Keine andere Wissenschaft kann einen derart umfangreichen und tiefgreifenden Einfluss auf die persönlichen Lebensverhältnisse sowie die allgemeine Gesellschaftsentwicklung aufweisen. Daraus resultierte ein überproportional großes Interesse am Vorantrieb dahingehender Forschung und Entwicklung. Die Versprechungen des Fortschritts drängten die wachsende Problematik der Technikfolgen und ihrer Abschätzung in den Hintergrund. Das trug zur Verschärfung der Krise nach Jonas bei.

So lässt sich festhalten, dass aus der Diskrepanz zwischen dem Einsatz von Technologie zu vielfältigen Zwecken und dem wesentlich geringer ausfallenden tatsächlichen Wissen über die vielartigen und weitreichenden Folgen dieses Einsatzes heraus die wesentliche Problematik der Krise zu Stande kommt. Ihr Kennzeichen ist, dass ihre Tendenz weder ohne weiteres aufzuhalten noch umzukehren ist. Deshalb gilt es, eine Möglichkeit zu finden, mit ihrem Fortgang

13 siehe dazu auch: Gertrude Hirsch Hadorn, Umwelt, Natur und Moral, Freiburg/München 2000.

Umgang zu finden, der sie in kontrollierte Bahnen lenkt und das unüberschaubare Risiko der multiplen Schäden an Natur und Leben, bis schlimmstenfalls zur Vernichtung von Mensch und lebendiger Natur, entschärft. Das muss immer ein Weg auf Messers Schneide sein. Es gilt so viele praktische Eventualitäten und Details zu berücksichtigen, dass die schiere Größe des Unterfangens entmutigend wirken muss. Um ein solches Handeln für die betroffene Menschheit durchführbar begründen und entwerfen zu können, ist eine Theorie von Nöten, die all diese Gefahren, aber auch das Interesse und die Bedürfnisse der Menschheit genauso wie die der außermenschlichen Natur, aus der heraus ihr Leben und Fortbestand begründet sind, im Auge behält. Das ist die Absicht, die Jonas zu seinem Entwurf führte.

Dabei muss besonders beachtet werden, dass die Krise eine ist, die den Menschen in besonderem Maße zum Mittelpunkt hat. Er zeichnet sich für ihr Zustandekommen verantwortlich und er ist es auch, der allein sie wieder auflösen kann, solange solches überhaupt noch möglich ist. Jonas vertritt zwar einen ganzheitlichen Ansatz, der der Natur ein Eigenrecht zubilligt und auch das außermenschliche Leben in seiner Berechtigung beinhaltet. Die Konstitution dieser Berechtigung führt aber über die Bedeutung des außermenschlichen Lebens für den Menschen. Durch seine Bedürftigkeit muss in erster Linie die Natur erhalten bleiben, auch wenn er ihr einen Wert zuweisen kann, der nicht nur durch eben diese menschliche Bedürftigkeit hergeleitet wird. Das, worum es in der Krise geht, sind „das Menschenlos [und] das Menschenbild"[14]. Noch vor jeder Interpretation der Bedeutung dieser Begriffe für Jonas ist dabei offensichtlich, dass der Mensch, sein Lebensvollzug und seine Zukunft zentrales Element der Beachtung und Bemühung sind.

Das mag manch einem unangenehm aufstoßen. Obwohl Jonas sich schon 1945 mit dem Thema der Tierseele befasste und damit eine moderne Position vertrat[15], ging er doch nie so weit, den Menschen auf eine Ebene mit der Tierwelt zu stellen. Für ihn ist im Menschen eine Besonderheit gelegen, die sich nicht nur biologisch, sondern auch in einer angemessenen Wertzuweisung auswirkt. Seine Anthropologie und seine Ontologie geben davon Zeugnis. Aus der Sichtweise des 21. Jahrhunderts mag er damit in manchen Augen überholt wirken.

---

14 Hans Jonas, Das Prinzip Verantwortung, S. 8.

15 Hans Jonas, Christian Wiese (Hrsg.), Erinnerungen, Frankfurt am Main 2003, S. 311.

Die Positionen allen voran Peter Singers[16], aber auch Gary Franciones[17], Steven Wises[18] und Tom Regans[19] seien an dieser Stelle angeführt. Ihre Positionen hätten für Jonas' Werk möglicherweise Zugewinn leisten können, hätte er auf sie zurückgreifen können. Allerdings muss dabei beachtet werden, dass er das vermutlich nicht gewollt hätte. Das Interesse, mit dem er seine Krisendiagnose und die darin enthaltene Zentralstellung des Menschen verfasst, ist das des Entwurfes einer Ethik. Damit einher geht die berechtigte Auffassung, dass Ethik nur vom Menschen wahrgenommen, verstanden und umgesetzt werden kann. Jonas hat kein Interesse daran, Rechte von Lebewesen zu begründen, sondern vielmehr ihre Werte und den daraus resultierenden Anspruch. Erst auf ihn kann die Begründung von Rechten im konventionellen Sinne überhaupt gestützt werden. Insofern Jonas auch Tieren Wert zuspricht, ist es anzunehmen, dass er ihnen auch solche Rechte zubilligen würde. Das fällt aber nicht mehr in seinen Arbeitsbereich. Auch wenn die philosophische Diskussion um Tierrechte zum großen Teil in Jonas' gedanklichem Arbeitsfeld stattfindet, wie der Untersuchung der Natur eines Lebewesens und der ethischen Verpflichtung des Menschen, so tut sie das doch unter anderen Parametern. Jonas nimmt den Ausgang bei einer Situation, die spezifisch menschlich und nur menschlich lösbar ist. Zu ihrer Entschärfung kann nur ein Handeln gereichen, dass durch eine Ethiktheorie unterfüttert ist. Handeln und Ethik aber sind Begriffe, die nur im Bereich des Menschen Bedeutung haben können. Dasselbe gilt für die Begründung dieser Ethik und des ihr

---

16 Animal Liberation. Die Befreiung der Tiere, Reinbek 1996. Auch: ders., Praktische Ethik, Neuausgabe, Stuttgart 2004.

17 The Animal Rights Debate: Abolition or Regulation?, New York 2010.
Auch: ders., Gary Francione, Animals, property, and the law, New York 1995.
Ders., Rain without thunder: The ideology of the animal rights movement, New York 1996.
Ders., Introduction to animal rights: your child or the dog?, New York 2000.
Ders., Animals as persons: essays on the abolition of animal exploitation, New York 2008.

18 Rattling the Cage: Toward Legal Rights for Animals, Cambridge 2000.
Auch: ders., Drawing the Line: Science and the Case for Animal Rights, Cambridge 2002.

19 Empty Cages: Facing the Challenge of Animal Rights, Lanham 2005.
Auch: ders., The Struggle for Animal Rights, International Society for Animal Rights, 1987.
Ders., Defending Animal Rights, Illinois 2001.
Ders., Animal Rights, Human Wrongs: An Introduction to Moral Philosophy, Lanham, 2003.

gemäßen Handelns durch eine Ontologie. Eine Seinslehre ist nur dem menschlichen Intellekt zugänglich. Es würde für Jonas' Zielsetzung eines Ethikentwurfes keinen Unterschied machen, ob er der belebten Natur oder einem Teil von ihr unabhängige Werte und Rechte zusprechen würde, zumal, wie später zu sehen sein wird, mit Jonas der Wert des Menschen und jedes anderen Bereiches der Natur Entsprechungen des gleichen Grundwertes und damit an sich schon nicht voneinander ablösbar sind. Seine Absicht ist eine, die auf den Menschen hinzielt. Eine Idee von Wert, der dem Menschen eine gravierendere Verpflichtung zuspricht, weil von seinem Handeln nicht nur seine eigene werthafte Verfassung, sondern auch die der gesamten lebendigen Natur abhängig ist, kommt seiner Absicht einer Begründung seines Verantwortungskonzept zur Veranlassung eines mit Beschwernissen versehenen, aber absolut notwendigen Handelns in besonderem Maße entgegen. Auch hierin darf man eine absichtlich so geleitete Argumentationsführung annehmen. Jonas diagnostiziert die Krise und die Rolle des Menschen darin bewusst auf seine Absicht einer Ethikbegründung hin. Das muss man im Auge haben, betrachtet man seinen Text.

Philosophie als Antwort auf die Krise

Dass es tatsächlich eine Art Krise des modernen Menschen seit der Mitte des 20. Jahrhunderts gibt, ist sicherlich eine weit verbreitete Ansicht. Die Erfahrung des zweiten Weltkriegs, die Erfindung der Atom- und Wasserstoffbomben, die gewaltige Aufrüstung und das Bedrohungsempfinden der 1960er-Jahre, die Globalisierung durch neue und großflächig verbreitete Transport- und Kommunikationswege, der weitreichende Wohlstand der westlichen Welt durch neue Produktionsmethoden, die neuen Gefahren durch Umweltverschmutzung und Klimaerwärmung, die neue globale Vernetzung durch Computer und Internet und die daraus resultierende Technologisierung der Gesellschaft haben zu einer drastischen und unumkehrbaren Veränderung der menschlichen Lebensbedingungen und Selbstwahrnehmung geführt. Dass das Leben heute nicht mehr vergleichbar mit dem der Generation der Urgroßeltern, teilweise sogar der Eltern ist, ist eine offensichtliche Tatsache. Mit dem rasenden Wandel geht und ging oft ein Gefühl latenter Überforderung und Unwohlseins einher, das in der Schwierigkeit der Selbstverortung in der veränderten Weltgesellschaft begründet liegt und das Mitte der 60er-Jahre, in denen sich auch Jonas zu „Das Prinzip Verantwortung" veranlasst sah, seinen Höhepunkt erreichte. Die „5 vor 12"-Mentalität dieser Jahre fasste im Zeitgeist Fuß und ist bis heute in nur abgeschwächter Form erhalten geblieben. In Krisensituationen, wie zuletzt in der Diskussion um den Ausstieg aus der atomaren Energie in Deutschland, angestoßen durch die

Havarie des japanischen Kernkraftwerkes Fukushima im Jahr 2011, taucht sie immer wieder im Diskurs auf. Das Empfinden, die Menschheit befinde sich auf einer Abschussfahrt ins Verderben und habe nur noch eine geringe und kurzfristige Chance, den Schrecken abzuwehren, wird heute noch in vielen Bereichen deutlich. Manchmal setzt es große verändernde Kräfte frei, wie in der aktuellen deutschen Atomenergiepolitik, in anderen Fällen lähmt es oder kann zumindest kein angemessenes beikommendes Handeln veranlassen, da die Kosten gefühlt den Nutzen des Handelns übersteigen würden, wie in der Debatte während des letzten Jahrzehnts um die Reduzierung des globalen CO^2-Ausstoßes zur Verminderung der Erderwärmung. Trotz ihrer möglicherweise kurzsichtigen und nicht nachteilslosen Entscheidung der deutschen Regierung in der erstgenannten Angelegenheit würde Jonas hierin seine Hoffnung für den Menschen und seine Überzeugung, dass die Furcht vor dem möglichen Verlust der beste Indikator auf das gebotene Handeln sei und es zudem sogar tatsächlich initiieren könne, bestätigt finden. Genauso lässt sich in diesem Fall Jonas' Theorie als tatsächlich praktikabel erwiesen finden.

Anhand dieses Beispiels ist die allgemeine Überzeugung ersichtlich, welche die menschlichen Gesellschaft in den letzten Jahrzehnten prägte und die zum Inhalt hat, dass ein tiefgreifendes Umdenken und Handeln notwendig ist um ein unkontrolliertes und dramatisches Entgleisen der menschgemachten Entwicklungen auf dem Planeten zu verhindern. Dieses Entgleisen wird dabei allgemein als eine reale und zeitlich naheliegende Möglichkeit aufgefasst, die mit großer Sicherheit nicht nur negative, sondern fatale Konsequenzen für Leben, Natur und Mensch mit sich bringt. Die Folgen des eigenen Handelns werden vom Menschen oft nicht als ihm zugehörig und nützlich, sondern sogar als ungewollt, unverständlich und feindlich eingeschätzt. Das ist sicher als Resultat der zunehmenden Komplexität der Technologie zu verstehen, die nur von wenigen durchschaut, konstruiert und beherrscht wird, deren Folgen aber große Gesellschaftsgruppen oder die Menschheit als Ganze betreffen. Der Mensch ist oftmals dessen, was sein Leben bestimmt, entäußert. Das bewegt ihn in seiner tiefsten Verfassung, und das bewegte auch Jonas zum Nachdenken über eine Methode, dieser Selbstbedrohung beizukommen[20]. Dabei ist die Wahl des Diagnosemittels bereits nicht unproblematisch. Alfons Matheis gibt zu bedenken, dass „schon der Versuch einer systematischen, empirisch ausgerichteten Beschreibung und Diagnose der gesellschaftlichen Situation [...] aufgrund der Kontroversen bezüglich der Tauglichkeit des wissenschaftlichen Deskriptions- und

20 Hans Jonas, Das Prinzip Verantwortung, S. 7.

Diagnoseinstrumentariums zum Scheitern verurteilt" scheint[21]. Jonas setzt sich nach der Frage der Wahl eines solchen Mittels gar nicht erst auseinander. Er fokussiert von Anfang an die Methode zur Lösung der Krise und ist darin davon überzeugt, dass die Philosophie und in ihrer praktischen Konsequenz die Ethik das Instrument sein müssen, dieser Gefahr zu begegnen. Betrachtet man diese Wahl objektiv, so muss man zunächst die Frage stellen, weshalb ausgerechnet dies mit solch scheinbarer Selbstverständlichkeit das gebotene Gegengift darstellen soll.

Der Aufruf an die Philosophie – Jonas' Hintergrund

Der Schlüssel zum Verständnis der Rolle der Philosophie für die technologische Gesellschaft ist der Mangel an anderen Werkzeugen zur Behebung der Diskrepanz zwischen entfesselter technologischer Macht und ihr entsprechender Kontrolle seitens ihres Urhebers. Die Krise zeichnet sich durch ihre Neuartigkeit und Unvergleichbarkeit aus. Dementsprechend sind bekannte Instrumente hier nicht mehr geeignet oder müssten zumindest auf ihre Anwendbarkeit geprüft werden. Im Falle einer tatsächlichen Unvergleichbarkeit müsste eine solche Prüfung sie als nicht anwendbar ausweisen. Keine Erfahrung kann Orientierung bieten, denn, so Jonas, „auf sie war alle bisherige Weisheit über rechtes Verhalten zugeschnitten Keine überlieferte Ethik belehrt uns daher über die Normen von ‚Gut' und ‚Böse', denen die ganz neuen Modalitäten der Macht und ihrer möglichen Schöpfungen zu unterstellen sind. Das Neuland kollektiver Praxis, das wir mit der Hochtechnologie betreten haben, ist für die ethische Theorie noch ein Niemandsland"[22]. Damit bezieht Jonas das Problem ganz klar in den Bereich der Ethik. Ein anderes Mittel zur Problemlösung diskutiert er nicht. Fraglich ist auch, ob es eines geben kann. Die Situation, ob nun neuartig oder nicht, verlangt nach einer Orientierung auf ein geeignetes Handeln hin. Solche Orientierung können Gesetze geben, die zu angemessenem Handeln verpflichten. Derartige Gesetze sind nicht gegeben, da die Krise ansonsten nicht zu Stande gekommen wäre. Handelte es sich bei diesen hypothetischen Gesetzen allerdings um solche, die nur in einer bestehenden Krise Anwendung finden können, so wären sie insofern ungeeignet, als die Neuartigkeit der Situation ihr Greifen verhindert. Das bedeutet, dass neue Gesetze auf der Basis der neuen Gegebenheiten erarbeitet werden müssten. Das wirft die Frage nach der möglichen Grundlage

---

21 Alfons Matheis, Diskurs als Grundlage der politischen Gestaltung, Saarbrücker Hochschulschriften Bd. 27, St. Ingbert 1996, S. 407.

22 Hans Jonas, Das Prinzip Verantwortung, S. 7.

dieser Gesetze auf. Wenn alles bisher Geltende außer Kraft gesetzt ist, dann muss eine völlig neue Orientierung auf das, was zu tun ist, gewonnen werden. Um das „Gut“ und „Böse“ dieser Situation zu verstehen, wie auch Jonas es verlangt, muss tatsächlich eine neue Ethik gewonnen werden, um auf ihrer Basis zu entsprechenden Handlungsveranlassungen zu gelangen. Das illustriert wieder die Bedeutsamkeit der Krise als eine neuartige, von allem Bisherigen unterschiedene.

Dabei wirkt diese „Mission“, wie Jonas sie versteht, auch zurück auf die Philosophie selbst und zwingt sie, ihr Selbstverständnis zu wandeln. Auch sie ist der neuen Situation unterworfen, zusammen mit jedem anderen Bereich des menschlichen Daseins und Lebens. Dazu, so sieht es Jonas, muss sie ihre Begründungsformen überdenken und auf das Tiefste, Letzte zurückgehen, um von ihm aus eine Theorie aufzubauen, die keine falschen Vorannahmen macht und sich ganz auf die Grundlagen der Situation, des Lebens und des Menschseins bezieht. Deshalb kann Jonas keinen anderen Weg gehen, als auf eine Ontologie zurückzugehen. Nur eine derart tiefe Besinnung und Begründung kann ein so grundlegend neues Verständnis und Handeln veranlassen. Dabei müssen gegebenenfalls tradierte, aber sich nun als falsch erweisende Wertvorstellungen und Handlungsmuster überkommen werden. Jonas muss gewissermaßen „bei null“ anfangen, wenn er der selbstgesetzten Aufgabe gerecht werden will. Er muss sich der Frage stellen, wovon überhaupt ausgegangen werden kann, auch wenn er sich dabei in ein, philosophisch gesehen, problematisches Feld begeben muss. Die damit verbundenen Schwierigkeiten waren ihm durchaus bewusst, denen er sich nur in unzureichendem Maße gewachsen sah. Der Notwendigkeit, sich ihnen zu stellen, wollte er sich nach eigenen Worten dennoch nicht entziehen[23]. Das kam seinem Interesse entgegen, sich nach „Organismus und Freiheit“ um eine Ethik des Organischen zu bemühen. Man muss davon ausgehen, dass ihm im Zuge seines Nachdenkens über die Möglichkeit einer solchen Ethik und möglicherweise im Zusammenhang mit dem Geist seiner Zeit das Gefühl aufging, dass eben diese Ethik etwas sei, nach dem die aktuelle menschliche Situation in der Welt verlangt und dass sie eine Lücke schließen könnte, die sich akut auf dramatische Weise als offen darstellte. Für Jonas wandelte sich in diesem Zug zugleich das eigene Verständnis über die Rolle der Philosophie: „Hatte ich bis dahin […] doch im Wesentlichen die philosophische Einstellung vertreten, die Philosophie sei nur etwas für Philosophen, die für die Erkenntnis um ihrer selbst willen wirkten, so war ich nun unwiderruflich in die Rolle hineingeschlittert, als Philosoph nicht nur kommentierend, sondern eventuell sogar vorschreibend oder warnend

---

23 Hans Jonas, Erinnerungen, S. 323 ff.

zu aktuellen praktischen Angelegenheiten Stellung zu nehmen"[24]. So gewann er im Zuge seiner eigenen Arbeit eine neue Einsicht, die zu vertreten ihm zum tiefen Bedürfnis wurde und die er für gerechtfertigt hielt. Davon zeugt auch sein Pathos in der Sprache von „Das Prinzip Verantwortung". Jonas war durch die Beschäftigung mit medizinischen Themen wie der Organspende, der Problematik der klinischen Todesdefinition und seiner Zeit am Hastings-Center nach der Veröffentlichung seines früheren Hauptwerkes „Organismus und Freiheit"[25] auf die ethischen Fragestellungen in der medizinischen Praxis aufmerksam geworden und wurde auch durch die positive Rezeption der von ihm in diesem Kontext veröffentlichen Aufsätze in der wachsenden Auffassung bestätigt, dass es in diesem Bereich etwas gäbe, das die Philosophie beisteuern müsse. So stellt „Das Prinzip Verantwortung" gleichzeitig einen Meilenstein in Jonas' Denkgeschichte als auch in seinem philosophischen Wirken dar. Es ist gleichzeitig ein Derivat aus den Konsequenzen seiner Lebensphilosophie als auch ein ganz neuer, andersartiger Schritt in seinem Philosophieverständnis.

Die Theorie der Verantwortung

Anlass zu seinen Überlegungen bot Jonas sowohl in der Folge seiner Biophilosophie als auch im medizinischen Bereich die akute Ausübung menschlicher Fähigkeiten als Macht über dependentes Leben. Ein maßgebliches Prinzip der evolutionären Entwicklung der Lebewesen, das er in seiner Stufenordnung des Lebens thematisierte, stellt die Ausdifferenzierung ihrer ihnen eigenen Fähigkeiten dar, die in ihrem Umfang und ihrer Auswirkung auf die umgebende Lebenswelt in der Verfassung des Menschen gipfeln. Dieser stellt sich als „Krone der Schöpfung" dar, da er, erstmalig in der Geschichte des Lebens auf dieser Erde, sich und die Welt begreifen und darauf basierend handelnd in diese Welt eingreifen kann. Seine Macht erstreckt sich dabei nicht auf Umfeld oder Territorium, sondern durch die selbstgeschaffenen Werkzeuge, allen voran der Technologie, auf den gesamten Planeten. Die Erde ist die Welt des Menschen geworden, im Sinne des biblischen Spruches hat er sie sich untertan gemacht. Darüber hinaus gewinnt er auch Macht über seine Artgenossen. Im medizinischen Bereich übt er sie beispielsweise speziell über ihm anvertraute Patienten aus. Macht ist das Prinzip, das ethische Überlegungen zum Ziel ihrer Kanalisierung und Kontrolle notwendig macht und die in ihrer neuen, gesteigerten Form in der Gegenwart

24 Hans Jonas, Erinnerungen, S. 321.

25 Hans Jonas, Organismus und Freiheit. Ansätze zu einer philosophischen Biologie, Göttingen 1973.

und in ihren Folgen für die Zukunft die besondere Problematik der Moderne darstellt. Dieser Macht, ob nun ausgeübt in Absicht, Notwendigkeit im Vollzug des eigenen Lebens oder Zufall, gilt es zu begegnen. Seine früheren gnostischen Arbeiten lässt Jonas anklingen, wenn er die Welt ihr ausgesetzt und gleichzeitig anvertraut sieht. Das Schlüsselwort in diesem doppeldeutigen Verhältnis stellt die Verantwortung dar.

Indem Jonas der Welt einen Anspruch zuerkennt und sie damit als werthaft herausstellt, sie aber gleichzeitig als Objekt des menschlichen Handelns erkennt, entsteht eine notwendige Beziehung, die sich nicht nur einseitig vom Subjekt Mensch auf das Objekt Welt erstreckt, sondern auch von der Welt im Prinzip des Anvertraut-seins auf den Menschen zurück auswirkt. Vermittelnd an das Subjekt wirkt dabei die Verantwortung, die beide teilweise vertritt. Sie geht von der vom Menschen affizierten Welt aus, indem sie einen Anspruch an ihn stellt, insofern sie von ihm in seinem Wirken affiziert wird. Wie genau dieses Verhältnis zu verstehen ist, soll an späterer Stelle genau beleuchtet werden. Fürs Erste ist entscheidend, dass aus der menschlichen Macht eine Verantwortung entspringt, die den Menschen an das Objekt seiner Macht bindet. Er kann seine Freiheit, die ihn zum Handeln befähigt, nicht beliebig ausleben, auch wenn es ihm theoretisch möglich wäre. Die Verantwortung beschreibt, dass Beliebigkeit und Willkür nicht die Kategorien des Handelns sein dürfen. Es darf sich nicht so weit entfalten, wie es kann, sondern wie es *darf*. Dieses Dürfen zu verstehen und anzunehmen ist der Kern der gebotenen Ethik, nach der sich Jonas auf die Suche gemacht hat.

Dabei umfasst sie an sich nichts anderes als das, was bisherige Ethikkonzepte auch fassen mussten. Die Besonderheit der Jonas'schen Verantwortungsethik liegt darin, dass sie nicht nur die großen neuen Ausnahmebereiche des menschlichen Wirkens einbegreifen muss, sondern auch den Nahbereich und das zwischenmenschliche alltägliche Miteinander. Denn das neue Vermögen des Menschen ist keines, das sich nur auf Großereignisse und globale Gefahren bezieht. Vielmehr beeinflusst sie den Vollzug des gesamten menschlichen Lebens, das schon in seinen einfachsten Formen weitreichende und dramatische Folgen für die Zukunft anstoßen kann und „zum ethischen Problem wird. […] Die Gefahren sind neu, aber das Gute ist alt“[26]. Dass damit die Verantwortungsethik alle bisherige Ethik nicht außer Kraft setzt oder ersetzt, sondern sie vielmehr überspannt und durch eine zusätzliche globale und gesamtmenschliche Sphäre erweitert, ist ein wichtiger Bestandteil ihres Anspruches und Wirkens, den Jonas so

26 Hans Jonas, Philosophische Untersuchungen und metaphysische Vermutungen, S. 133 ff.

selbst hier nur nebenbei anklingen ließ. Was gut und sittlich ist, weiß der Mensch bereits. Was dieses in der neuen Zeit und Situation impliziert, muss er erst lernen. Dazu gereicht ihm die Verantwortungsethik. Insofern die Verantwortung an die Wurzel des Verhältnisses von Welt und Mensch geht und gleichzeitig die größten und letzten Folgen des Umganges des Menschen mit seiner Welt regeln muss, stellt sie gleichzeitig Basis und letzte Folge des sittlichen Verhältnis des Menschen zu sich selbst, seinen Artgenossen und seiner Welt dar, umgreift aber gleichzeitig auch die traditionelle Ethik, nach der sich das zwischenmenschliche und gesellschaftliche Leben aus der Tradition heraus richtet. Jonas formuliert das selbst so nicht, muss aber so denken, wenn er seine Ontologie entwirft. Dazu an späterer Stelle mehr.

Für den Moment lässt sich zur Theorie der Verantwortung festhalten, dass sie den Menschen auf die von ihm affizierte Welt bezieht und er von ihr zu einer angemessenen Haltung und einem angemessenen Handeln im Sinne dieses Bezugs verpflichtet ist. Trotz der scheinbar unbegrenzten Möglichkeiten, die ihm aus seinen eigenen Fähigkeiten zuwachsen, muss er Umsicht und Behutsamkeit in sein Handeln einbeziehen, da er diese Verbundenheit und diesen Anspruch nicht einfach von sich weisen kann. Es besteht etwas außerhalb seiner selbst, das doch etwas mit ihm zu tun hat, das Anspruch ausüben kann und dem er sich nicht entziehen kann.

Die Praxis der Theorie

Dieser Bezug des Menschen zur Welt, der sich in der Verantwortung äußert, muss notwendig praktische Konsequenzen haben. Die Erkenntnis dieses Zusammenhanges, den die Verantwortung impliziert, muss eine Entsprechung im Handeln finden, wenn ihr Anspruch nicht ein leerer sein soll. Sie muss den Willen bewegen um der Sache, gegenüber der die Verantwortung besteht, zu ihrem Recht zu verhelfen, das in ihr sichtbar wird. Deshalb ist in der Philosophie, die sich mit der Krise auseinandersetzen muss, die praktische Philosophie in besonderem Maße gefragt. Jonas ist davon überzeugt, dass die Philosophie etwas für das Leben des Menschen zu sagen hat, und gleichermaßen sieht er ein, dass die Lage des modernen Menschen in der von ihm umgestalteten Welt eine Lücke lässt, deren angemessene Erfüllung nur sie anstoßen kann. Verantwortung ist ein ethischer Terminus, der Handeln impliziert. Im reinen Erschauen und Einsehen muss sie leer bleiben. In ihrer Theorie beinhaltet sie anthropologisches Wissen und Wertwissen, die aber immer auf ihre praktische Umsetzung hin ausgerichtet sind und letztendlich Vollendung erst im sittlichen Handeln finden.

Das impliziert die große Bedeutung des Wissens im Zusammenhang mit moralisch wertvollem Handeln im Kontext der Verantwortungsethik. Das menschliche Gute muss an seinem Wesen abgelesen werden um ihm gerecht zu werden. Kein übermenschliches Ideal und keine Wunschvorstellung können dazu gereichen. Jonas geht es um den Menschen, wie er immer schon gewesen ist und der er auch in Zukunft bleiben soll. Seine Überzeugung ist, dass nur das, was er von jeher ist, darüber belehren kann, was der Mensch sein soll. Ablesen lässt sich dieses für ihn an der Geschichte, in der er sich mit all seinen Möglichkeiten bereits zeigte, und der Metaphysik, die für ihn das aufzeigt, was er sein soll.

Um nun diese zwei Faktoren sinnvoll zusammenzubringen und in der Zukunft bestmöglich zur Entfaltung zu bringen, ist es auf der anderen Seite genauso notwendig, die Folgen des menschlichen Handelns in den tatsächlichen und potenziellen Folgen seines Wirkens, allen voran des technologischen, abschätzen zu können um gegebenenfalls frühzeitig beschränkend und verhindernd, aber auch fördernd eingreifen zu können. Jonas schlägt dazu die Implementierung einer Futurologie zum Verantwortungszweck vor, „ein eigens und fortlaufend zu pflegender Forschungszweig, der die Zusammenarbeit zahlreicher Sachverständiger der verschiedenen Gebiete verlangt. Indem sie unsere Macht mit der Synthese ihrer künftigen Wirkungen konfrontiert, hilft sie, die von sich trunkene zu ernüchtern und vor sich selbst zu schützen [...] Zukunftsschau hat also eine intellektuelle und eine emotionale Funktion, sie soll den Verstand unterrichten und den Willen bewegen“[27]. Das bringt eine weitere Komponente der Praxis der Verantwortungsethik heraus, nämlich die Notwendigkeit einer Bewusstseinsänderung auf das Notwendige hin und zum Überkommen der Fortschrittsgier aus Gründen der Vernunft, Besorgnis und auch Furcht vor Drohendem. Dabei spielen sowohl Verstand als auch Gefühl eine Rolle und wirken sich auf das Handeln des Menschen aus. Soweit ein kurzer Überblick über Jonas' Theorie zum Zustandekommen des Bewusstseins der Verantwortlichkeit des Menschen, zu dem an späterer Stelle noch mehr zu sagen sein wird. In der Krise der Moderne bedeutet das, dass der Mensch einsieht, in welche Bredouille er sich manövriert hat und dass er sich in diesem Handeln bisher unsittlich verhalten hat. Wichtiger noch als diese Einsicht ist das Begreifen der Notwendigkeit eines zukünftigen Handelns, das die so entstandene Krise wieder auflösen kann.

Das macht deutlich, dass diese Krise auch eine sittliche ist. Die Philosophie ist auf den Plan gerufen, weil der Mensch sich in eine Diskrepanz zwischen dem,

---

27 Hans Jonas, Philosophische Untersuchungen und metaphysische Vermutungen, S. 135.

wie er sich in seinem Handeln darstellt, und dem, was er sein soll, gebracht hat. Er tut gewissermaßen der Welt Unrecht, der er verpflichtet ist, indem er ihrem Anspruch entgegen handelt, sei es nun sehend oder blind. Damit ist die Philosophie mit anderen Wissenschaften gemeinsam verlangt, ihr zu begegnen. Ihre besondere Rolle gewinnt sie aber dadurch, dass sie allen anderen wegleuchtend vorhergehen muss. Es gilt einen Weg zu finden, dem sittlichen Leerraum handelnd entgegen zu treten. Dieses Handeln muss wohlbegründet und –durchdacht sein. Blindes Voranschreiten wäre wenig aussichtsreich und möglicherweise fatal. Deshalb ist die Philosophie als begründungsfindende Kraft absolut notwendig, um Strategien aufzuzeigen, die andere Wissenschaften praktisch verfolgen können, um im gemeinsamen Gang die Krise aufzulösen. So sieht es Jonas, und wäre dies praktisch umsetzbar, bestünde darin die optimale und wünschenswerte Methode der Schaffung einer gelungenen Zukunft für Mensch und Welt.

Allerdings in leicht erkennbar, welche immensen praktischen Probleme diese theoretische Strategie aufwirft. Ein ihr gemäßes Handeln muss auf globaler Ebene stattfinden und autoritär reglementiert sein. In einer Situation von akuter Bedrohung und einer begrenzten Zeitspanne zu ihrer Entschärfung ist ein gemeinschaftliches Handeln aller Menschen gefragt, das nur durch strenge Organisation und dementsprechend zielführende Gesetze gewährleistet werden kann. Es kommt sowohl auf die Mitarbeit jedes einzelnen Menschen als auch auf die kollektive Kraft von Gruppen, Organisationen und Staaten an. Von einer gesetzlichen Reglementierung auf globaler Ebene sind wir heute noch weit entfernt. Indikatoren dafür sind beispielsweise internationale bedeutende Verträge wie das Kyoto-Protokoll, die von den in der Sache ausschlaggebendsten Nationen nicht ratifiziert werden, oder die heute noch immer ausstehende global als verpflichtend akzeptierte Resolution grundlegender Menschenrechte. Die weltweite Debatte um Richtlinien für die Reglementierung des CO^2-Ausstoßes macht die Schwierigkeiten in der internationalen Zusammenarbeit, auch bei bestem Willen, deutlich. Nationale und internationale Interessen reiben sich oder stehen sich gar diametral gegenüber. Wenn es um Fragen der Vernunft und der Zukunft geht, sind die Stimmen von Wirtschaftlichkeit und gegenwärtigen Interessen meist stärker. Hinzu muss die große Problematik gesehen werden, die auch Jonas anführte: die des guten Willens, der von der übermäßigen Stärke drängender Umstände entkräftet wird. Die Maßnahmen, welche die Lebensmittel- und Wasserversorgung der massiv angewachsenen Zahl der Menschen auf diesem Planeten in diesem Jahrhundert erfordert, der damit notwendige Ausbau der Transportwege, der gesteigerte Energiebedarf, die Verschmutzung durch Verbrennungsmotoren, auch die militärischen Konflikte, welche durch Ressourcenknappheit und Armut ausgelöst oder begünstigt werden, sind Faktoren, welche ein teures und entbehrungsreiches Verhalten, das aus Vernunftgründen motiviert ist, drosseln. Die Sorgen der Gegenwart überdecken die Sorgen der Zukunft und nur verhältnismäßig wenige reiche Staaten stehen einer Vielzahl von Armen und Ärmsten gegenüber, die keine weitere Einschränkung in Kauf nehmen können. Darüber hinaus ist der Verzicht der Reichen für diese selbst keine wünschenswerte Option. Jonas wagte zu vermuten, dass eine globale Diktatur wahrscheinlich die aussichtsreichste Möglichkeit der allgemeinen Verpflichtung darstellen würde. Er sah zu seiner Zeit unter den politischen Systemideen den Marxismus als am Ehesten dazu geeignet an[28]. Diese Äußerungen zur Praxis seiner Verantwortungsethik trugen ihm sicherlich die zahlreichste und schärfste Kritik ein und führten dazu, dass sein Konzept von vielen von vornherein und ohne nähere Untersuchung abgelehnt wurde. Dabei darf man Jonas nicht als Befürworter des Marxismus verstehen. Er sah Elemente seiner Grundlagen als vielversprechend an, wurde aber, wie so viele, durch die geschichtlichen Entwicklungen enttäuscht. Doch schon zuvor gab er in „Das Prinzip Verantwortung" an, dass er eine ideale Staatsform zur Umsetzung der notwendigen Maßnahmen nicht nennen könne. Der Marxismus erscheine ihm nur in Elementen als die zu diesem Zeitpunkt am ehesten zu diesem besonderen Zweck geeignet. Gewiss sei es, dass in jedem Fall im fraglichen Regime die Futurologie eine staatlich institutionalisierte Wissenschaft sein müsse, die Richtlinien für die politische Entscheidungsfindung geben solle. Hinzu kommt, dass ein Staat, der die Umsetzung der Verantwortungsethik nach Jonas zum Ziel hat, den Bürger nicht entmündigen darf. Die staatliche Kontrolle kann den Einzelnen nicht aus seiner Pflicht entlassen, sich gemäß seiner Verfassung als Mensch verantwortlich auf die von ihm affizierte Welt zu verhalten, egal in welchem Rahmen sich dieses Verhalten auswirken kann. Der Durchschnittsbürger tut verhältnismäßig wenig zum Schaden der Natur. Er verbraucht relativ wenige Ressourcen und hinterlässt nur eine geringe Spur, die sich erst in der Masse der Bevölkerung zu problematischer Größe auswächst. So muss das Verhalten gemäß der Verantwortungsethik an das Machtpotenzial der einzelnen Personen angepasst sein. Ein Erfinder ist verantwortlich für die möglichen Folgen der gesellschaftlichen Implementierung seiner Erfindung, der Politiker für die Folgen seiner Entscheidung. Ganz ohne Verantwortung aber ist kein Mensch. Sie gehört zu ihm sobald er in die Welt tritt. Das ist Jonas' These, deren Zustandekommen und Implikationen an späterer Stelle eingehend untersucht werden sollen.

28 Hans Jonas, Das Prinzip Verantwortung, S. 256 ff.

Jonas wollte mit seiner Ethik eine Grundlage leisten. Sein Ziel war es nicht, ein Rezept für ihre Praxis zu erbringen. Dazu sah er sich nicht in der Lage. Dies ist auch nicht Aufgabe der Philosophie. Sie kann lediglich Begründungen und Richtlinien liefern. Das, worauf Jonas hinweisen kann, sind die notwendigen Maßnahmen von vorsichtigem Abwägen und schmerzvollem Verzicht, der unumgänglich ist, soll die Krise in der Gegenwart noch überwindbar sein. Dabei fehlt Jonas auch das Wissen, ob diese zum gegebenen Zeitpunkt überhaupt noch auflösbar ist. Davon kann er deshalb nicht ausgehen, weil das jeder Motivation auf Bemühungen von vornherein die Kraft rauben würde. Handeln kann nur veranlasst werden, wenn es noch möglich bleibt. Deshalb ist die Frage nicht, ob und wie die Krise noch lösbar ist, sondern weshalb sie zu lösen ist und woran sich ein Handeln zu ihrer Lösung sinnvoll orientieren kann. Das diskutiert Jonas in seinem Ansatz nach besten Kräften und nicht ohne von ihm selbst schon bemängelte „Gebrechlichkeit" der Argumentation.

Was heißt Verantwortung?

„Verantwortung" ist ein Begriff mit vielen Aspekten. Sie ist ein dialogisches Konzept, das den Verantwortlichen im Verhältnis zu etwas versteht. Sie hat eine Bedeutung für das Verhältnis des Menschen zu Objekten außerhalb seiner selbst, zur Gesellschaft, zur Natur, aber auch zur eigenen Person[29]. Dabei lässt sie sich nach Kategorien unterschieden, mit dem Juristen Herbert Hart[30] beispielsweise nach Verursachung und Aufgabe der Verantwortung, der von der verantwortlichen Person übernommenen Rolle und der mit ihr verbundenen Haftung. Ganz anders verhält sich dagegen die moralische Verantwortung, die darin keine Berücksichtigung findet. In der philosophischen Tradition trat diese dagegen in vielerlei Arten und Interpretationen auf. Um ihre besondere Bedeutung bei Jonas angemessen verstehen und diskutieren zu können, ist es zunächst notwendig, einen kurzen Überblick über ihre Theoriegenese zu gewinnen. Dabei sollen im Folgenden einige bedeutende Säulen ihrer Verfassung kurz beleuchtet werden um anschließend Jonas' Ansatz zu ihnen in einen Bezug setzen zu können.

---

29 Pavel Baran, Verantwortung. In: Hans Jörg Sandkühler (Hrsg.), Europäische Enzyklopädie zu Philosophie und Wissenschaften. Bd. 4, Hamburg 1990, S. 690 ff.

30 Herbert Hart, Punishment and Responsibility, Oxford 1968.

Verantwortung haben oder übernehmen? – Positionen und Probleme in der Verantwortungsfrage

Der Begriff der Verantwortungsethik als solche bezeichnet Ansätze, die auf die Beurteilung von Handlungen, Handlungsmöglichkeiten und ihrer Ergebnisse in Bezug auf ihre Verantwortbarkeit hin zielen. Max Weber, zu dessen Konzeption von Gesinnungsethik die Verantwortungsethik ein begriffliches Gegenstück bildet, sah in seinem Aufsatz „Politik als Beruf“ und zurückgreifend auf Max Schelers Theorie den Politiker als Schlüsselfigur, der einen bestmöglichen Ausgleich zwischen Gesinnungs- und Verantwortungsethik zum gesellschaftlichen Gelingen ermitteln müsse: „Wir müssen uns klarmachen, dass alles ethisch orientierte Handeln unter *zwei* voneinander grundverschiedenen, unaustragbar gegensätzlichen Maximen stehen kann: es kann ‚gesinnungsethisch‘ oder ‚verantwortungsethisch‘ orientiert sein. Nicht dass Gesinnungsethik mit Verantwortungslosigkeit und Verantwortungsethik mit Gesinnungslosigkeit identisch wäre. Davon ist natürlich keine Rede. Aber es ist ein abgrundtiefer Gegensatz, ob man unter der gesinnungsethischen Maxime handelt – religiös geredet: ‚Der Christ tut recht und stellt den Erfolg anheim‘ – *oder* unter der verantwortungsethischen: dass man für die (voraussehbaren) *Folgen* seines Handelns aufzukommen hat“[31]. Modern äußert sich dazu Nick Bostrom zur Verantwortung des Politikers im Kontext der Möglichkeit und Begegnung mit globalen Gefährdungen: „A great leader acts in awareness of the big picture and accepts responsibility for the long-term consequences of the policies he or she pursues. With regard to existential risks the challenge is to neither ignore them nor to indulge in gloomy despondency, but to seek understanding and to take the most cost-effective steps to make the world safer“[32]. Max Weber hielt der Verantwortungsethik noch der Gesinnungsethik entgegen, in der sich der Mensch ausschließlich für sein persönliches Gewissen verantwortlich zeichnet. Dabei steht diese im Rückbezug auf Kants Idee einer absoluten Ethik. In ihrem Sinne definiert sich die Rechtfertigung einer moralisch guten Entscheidung durch ihre Entsprechung im Sittengesetz. Demnach ist die ethische Handlung oder Entscheidung durch den kategorischen Imperativ gerechtfertigt. Jede Handlung, die durch ihn als bestätigt gelten kann, ist als gut zu beurteilen. Ihr Erfolg ist also für ihren moralischen Gehalt nicht von Bedeutung. Lediglich die Gesinnung, durch die die Handlung motiviert ist, ist für die Beurteilung ausschlaggebend. Kant erklärt, gut allein sei nur

---

31 Max Weber, Politik als Beruf, in: Gesammelte Politische Schriften, hrsg. von J. Winckelmann, 5. Auflage, Tübingen 1988, S. 551 f.

32 Nick Bostrom, Dinosaurs, Dodos, Humans?, Global Agenda, Feb. 2006; S. 230 f.

der gute Wille. Seine Bedeutung übertrifft in der Gesinnungsethik die des situativen Erfolgs der jeweiligen Handlung. Ihrem Konzept stellt Max Weber nun die Verantwortungsethik gegenüber, bei der man von einer relativen Ethik sprechen kann, da in ihrer spezifischen Form der Handlungsbeurteilung ihre Folgen eine zentrale Rolle spielen. Ihr sittlicher Wert ist weit weniger ausschlaggebend als ihr Erfolg, unter Berücksichtigung seiner Erwünschtheit und nicht zuletzt seiner moralischen Rechtfertigung. Die Verantwortungsethik hat nicht nur das eigene Gewissen, sondern die Gesamtheit der Welt im Fokus. Auch und besonders die Folgen des eigenen Handelns werden in ihr dem Verantwortlichen zugerechnet, nicht nur seine Intention. Das gibt ihr einen immens vergrößerten Problemkreis und verlangt nach ganz neuen Begründungsmustern.

Verantwortung ist ein Begriff, der vieles implizieren kann. Sie besteht für etwas, aber auch vor einer Person oder Instanz. Sie hat viele Einzelaspekte, die bei ihrer Zuweisung und Wahrnehmung eine Rolle spielen müssen und unterschiedliche Gewichtung erfahren können. Der Akteur, der jeweilige Zeitpunkt, die konkrete Handlung und ihre Folgen, die Verantwortungsinstanz und nicht zuletzt die zu Grunde liegende Wertbegründung sind Aspekte, die das Verantwortungsprinzip prägen und in jeder Verantwortungsentscheidung beachtet werden müssen. Dabei gibt es mehr als eine Form der Verantwortung. Alltäglich begegnet man dem Prinzip von Personen- und Aufgabenverantwortung. Sie gehört essenziell zum sozialen Gefüge und dem Alltagsleben, in dessen Vollzug jeder Mensch in verschiedenen Verantwortungsverhältnissen steht. In der Familie, im Beruf, in Unternehmen, Gruppen, Institutionen und Organisationen sind Verantwortungsbezüge selbstverständlich und konstituierend für die Rollen, die wir in unserem Leben übernehmen. In diesem Verantwortungskonzept sind wir an Erwartungen gebunden, die in den verschiedenen Kontexten an uns gestellt werden und denen wir entsprechen müssen, wollen wir unsere Verantwortung erfüllen. Gelingt es nicht, sind Sanktionen zu erwarten, die, je nach sozialer Rolle, unterschiedlich ausfallen. Das Prinzip dieser Verantwortung ist Grundlage des sozialen Miteinanders und ist selbstverständlich für jede funktionierende Gesellschaft. Auch wenn sie in Einzelfällen hinterfragbar sein kann, ist sie selbstverständlich für das menschliche Leben.

Eine andere Verantwortungsform ist die der sittlichen Verantwortung. Diese ist es, die ein klassisches Objekt philosophischer Überlegungen ist und um die es Jonas geht. Sie hat universelle Geltung und ist durch Werte bedingt, die tiefbegründet, allgemein gültig und, im Unterschied zur Aufgabenverantwortung, nicht beliebig festlegbar sind. Fragen der Humanität und Menschenwürde fallen in ihr Ressort.

Durch aktuelle politische und gesellschaftliche Ereignisse und moderne naturwissenschaftliche Erkenntnisse über die Folgen des menschlichen Einwirkens auf die Natur wuchs ihre Bedeutung innerhalb der praktischen Philosophie während des zwanzigsten Jahrhunderts stark an. Im modernen Sinne sucht sie heute, Verantwortung auf moralischer, institutioneller und persönlicher Ebene zu verbinden. Für die naturwissenschaftliche Forschung, auf die Jonas sein Augenmerk richtete, bedeutet das, eine Mitverantwortung des Forschers für das von ihm Entdeckte und die Folgen dieser Entdeckung und des Einsatzes jeder von ihm in diesem Zusammenhang gemachten Erfindung. Demgemäß kommt der Folgenabschätzung und dem angemessenen Umgang mit den Möglichkeiten und Wahrscheinlichkeiten dieser Folgen, die beispielsweise nicht geheim gehalten oder ignoriert werden dürfen, eine wichtige Rolle zu. So gewinnt auch die Forschungsarbeit eine sittliche Dimension, die auf diesem Weg ihre spezifische Aufgabenverantwortung mit der moralischen Verantwortung verbindet. Zusätzlich wächst auch den Trägerorganisationen solcher Entdeckungen eine Mitverantwortung zu, da Forschungsergebnisse nur in den seltensten Fällen von Einzelpersonen erbracht werden können, sondern im Zusammenhang mit Forschungsgruppen oder Unternehmen stehen, die Schirmherrschaften tragen, Ressourcen zur Verfügung stellen und in deren Eigentum die Nutzungsrechte der gemachten Entdeckungen häufig übergehen. So tragen politische und wirtschaftliche Personen, die in einer Rollenverantwortung zum jeweiligen Projekt stehen, die Verantwortung für dieses mit, die ohnehin für einen einzelnen Menschen zu groß wäre, um sie im notwendigen Umfang schultern zu können. Ihnen fällt dabei beispielsweise die Aufgabe der sittlich vereinbaren Einleitung und Finanzierung von Projekten zu, deren Folgen keinen unannehmbaren Schaden an Natur und Mensch bedeuten würden, soweit dies abschätzbar ist, und des Verzichts auf gegebenenfalls lukrative Entwicklungsprojekte, die aus moralischer Perspektive mit Wahrscheinlichkeit inakzeptable Folgen haben könnten. Damit zeigt die Verantwortungsethik Pflichten und allgemeine Richtungen zu angemessenem Verhalten auf, gibt aber keine Anleitung für individuelles Verhalten. Sie kann nur als Wegweiser dienen. Die Arbeiten von Günter Ropohl[33] und Hans Lenk[34] sind Beispiele, die in jüngerer Zeit zu ihrer Entwicklung beigetragen haben, und nicht zuletzt stieß Hans Jonas' Werk die Entfaltung dieser Debatte um den Bezug von naturwissenschaftlicher Forschung und ethischer Verantwortung

33 Günter Ropohl, Ethik und Technikbewertung, Frankfurt am Main 1996.

34 Hans Lenk, Zwischen Wissenschaft und Ethik, Frankfurt am Main 1992; ders., Natur – Umwelt – Ethik, Münster 2003.

erst maßgeblich an, welche die praktische Philosophie in den letzten Jahrzehnten bewegte und vielen nachfolgenden Stimmen den Weg zu breiterer Aufmerksamkeit ebnete.

Da jede Handlung in einem Kontext begrenzter Ressourcen stattfindet und niemals alle Optionen zur Ausführung kommen können und dürfen, muss im verantwortungsethischen Kontext diejenige Option den Vorzug erhalten, die in Achtung der entsprechenden Werte die bestmögliche Wirkung verspricht. Dabei sind auch ihre unmittelbaren Folgen genauso wie die Fernfolgen dieser Handlung in die Überlegungen mit einzukalkulieren. Das wirft das Problem der begrenzen Voraussehbarkeit dieser Folgen und aller Implikationen für unbekannte beteiligte Faktoren auf. Schon John Locke wies auf die Problematik des Kontextes in der handlungsorientierten Sittlichkeit anhand des Beispiels hin, dass Diebstahl im Fall des Entwendens einer Waffe aus der Hand eines Rasenden nicht als verwerflich einzustufen wäre, und zeigte damit auf, dass für die Beurteilung einer Situation mehr als nur die unmittelbaren Umstände notwendig sind. Wendet man dieses Prinzip auf das Feld der Technikfolgenabschätzung an, so wird offensichtlich, dass hier Orientierung nur unter größten Mühen, wenn überhaupt, gewonnen werden kann. Dabei gibt die Verantwortungsethik an sich auch keine Aufstufung von Werten an, in denen einem Wert mehr Zuspruch gegeben werden muss als einem anderen, da sie über keinerlei Hierarchie verfügen und ihre Schwere nur durch die jeweilige Theorie determiniert wird. Den unmittelbaren Folgen einer Handlung kann damit mehr Gewicht zugebilligt werden als den Fernfolgen, oder umgekehrt. Ihre Richtungsweisung bleibt ungenau und macht die Wertemphase der jeweiligen Theorie notwendig. Somit kommt der Schlüssigkeit der einzelnen Ethikkonzeption eine hohe Bedeutung zu. Darin kann mit ein Grund gesehen werden, weshalb Jonas es als notwendig verstand, seine Theorie so tief als möglich zu begründen, und er der Auffassung war, dass sie nicht ohne eine Ontologie bestehen könne.

So soll nun zu seiner Verantwortungsethik übergegangen werden um zu sehen, welche Besonderheiten seinen Verantwortungsbegriff ausmachen, welche Schwächen ihm daraus erwachsen und ebenso welche Stärken er in ihr gewinnen kann, die ihn aus anderen Positionen herausheben.

Der Verantwortungsbegriff bei Jonas

Verantwortung bezeichnet „die Zuschreibung des Denkens, Verhaltens und Handelns eines Menschen an dessen freie Willensentscheidung, für die er genau deshalb rechenschaftspflichtig ist und für die er mit allen Konsequenzen einstehen muss“[35]. Nur ein frei, unabhängig und selbstständig denkendes Wesen kann sich verantwortlich entscheiden. Folglich ist die Freiheit des Menschen der konstituierende Faktor für ihr Zustandekommen. Im Existenzialismus kommt dem Verantwortungsbegriff eine bedeutende Rolle zu, da er den Menschen als frei ansieht und ihn unter ihrem Primat versteht. Für Sartre beispielsweise hat der Mensch keine unbedingt feststehende Konstitution, in dessen Sinne er seine eigentliche Wesensform verfehlen oder erfüllen kann. Vielmehr macht er sich selbst zu dem, was er ist, indem er denkt und handelt und sich damit selbst auf gewisse Weise zu seinem eigenen Schöpfer macht. Er geht sich selbst voraus, insofern er seine Existenz vor seine Essenz setzt, die erst durch sein Handeln zu Stande kommt. Im Handeln wird er erst er selbst, so Sartre, „aber wenn wirklich die Existenz der Essenz vorausgeht, so ist der Mensch verantwortlich für das, was er ist“[36]. Dabei erstreckt sich die Verantwortung des Menschen nicht nur auf seine eigene Person, sondern genauso auf seine Mitmenschen. Insofern er Mensch ist, ist er nicht nur für Personen, sondern für den Menschen an sich verantwortlich, da seine Wahl für sich immer eine Wahl zu Gunsten des Menschen als solchen und damit aller Menschen ist. Das, was er handelnd aus sich macht, ist mit Sartre ein Abbild dessen, was er an sich sein soll. Und das ist er nur durch die Freiheit, mit der er begabt ist und durch die er handelt. Durch sie ist diese „totale Verantwortung“ für die Menschheit bedingt und zu ihr ist der Mensch „verurteilt“, weil er dem Freisein nicht entkommen kann. Er kann nicht anders, als sich frei zu entscheiden und frei zu handeln und damit in dieser so konstituierten Verantwortung zu stehen. Dieses Verhältnis kann nur zu Stande kommen, wenn Freiheit im Menschen ontologisch fundiert ist. So muss man Sartre verstehen und in dieser Auffassung weist Jonas eine starke Nähe zu ihm auf. Zwar ist bei ihm Freiheit nichts, wozu der Mensch „verurteilt“ ist, aber dennoch ist es bei ihm etwas, das unabweisbar zu seinem Wesen gehört und ihn als das bestimmt, was er ist. Jonas sieht Verantwortung dabei nicht als eine rein auf den Verstandesbereich reduzierte Komponente des Menschseins. Der Mensch ist nicht Geist allein, ebenso wenig reiner Körper, sondern eine Einheit aus beidem, das so untrennbar verbunden ist, dass man keine unterscheidenden Kategorien für seine Facetten anbringen kann ohne ihn zu missverstehen. Jonas kritisiert in diesem Zusammenhang scharf die Sichtweise des Dualismus, darin besonders „eine gewisse Verachtung der Natur durch den sich ihr überlegen fühlenden Geist“[37]. Die

35 Wulff Rehfus, Handwörterbuch Philosophie, Göttingen 2003.
36 Jean-Paul Sartre, Das Sein und das Nichts, Reinbek 1993, S. 325.
37 Hans Jonas, Philosophie. Rückschau und Vorschau am Ende des Jahrhunderts, S. 22.

Verantwortung als Folge der Verbundenheit von Organischem und Geist sowie Mensch und Natur gibt in besonderer Weise Zeugnis davon und ist gleichzeitig die sittliche Folge dieser Verbindung. Sie kommt durch die organische Verfassung des Menschen aus der Welt, die ihn hervorgebracht hat, in ihn und setzt ihn in ein Verhältnis zu ihr, das nicht auflösbar ist, ohne den Status des Menschen als solchen zu pervertieren. Die Besonderheit dieser Verantwortung ist damit, dass sie sich nur auf die menschliche Lebenswelt beschränkt bleibt. Vielmehr besteht zwischenmenschliche Verantwortung, weil sie eine Facette der Verantwortung als Ganze ist, die sich auf alles erstreckt, das von der menschlichen Macht berührt wird. Und das ist unter dem Gesichtspunkt seines verlängerten Armes durch die technologischen Errungenschaften der Moderne die Gesamtheit der lebendigen Sphäre des Planeten und ihrer Zukunft. Das angemessene Verständnis der Verantwortung, schon rein theoretisch betrachtet und ohne Beachtung der Notwendigkeit seiner praktischen Umsetzung, bedeutet für Jonas auch eine Aussöhnung mit der menschlichen und außermenschlichen Natur und ein Gegenmittel gegen „die gegenseitige Entfremdung der Teile das Ganzen“[38], philosophiegeschichtlich verursacht durch den Erfolg der dualistischen Position. Jonas ist der Überzeugung, dass das Hervorgehen des Daseins aus dem Vorhandensein, welches sich in der Entstehung des Menschen und in jeder neuen Geburt eindeutig beweist, etwas zu bedeuten hat. Das „physikalisch-biologische-evolutionäre Zeugnis“, das darin gelegen ist, deutet für ihn auf eine ontologische Verfassung hin, die den Kern seiner Philosophie darstellt und deren Folge in der menschlichen Verfassung die Verantwortung geworden ist, die Mensch und Welt aufeinander hin ordnet und dem einen das andere zur Aufgabe macht. Verantwortung ist so schließlich die praktische Konsequenz des Menschseins.

In der Folge bedeutet das, dass das tätige Wahrnehmen der Verantwortung, also das Handeln in ihrem Sinne, nicht nur gewissermaßen zum guten Ton des menschlichen Lebens gehört, sondern eine unmittelbare Pflicht ist. Sie gehört zu ihm wie das Gehen und das Denken, mit dem Unterschied, dass ihr Anspruch verfehlt werden kann. Der Mensch scheitert selten am Gehen, hat er es einmal gelernt und ist nicht durch widrige Umstände oder Gebrechlichkeit eingeschränkt. Er kann aber sein ganzes Leben erfolgreich und glücklich verbringen ohne dabei seiner Verantwortung nachzukommen, sei es aus Unverständnis oder aus Absicht heraus. Grund dafür ist, dass das Objekt seiner Verantwortung außerhalb seiner selbst liegt, obwohl es durch diese mit ihm verbunden ist. Durch die Ausübung seiner Macht verbessert er seine eigene Existenz, durch

38 Hans Jonas, Rückschau und Vorschau am Ende des Jahrhunderts, S. 23.

die Wahrnehmung der Verantwortung die des von ihm affizierten Gegenstandes. Steht er zu diesem nicht in einem unmittelbaren Abhängigkeitsverhältnis, mag ihm die Verantwortung nie zu Bewusstsein kommen, oder aber er entscheidet sich aus eigennützigen Gründen gegen eine verantwortliche Handlung im Sinne dieses Objektes. Selbst in einer offensichtlichen Abhängigkeit, wie sie zwischen Mensch und Natur besteht, kann sie abgewiesen werden, wenn sie nicht eindeutig zwischen diesem einen Menschen und jener besonderen Manifestation der Natur, wie dem Bauer und dem eigenen Acker, besteht. Verantwortung ist ein gängiger Begriff des gesellschaftlichen Miteinanders. Der Mensch versteht ihre Bedeutung an sich und fühlt sich auf irgendeine Art zu ihr berufen. Als Konzept ist sie ihm grundlegend nicht fremd. Darin kommt bereits ihre Natürlichkeit zum Ausdruck. Schwierigkeiten bereitet sie da, wo ihre tätige Wahrnehmung den Bereich der Selbstverständlichkeit verlässt, wo Willkür und andere Notwendigkeiten des Lebens mit in den Überlegungskreis treten und ihre Stimme abschwächen. Verantwortung ist etwas, das für Jonas unmittelbar besteht, aber Einsicht benötigt. Sie ist ein entscheidender Bestandteil des Menschseins und ihre Wahrnehmung heute möglicherweise entscheidend für seine Zukunft, sie kann aber allzu leicht verfehlt, missverstanden und wegdiskutiert werden. Das ist die Diskrepanz und Problematik, der sich Jonas in ihrem Kontext gegenüber sieht. Es gibt viele Stimmen im Umfeld des menschlichen Interesses und meist ist die kurzfristige Verheißung stärker als die langfristige Notwendigkeit. Erst dadurch konnte die Krise entstehen, die sich durch die Kluft zwischen den Folgen des machtvollen Handelns und des mangelnden Vollzugs angemessener Verantwortungsmaßnahmen definiert. Jonas ist überzeugt, dass Verantwortung etwas ist, das eine natürliche Berechtigung besitzt und dem zur Stimme verholfen werden muss.

Der Anspruch der Verantwortung vs. Jonas' Versuch

Dass Verantwortung etwas ist, das den Menschen in die Pflicht nimmt und einen legitimen Anspruch auf ein angemessenes Handeln erhebt, ist die klassische Sichtweise der Verantwortungsethik. Allerdings fallen ihre Begründung und damit auch dieser Anspruch sehr unterschiedlich aus. Sie kann für Lebewesen und Dinge bestehen, auferlegt, freiwillig übernommen oder notwendig getragen werden. Für Verantwortung ist immer ein Weltbezug nötig. Sie ist ein Konzept, das ein Gegenüber benötigt und den Menschen in einer Beziehung auf etwas außerhalb seiner selbst versteht. Georg Picht beispielsweise sieht Verantwortung als ein Verpflichtungskonzept, das die Haftung für etwas überschreitet, nach der jemand für etwas zwanghaft in die Pflicht genommen werden kann[39]. Sie setzt also eine Institution jenseits sozialer, rechtstaatlicher oder anderer äußerlicher Kontrolle, welche die verantwortliche Handlung sicherstellen könnte. Diese Institution muss also notwendig im Menschen selbst bestehen und wird mit dem Gewissen identifiziert. Das aber bedeutet, dass sie mit einer gewissen Freiwilligkeit verbunden ist. Ist die verpflichtende Institution der Mensch selbst, so entfällt jede äußere Konfrontation und der Entzug aus der Verpflichtung wird ultimativ erleichtert. Verantwortung kann übernommen, aber auch ignoriert oder abgewiesen werden.

Das ist die Problematik des sittlichen Verantwortungskonzeptes. Ihre Verpflichtung ist nicht ohne weiteres als eine unbedingte zu verstehen. Darüber hinaus garantiert die Gültigkeit ihres Anspruches kein verantwortungsgemäßes Handeln. Es ist leicht, sie abzutun oder zu ignorieren. Deshalb muss sich Jonas, will er sie unabweisbar sehen, um einen ontologischen Begründungsansatz bemühen, der die Notwendigkeit eines verantwortungsgemäßen Handelns nachhaltig ultimativ gewährleisten kann. Nur wenn es keine Möglichkeit gibt, das Bestehen der Verantwortung sinnvoll zu negieren, ist ihr Anspruch gesichert. Aber selbst dann ist es möglich diesen zu ignorieren und sich entgegen des Verantwortungsbestandes zu verhalten. Dadurch entstand nach Jonas die Krise und nur durch die tätige Verantwortungswahrnehmung kann sie aufgelöst werden.

Jonas kann die Verantwortung aber nur als ontologisch begründet aufweisen wenn er einen Zugang von ihr auf die tiefste Ebene des Seins ausweisen kann. Gemeinhin wird sittliche Verantwortung als etwas verstanden, das auf den menschlichen Bereich beschränkt ist, weil nur der Mensch zur Sittlichkeit befähigt ist. Jonas sieht das anders. Für ihn ist sie etwas, das an der Wurzel der Dinge verfasst ist und diese durchdringt. Sie ist, wie noch zu sehen sein wird, die Grundlage aller Ethik, überspannt den persönlichen Nahbereich und erstreckt sich auf alles, das vom Einzelnen oder der Menschheit insgesamt berührt werden kann. Das ist ein äußerst tiefgreifendes und umfangreiches Verantwortungskonzept, das natürlich weitreichende Konsequenzen nach sich ziehen muss. Jonas verstärkt den Anspruch der Verantwortung im Sinne eines rein menschlichen Konzeptes indem er die Verantwortungs*fähigkeit* zwar nur dem Menschen zurechnet, den Verantwortungs*bereich* aber der Sphäre des Lebendigen zurechnet. Das, wofür die menschliche Verantwortung besteht, ist somit nicht das Menschliche allein, sondern alles Lebendige, an dem das Menschliche nur einen Anteil hat.

39 Georg Picht, Der Begriff der Verantwortung. In: Wahrheit, Vernunft, Verantwortung. Philosophische Studien. Stuttgart 2004, 318 ff.

Moralische Verantwortung kann nur für etwas bestehen, das sich durch einen gewissen Wert auszeichnet. Dieser ist der Grund für den Bezug zwischen Verantwortungsträger und Verantwortungsobjekt. Damit die Verantwortung unbedingt bestehen kann, so wie Jonas sie begründen möchte, muss auch der Wert ein unbedingter sein. Deshalb kann nur eine ontologische Wertbegründung für die von ihm als verlangt gesehene unabweisbare sittliche Verantwortung genügen.

Selbst, wenn dieser Anspruch als von ihm erfüllt gelten kann, stellt sich in der Verpflichtung zur Verantwortlichkeit die zweite Hürde für Jonas. Da er sich nicht allein auf die Begründung der Verantwortung beschränkt, sondern in der praktischen Komponente auch die Perspektive auf ihre Umsetzungsmöglichkeit mitberücksichtigten muss, will sein Ethikkonzept nicht kraftlos bleiben, muss er eine Regressform finden, die alle Gegenkräfte zu überwinden in der Lage ist. Als Rechtfertigungsinstitution kann auch er nur das Gewissen identifizieren. Anders als Jaspers ist Jonas der Meinung, dass es so etwas wie eine „Kollektivschuld“[40] gibt. Insofern jeder Mensch an der Gemeinschaft des Menschseins teilnimmt und in der Moderne an Kollektivhandlungen wie der Technologienutzung teilnimmt, ob nun freiwillig oder unfreiwillig, bewusst oder unbewusst, macht er sich mitschuldig an ihren Folgen. Diese Schuld gilt nicht als eine, die sich im Sinne einer Erbsünde auf kommende Generationen übertragen kann. Dennoch ist es eine, die die Menschheit als Ganzes zu verantworten hat und ihr auch in diesem Rahmen tätig begegnen muss. Es ist eine Schuld im Sinne eines „einer Institution etwas schuldig sein“, die allen zukommt, die dieser Institution verpflichtet sind. Insofern der Mensch in diesem Schuldigkeitsverhältnis steht, muss er sich nicht nur für sich allein, sondern auch in Gemeinschaft dazu verhalten, da er nicht nur individuell sondern auch kollektiv beteiligt handelt. Das heißt, Verantwortung nach Jonas ist etwas, das nicht nur Einzelnen zukommt, und ebenso ist das ihr gemäße Handeln nicht nur Sache von Personen, sondern auch von Gruppen, Organisationen und Nationalitäten. Sicherlich kommen Einzelnen auf Grund der Machtverteilung dabei besondere Rollen zu. Dennoch würde Jonas nie dem Politiker die Gesamtverantwortung für die Handlungen der Einwohner des von ihm regierten Landes zurechnen. Seine persönliche Verantwortung reicht nur so weit wie seine Macht. Das mag weiter sein als die manches anderen, kann aber niemals an die einer Bevölkerungsgruppe heranreichen.

Das bedeutet, dass Jonas' Verantwortungskonzept sowohl weitreichender als das klassische Verantwortungsverständnis ist, als auch überaus tiefgreifend indem

40 Karl Jaspers, Die Schuldfrage. Von der politischen Haftung Deutschlands, München 1999.

es der Notwendigkeit einer tiefen Begründung nachkommen muss, wenn dieses weite von ihr abgedeckte Feld als gerechtfertigt angesehen werden darf. Seine Besonderheit ist die ontologische Fundierung, die Mensch und Natur im Kontext der Verantwortung zusammenbringt und ihnen einen gemeinsamen Wert zuweisen kann, der dem gemeinsamen Schicksal des Lebendigen in der Welt entspricht. Jonas' Verantwortungsethik gibt Zeugnis von der Situation, die alles Lebendige heute betrifft und im Eigentlichen schon immer betroffen hat. Sie zeigt, dass der Mensch nicht allein ist in der Welt, die er sich im biblischen Sinne untertan gemacht hat, und dass er für dieses Zuhause Sorge tragen muss, das ihm in Verantwortung anvertraut ist. Gleichzeitig versteht Jonas den Menschen in seiner vielfältigen Bedeutung für sich selbst in Selbstbegegnung, Gesellschaft und Staat und spricht jede seiner Rollen im Anspruch der Verantwortung an, nicht nur die Einzelperson im Verhältnis zum Verantwortungsobjekt. Damit vertritt er eine moderne Position, gleichzeitig aber greift er auf klassische Verantwortungskonzepte zurück, die er in seiner Idee überspannt und vereint indem er den Menschen nicht eindimensional begreift. Er konzipiert ihn von der biologischen Seite her, das ist seine persönliche Methode und das Verbindungsglied mit seiner früheren Lebensphilosophie, versteht ihn aus den ihm aus dem Leben zugewachsenen Fähigkeiten und seinem Umgang damit aber auch sozial, ohne seiner Verantwortungsethik eine diskursive Begründungsseite zuzubilligen. Verantwortung, so sieht es Jonas, muss ontologisch begründet sein. Man braucht die Seinslehre um das Sollen für den Menschen durch die Natur zu vermitteln, so muss man Jonas lesen. Jenes Sollen ergreift ihn an der Wurzel seines Daseins genauso wie in jedem Aspekt seines Wirkens in der Welt. Dieses Prinzip ist die Stärke seiner Ethik. Durch es ist sie fest begründet und es wappnet sie für die Schwierigkeiten in ihrer praktischen Umsetzung, die ihr aus der Krise erwachsen.

Das Bewusstsein der Verantwortung und seine Folgen

Das Bewusstsein einer so verfassten Verantwortung kann für den Menschen nicht folgenlos bleiben. Ist es erst einmal gelungen, diese tiefe und unbedingte Verpflichtung der Person gegenüber des von ihr sowohl direkt als auch indirekt Verursachten und Beeinflussten vor Augen zu führen, so ist ein ihr gemäßes Handeln die nächste Herausforderung. Neue Fragen kommen ins Blickfeld. Statt „Bin ich verantwortlich?" und „Wenn ja, für wen oder was?" muss nun bedacht werden „Was muss ich tun?" und „Wie kann ich es tun?". Jonas muss realistisch bleiben, denn der Mensch „kann nicht aus seiner Haut heraus". Die Notwendigkeiten und Schwierigkeiten seines eigenen täglichen Lebens müssen genauso weiter bewältigt werden wie die große, teilweise auch neue weil zuvor unbewusste Aufgabe der Verantwortung. Und in vielen Fällen wird das, was aus der Verantwortung heraus zu tun ist, diesen Notwendigkeiten sogar entgegenstehen.

Das heißt, die neue Ethik ist nicht nur eine des Handelns und Vermeidens, sondern vor allem eine des Abwägens und der Kompromisse. Jonas ist sich bewusst, dass die große Schwierigkeit der Praxis der Verantwortungsethik eine konsequente und weitreichende Verzichtleistung ist. Schon zur Bestärkung ihres unbequemen Arguments ist die tiefgreifende Begründung der Ethik notwendig. Doch auch zur Ermittlung der konkreten Akte des Verzichts, des Umdenkens und neuer, noch unbekannter Wege zu Nachhaltigkeit und Umsicht sind vorausschauende Maßnahmen und Leistungen notwendig, die nur mit großen Schwierigkeiten zu erbringen sein können, wenn sie überhaupt im erforderlichen Maße mit den gegenwärtigen Ressourcen der Menschheit zu leisten sind.

Dass dieses Unterfangen zwar schwer, aber nicht unmöglich ist, ist Jonas' Überzeugung. Der Entwurf einer Ethik kann nicht sinnvoll sein wenn der Zeitpunkt für das notwendige Handeln bereits verstrichen ist. Das Ruder kann noch herumgerissen werden. Aus diesem Anlass entwarf Jonas seine Ethik. Die Verantwortungsethik soll dem nun zuarbeiten und ein Werkzeug zur Verfügung stellen, das nicht verantwortungsgemäßes Handeln schon im Voraus und damit vor dem Eintreten seiner Folgen erkennt und unterbindet. Jonas entwirft dieses Instrument im Prinzip der Heuristik der Furcht.

Die Methode des Erkennens: Die Heuristik der Furcht

Es wurde ja schon einmal kurz die Bedeutung einer Bewusstseinsänderung im Zuge der Praxis der Verantwortungsethik angesprochen. Anlass dazu sollen vernünftige Einsicht, Besorgnis und Furcht vor Drohendem bieten.

Furcht ist zunächst etwas zutiefst unlogisches. Sie befällt einen in Situationen, die Bedrohung vermuten lassen, sei sie nun tatsächlich oder vermeintlich. Sie ist genauso wirklich im Angesicht einer auf einen gerichteten Schusswaffe wie beim Betreten eines dunklen Kellers. Sie hemmt die Handlungsfähigkeit und das objektive Einschätzungsvermögen. Dennoch wählt Jonas eine Form von Furcht als Werkzeug zur Ermittlung von Handlungsstrategien.

Bei dieser Furcht handelt es sich um eine spezifische Methode der Selbstmotivation, die zum Bereich der Verantwortung gehört. Sie bezieht sich nicht auf die sie empfindende Person selbst, sondern auf ein Äußeres, für das Verantwortung besteht und das deshalb mit dem Empfindenden in Verbindung steht. Dieser fürchtet also um einen Gegenstand der Verantwortung. Diese Furcht ist nur möglich, so Jonas, wenn „er ein grundsätzlich verletzlicher ist, für den es also etwas zu befürchten geben kann“[41]. Im Kontext der Moderne und der vergrößerten menschlichen Macht gibt es also mehr, das diese Furcht im Menschen auslösen kann, als je zuvor. Heute ist bedroht, was niemals bedroht war. Also gilt es jetzt erst recht zu fürchten.

Dabei ist davon nicht notwendig nur Gegenwärtiges zu bedenken, sondern auch Fernes und Zukünftiges. Der Bestand des fernen Amazonaswaldes steht genauso auf dem Spiel wie die Zukunft der Eisbären, und vielleicht letztendlich auch die des Menschen. Dass uns diese etwas angehen, lässt sich aus der Verantwortung verstehen. Die Furcht um sie muss die erste Antwort auf dieses Verständnis sein. Nicht immer kommt sie von selbst. Die Motivation des angemessenen Gefühls der „Sorge“, in deren Begriff Jonas ganz in der Tradition seines Lehrers Heideggers steht, resultiert in Besorgtheit um diese Dinge aus dem Wissen heraus, dass sie einen etwas angehen und dass sie bedroht sind: „was wird *ihm* zustoßen, wenn *ich* mich seiner *nicht* annehme?“[42]. Darin liegt eine abstrakte Identifikation mit dem Gegenstand der Verantwortung, zu der das eigentliche Gefühl der Furcht nicht in der Lage wäre.

Diese so konstruierte spezifische Furcht ist deshalb heuristisch, weil in dieser Abstraktion die theoretische Herausstellung des Drohenden gelegen ist, die Vorstellung der Folgen und die persönliche Verbindung dazu, die das Eintreten der in der Furcht erscheinenden Konsequenzen des Nichteingreifens verbietet. Die Heuristik der Furcht ist eine Methode, die der Mensch erst in sich selbst in Gang setzen muss. Sie zeigt auf und verdeutlicht, was nicht unmittelbar fühlbar ist wie das eigentliche Gefühl von Angst.

Für das Zustandekommen der Heuristik der Furcht ist mehreres notwendig. Zunächst eine Theorie der Verantwortung, die den Menschen betrifft und für ihn spürbar und einsehbar ist. Sie muss an den Gegenstand der Verantwortung binden. Dazu muss es eine Idee des Guten geben, mit der dieser Gegenstand identifiziert ist. Das verlangt nach einer gewissen Selbstlosigkeit. Verantwortlich kann der Mensch nur für etwas sein, das ihm nicht einfach nur selbst zum Vorteil gereicht, sondern das einen begründeten Anspruch auf Grund eines Eigenwertes für sich geltend machen kann. Es muss ein Gut sein, das den Menschen betrifft und in die Verantwortung zieht. Warum und wie Jonas dieses ontologisch aufweisen kann, wird an späterer Stelle diskutiert werden. Gelingt es ihm aber, so ist für die Folge festzuhalten, dass die Pflicht der Verantwortung zunächst die Pflicht zur Furcht um den Gegenstand der Verantwortung beinhaltet. Sie zu kultivieren

41 Hans Jonas, Das Prinzip Verantwortung, S. 391.

42 Ebd.

und ihr gemäß handelnd tätig zu werden, ist erste Folge des Bewusstseins der Verantwortung.

Die Folgen: Der Anspruch der Philosophie im Verhältnis zur Naturwissenschaft und ihre daraus resultierenden Chancen

Aus der Wirkung der Heuristik der Furcht heraus muss ein Handeln angestoßen sein, das im Sinne des Gegenstandes der Verantwortung erfolgt, um den der Verantwortliche besorgt ist. Das ist die nächste Folge der Theorie der Verantwortungsethik.

Die Philosophie muss zwar auf der Suche nach dieser neuen Ethik für die neuartige Situation eine Art Vorhut-Rolle übernehmen. Das Projekt aber, das sie dabei vertritt, soll und kann keineswegs von ihr allein bewältigt werden. Das sah auch Jonas ein. „Die neue Aufgabe der Philosophie wurde plötzlich eine, die gemeinsam mit Biologen, Physikern und Wirtschaftstheoretikern wahrgenommen werden musste – im Hinblick auf eine Erhaltung des irdischen Haushalts“[43]. Sie hat also eine universelle Dimension, die schon in ihrer Vorarbeit alles einbegreift, das menschlich ist. Alle Kraft und intellektuelle Stärke in ihren vielfältigen Facetten ist gefragt um diesem Projekt zu bestmöglichem Erfolg zu verhelfen. Dabei werden nicht zuletzt die Naturwissenschaften und die aus ihren Ergebnissen hervorgehende Technik in die Pflicht genommen, deren Nutzungsfolgen letztendlich die Krise erst verursachten, die es nun aufzulösen gilt. Als die stärksten Instrumente des modernen Menschen sind sie in besonderer Weise zur Möglichmachung einer angemessenen Zukunft notwendig. Trotz der Paradoxie ihres Wirkens im Kontext der Verantwortungsethik für die technologische Zivilisation nach Jonas haben Naturwissenschaft und Ethik etwas miteinander zu tun. Ethik ist nicht ganz ohne Wissenschaft zu denken. Das zeigt schon allein die Herkunft des Verantwortungswissens aus den Erkenntnissen über die Natur, die auf naturwissenschaftlichem Wege und mit der Hilfe von Technik mitgewonnen wurden. Die Aufgabe der gefragten Ethik ist nun die Zurückhaltung von Naturwissenschaften und Technik. Das bedeutet, dass die Naturwissenschaft eine Ethik für den Umgang mit ihren Folgen in der Technik verlangt. Beide Wissenschaften sind zum Nutzen des Menschen einzusetzen. Ihre Problematik gewann die Naturwissenschaft allein aus dem Überhang ihrer Nutzung ohne ausreichende mäßigende Kräfte. Die Aufhebung dieses Ungleichgewichts möglichzumachen

43 Hans Jonas, Erinnerungen, S. 335.

und das dazu geeignete Handeln anzustoßen ist letztendlich die Aufgabe der Verantwortungsethik.

Zum Verhältnis von Theorie und Praxis

Als Hans Jonas 1958 anlässlich des 25-jährigen Jubiläums der University in Exile in New York zugedacht wurde, den Festvortrag zu halten, trug der Soziologe Alfred Schütz den Vorschlag an ihn heran, über den praktischen Nutzen und Einsatz von Theorie zu sprechen. Jonas hatte sich bis zu diesem Zeitpunkt mit seiner Biophilosophie beschäftigt und war bereits mit den für ihn entscheidenden Gedanken von Alfred North Whitehead in Berührung gekommen. Schütz' Vorschlag sollte für die Genese seiner späteren Verantwortungsethik eine Rolle spielen.

Alfred Schütz befasste sich selbst in seiner Betrachtung der Rolle der Sozialwissenschaften mit dem naturwissenschaftlichen Theorieverständnis und seinem Unterschied zu den Geisteswissenschaften. Er trennt die Alltagswelt zudem nicht von der wissenschaftlichen Betrachtungsperspektive ab, sondern weist ihr eine zentrale Position zu, zu der sich die jeweiligen wissenschaftlichen Disziplinen auf ihre Art verhalten müssen. Sozialwissenschaft muss die Alltagswelt verstehen, so Schütz, während die Naturwissenschaften keine interpretierende Funktion haben[44]. Damit stellt er bereits die Frage nach dem Wozu der Wissenschaft, die ebenfalls den Grundstein für Jonas' Vortragsthema darstellt und ihn auf etwas hinstieß, worüber er sich zuvor wenig Gedanken gemacht hatte, das aber für seine spätere Philosophie von großer Bedeutung sein sollte: „der radikale Unterschied zwischen der Rolle des Erkennens im antiken Sinne und jeder im modernen Sinne“[45].

Die Bedeutung der Theorie

Wissen hat seit jeher für den Menschen eine besondere Bedeutung gehabt. Seine Fähigkeit zur Abstraktion und Erinnerung war der Garant für seine Entwicklung zur erfolgreichsten Spezies des Planeten. Dabei hat es immer mit praktischer Anwendbarkeit zu tun. Zunächst einmal hat Wissen immer einen Sinn für etwas, sei es über die Essbarkeit einer Pflanze oder die Konstruktion eines Hammers.

44 Alfred Schütz, Der sinnhafte Aufbau der sozialen Welt. Eine Einleitung in die verstehende Soziologie, Wien 1932.

45 Hans Jonas, Erinnerungen, S. 312.

Im Lauf der Entwicklung des Menschen bildeten sich verschiedene Wissensformen heraus, die sich zu Disziplinen entwickelten, die mit der Lebenswirklichkeit auf verschiedene Arten umgingen. Mit zunehmender Menge wurde das zur Verfügung stehende, überlieferte und weiter wachsende Wissen komplexer und theoretischer. Das kontemplative Prinzip in der reinen Anschauung und dem Verstehen der Dinge erreichte schließlich in der Antike einen Status, der ihm besondere Würde zubilligte. Aristoteles sah die rein theoretischen Wissenschaften, die nicht zum Nutzen einer Sache außerhalb ihrer selbst bestanden, als höherwürdig an als die praktischen. Die Philosophie, deren Interesse die Betrachtung der Dinge zu allein diesem Zweck sein sollte, erhob sich damit zu einer besonders hehren Aufgabe.

Die Moderne hingegen überwand und verkehrte diese Ansicht in ihr Gegenteil. Die Betrachtung der Dinge in den Wissenschaften soll zu Ergebnissen führen, die von praktischer Relevanz und Einsatzfähigkeit in der Alltagswelt führen. Wissenschaft hat den Fortschritt zum Ziel. Damit befinden sich die Naturwissenschaften in einer neuen Primatsposition und oftmals wird erwartet, dass alle übrigen Wissenschaften sich ihrer Konzeption gemäß gleichartig zu verhalten haben sollten um Berechtigung zu erhalten. Diese Haltung ist zunächst einmal leicht verständlich. In keiner Epoche entwickelte die Menschheit ihre Lebenswelt so umfassend und dramatisch weiter wie während der zuletzt vergangenen Jahrhunderte. Dieser enorme Fortschritt, der eine Verbesserung und Vereinfachung des menschlichen Lebensvollzugs in all seinen Teilbereichen möglich machte, wurde zum größten Teil durch die Folgen der Entdeckungen der Naturwissenschaften ermöglicht. Der Nutzen dieser Disziplinen ist offensichtlich. Man begegnet ihm in jedem Moment des Lebens. Fortschritt ist das stetige Interesse des Menschen. Damit soll jeder Theorie eine praktische Dimension zukommen, will sie nicht in den Verdacht geraten, überflüssig zu sein. „Nutzlos" und „sinnlos" sind im modernen Theorieverständnis deshalb häufig als deckungsgleich verstanden.

Letzter Sinn der Wissenschaft im modernen Sinne ist das Betrachten und Verstehen der Natur zum Ziel ihrer Beherrschung und Unterwerfung, so sah es schon im 16. Jahrhundert Francis Bacon. Ihre Methoden werden zu menschlichen Methoden, die mit ihrer Hilfe der Natur abringen, was sie selbst nicht leistet. Sie wird damit gleichzeitig Vorbild, Mittel, Instrument und Ressource. Das reine Verständnis ist nicht länger das Ziel, sondern nur der erste Schritt hin auf dem Weg zu praktischem Wirken. Für Bacon lag darin der Weg zu einem menschgemachten Utopia des Überflusses, das sich im Leben der westlichen modernen Welt erfüllt sehen kann. Der Erfolg der modernen Sichtweise hat sich selbst erwiesen und ihr Anspruch gilt damit weithin als bestätigt. Dies ist die Dynamik, in der der moderne Mensch lebt und in die er eingebettet ist. In dieser Situation schreibt auch Jonas seinen Vortrag und thematisiert die Dramatik, die aus dem Heilsversprechen simultan erwachsen ist: „dass damit eine unaufhaltsame Dynamik in Gang gesetzt worden ist, die dazu führt, das nicht mehr zu unterscheiden sein wird, ob [...] der Mensch der Wagenlenker ist, der die Rosse antreibt, oder ob er lediglich von einer anderen Macht mitgeschleift wird. Damit war das Thema der Schicksalsbedeutung und Problematik der modernen Technik im Kontext der Eigenart der modernen Naturerkenntnis und Wissenschaft angeschlagen“[46].

Damit kann und will Jonas nicht zur antiken Sichtweise zurück. Die moderne Welt ist eine, die den Menschen in ihre Gesetze zwingt. Sich ihren Tendenzen zu verwehren, kann keine Lösung für ihre Probleme bieten. Solches will Jonas aber leisten. Auch er ist ein moderner Wissenschaftler indem er seiner Theorie von Anfang an einen praktischen Nutzen zugedenkt. Seine Ethik ist praktische Philosophie, die etwas in der Welt zu verändern sucht. Die Unterwerfung der Natur, die Bacon thematisierte, ist seit Langem im Gange und hat ein Ungleichgewicht freigesetzt, dem es tätig zu begegnen gilt. Das heißt, dass Jonas der übermäßig erfolgreichen Fortschrittstendenz der Naturwissenschaften etwas entgegensetzen muss, das ebenfalls auf Praxis ausgerichtet ist und damit denselben Gesetzen gehorcht. Fortschritt ist nichts, das grundsätzlich abzuwerten ist, so darf man Jonas nicht verstehen. Nur blinder Fortschritt ist es, der in die Krise der Moderne führte und dem es zu begegnen gilt.

Die Fähigkeit des Sehens ist eine Besonderheit des Lebendigen, mit der sich Jonas bereits in seiner Philosophie des Organischen befasste. Es ist eine Fähigkeit, die im Menschen theoretische Einsicht schafft, aber praktisch ist und deren Einsichten zu einem Handeln dienen und auf es hinführen. Das Sehen als organischer Prozess ist nichts kontemplatives, auch wenn Kontemplation mit ihm und durch es möglich ist. Mag das Leben sich selbst zum Ziel haben, so sind die körperlichen Anlagen der Lebewesen an sich teleologisch verfasst. Das Sehen, durch das die Umwelt aufgefasst wird, ist die Fähigkeit, durch die sich spezifisch der Mensch von seiner Welt ein Bild machen kann. Das ist ein Prozess, der zwar zunächst rein innerlich ist. Dennoch dient dieses Weltbild zur Handlung in dieser Welt, ihrer Umgestaltung und Urbarmachung, die notwendig für das menschliche Überleben ist. Zielorientierung ist also dem Leben und besonders dem Menschen inhärent. In der Verantwortungsethik ist das „sich ein Bild machen“ ebenfalls ein erster Schritt, auf den ein Handeln folgen muss, das auf dieses

46 Hans Jonas, Erinnerungen, S. 314.

Bild zugeschnitten und seinen Ansprüchen gemäß ist. Eine Theorie mit der Implikation eines praktischen Nutzens außerhalb ihrer selbst ist also nicht schlecht, auch wenn ihre Prinzipien letztendlich in die Krise geführt haben. Der Grund dazu ist im Übermaß ihrer Praxis zu suchen, nicht in ihrer Verfassung an sich. Es ist also nur „natürlich", wenn sich die Ethik dem Prinzip der Naturwissenschaften anpasst, um ihren Wirkungen angemessen zu begegnen. Jonas' Ethik zielt in ihrer Theorie auf ein praktisches Wirken im Sinne eines Nutzens hin.

Chance und Problematik des Primats der Praxis für die Verfassung der Theorie

Dieser Nutzen ist ein offensichtlicher Vorteil einer solchen praktisch orientierten Theorie. Jonas' Anlass zu seinen Überlegungen ist nicht das reine Interesse an einem Zusammenhang, sondern an der Bereitstellung eines Werkzeuges zu einem Zweck außerhalb der Theorie selbst. Ihn leitet die Überzeugung, dass die Natur etwas für den Menschen zu sagen hat und dass sein aktueller Umgang mit ihr diesem Anspruch nicht entspricht. Er will ihr zu ihrem Recht verhelfen, das gleichzeitig das Recht auf ein menschenwürdiges Leben jetzt und in Zukunft ist. Die Chance auf dieses Leben läuft er in der Moderne Gefahr zu verspielen, so seine Auffassung. Deshalb entwirft er seine Theorie auf eine Besserstellung hin. Sie ist selbst ein Beitrag zum menschlichen Fortschritt. Dieser ist nicht im Sinne des naturwissenschaftlichen Kontextes zu verstehen, sondern in einer Rückdeutung auf etwas, das bereits besteht, dessen Achtung und Anwendung auf die Gegenwart eine Besserstellung für und in der Zukunft bedeutet. Das zeigt erneut, dass Jonas den Fortschritt nicht abwerten, sondern in angemessene Bahnen lenken möchte.

Indem seine Theorie nun einem Nutzen folgt, macht sie ihre Praxis zu einer Dimension ihrer Gesamtverfassung. Die Theorie endet also gewissermaßen nicht in sich selbst, sondern weist über sich heraus in einen Anwendungsbereich, dessen Gelingen sie mit im Blick haben muss, will sie als gelungen komponiert gelten. Das macht sie in einem Sinne „größer" als eine rein in sich selbst ruhende und auf sich selbst hin geordnete Theorie. Sie hat eine ganz andere Chance auf Bewegung und Veränderung in der Welt indem sie von vornherein auf diese hin bezogen ist. Auch rein theoriebezogene Konzepte haben in der Vergangenheit große Veränderungen anstoßen können, doch die Wahrscheinlichkeit dazu ist eine wesentlich geringere. Zudem sind diese Folgen in einer praxisbezogenen Theorie besser abschätzbar. Sie ist grundsätzlich zielgerichtet. Das schränkt sie ein, macht sie aber auf dieses Ziel hin auch besonders stark.

Indem Jonas seine Theorie auf ein praktisches Ziel entwirft, bringt er sie aber auch in die Zweifelhaftigkeit, der jede Theorie dieser Art anheimfällt. In der

Feldforschung ist die Verfälschung des Messergebnisses durch den Messprozess, das Instrument und letztendlich den Durchführenden ein bekanntes Problem. Zusätzlich laufen Ergebnisse Gefahr, durch die vorgefasste Überzeugung des Experimentierenden fehlinterpretiert zu werden. Genauso kann eine Theorie an eine erwartete Praxissituation oder Gegebenheit angepasst werden und so Schwächen in ihrer inneren Konsistenz aufweisen. Eine Theorie darf in Hinsicht auf praktische en und auf deren Grundlage entwickelt werden, diese Gegebenheiten dürfen aber nicht die innere Struktur der Theorie bestimmen. Ihre Konsistenz muss allein durch die Schlüssigkeit ihrer Argumente bedingt sein. Indem aber das Ergebnis ihrer Herleitung bei dem Entwurf einer solchen Theorie häufig schon feststeht, gibt es für den Wissenschaftler nur die Chance auf einen Erfolg in ihrer Erarbeitung, wenn die Theorie zum erwünschten Ergebnis führt. Jeder andere Theorieentwurf wäre in dieser Hinsicht als Fehlschlag anzusehen. Da Jonas seine Verantwortungsethik mit dem Ziel entwirft, der Krise der Gegenwart ein Werkzeug zu ihrer Behebung zur Verfügung zu stellen, begibt er sich automatisch in den Verdacht, dass seine Theorie im Fall des Erfolgs ihrer Herleitung diesen Erfolg möglicherweise gar nicht durch tatsächliche Schlüssigkeit erreicht haben könnte. Da Jonas' Konzeption eine gewisse Sprunghaftigkeit und Kürze der Argumente aufweist und darüber hinaus nur ein erster Schritt auf dem Weg zu einer umfangreichen und unangreifbaren Theorie zu einer modernen Verantwortungsethik darstellen kann, wie Jonas es zum Ausdruck brachte, liegt dieser Verdacht in Bezug auf seine Ethiktheorie nahe.

Diesen Verdacht kann nur eine eingehende Betrachtung des Begründungsganges seiner Ethik ausräumen. Diese soll im folgenden Kapitel, das den Mittelpunkt dieses Buches darstellt, versucht werden. Dabei vertrete ich die These, dass die Verpflichtung, die Jonas aus dem Wesen der Natur für den Menschen ableiten möchte, nur möglich ist, wenn diesem Gedanken einer inneren Verbundenheit von Mensch und Natur im Sinne einer Verpflichtung durch eine Ontologie begründet ist. Jonas richtet sich gegen die Ansicht einer Kluft zwischen Sein und Sollen. Er will das Sollen nicht von der Natur her, sondern vom Sein, das die Natur bedingt, begründen. Jonas reformierte die Idee der Natur in seinem Werk „Organismus und Freiheit". In der Natur aber muss der Mensch auch als sittliches Wesen in seiner Verpflichtung verstanden werden. Das ist nur möglich, wenn dieser Grundgedanke durch die Ontologie unterfüttert wird. Wie dies im Eigentlichen bei ihm vor sich geht und weshalb genau diese Begründung von so großer Bedeutung ist, wird im Folgenden untersucht werden.

III. Unverzichtbarkeit der ontologischen Fundierung für die Theorie mit Jonas' Zeugnissen hinsichtlich dessen

Der erste über alles nachfolgende entscheidende Begriff, der vor Beginn seiner Herleitung der Verantwortungsethik für Jonas feststeht, ist sein Naturbegriff. Ihn erarbeitete er in den vorhergehenden Jahren in seiner Biophilosophie, deren Aspekte und Teilbereiche in der Aufsatzsammlung „The Phenomenon of Life" 1966 erstmals zusammengefasst veröffentlicht wurden. Dabei handelt es sich um einen umfangreichen Entwurf, in dem die „Natur" besonders durch das ihr inhärente Lebensprinzip verstanden wird. Sie zeichnet sich für Jonas durch die Eigenschaften des Lebendigen aus, ist deshalb dynamisch, gerichtet und weist Tendenzen auf, obwohl nicht alles in ihr lebendig ist. „Natur" ist nicht nur Bestand und Inbegriff einer Menge, sondern ein wohlgeordnetes System unter einem Prinzip.

Die Sichtweise der modernen Naturwissenschaft weist Jonas dabei als fortschrittlichen Denker aus. Jahrzehnte nach seinem Konzeptentwurf ist deutlich geworden, welche immense Bedeutung dem systemischen Charakter der Natur und ihrer inneren Dependenzen in der Vernetzung der Lebewesen mit anderen und dieser Anderen untereinander zukommt.

Jonas versteht aber diese Vernetzung der Lebewesen nicht als das maßgebliche Prinzip der Natur. Vielmehr muss man sie als Folge ihres Prinzips sehen, das im Leben (und in der Folge daraus in allen einzelnen Lebewesen) in besonderer Weise zum Ausdruck kommt. Die Evolution macht für ihn deutlich, dass in der Natur eine Entwicklungstendenz gelegen ist, an der sich eine Form von unbewusstem Interesse innerhalb dessen, was Natur und Leben ist, ablesen lässt. Sowohl die Entwicklung der Einzelwesen als auch die der Arten und des Lebens im Ganzen sprechen dabei dieselbe Sprache. Leben ist niemals indifferent. Nur Anorganisches kann sich durch Ungerichtetheit auszeichnen. Von der einfachsten Zelle über die komplexen Tiere bis hin zum Menschen, der für Jonas die bisher letzte und höchste Entwicklungsform des Lebens darstellt, werden die gleichen organischen Prozesse im Stoffwechsel vollzogen. Dieser führt in der Analyse Jonas dahin, ihn als die Basis allen Lebens zu sehen und weist für ihn bereits die Grundlagen aller natürlichen Entwicklungsformen auf, die schlussendlich in der Anlage der menschlichen Vernunft gipfeln. Obwohl für Jonas der Mensch die „Krone der Schöpfung" darstellt, ist er unablösbar mit der Gesamtheit des Lebens und der Natur verbunden und ihren Gesetzen und Unabwendbarkeiten genauso unterworfen wie das Zebra und das Pantoffeltierchen. Die Notwendigkeit des Agierens in der Situation der Fragwürdigkeit des Überlebens und dem daraus folgenden Kampf in jedem Moment des am-Leben-seins unter Aufbietung der jeweils eigenen Fähigkeiten, abhängig von der Entwicklungsstufe des Wesens, resultiert für Jonas eine Erklärung, die er als das Phänomen der „Freiheit" des Lebewesens bezeichnet, welche die grundlegende Besonderheit des Lebens gegenüber jedem anderen Ding in der Welt ausmacht. „‚Freiheit' muss einen objektiv unterscheidbaren Seinsmodus bezeichnen, d. h. eine Art zu existieren, die dem Organischen per se zukommt und insofern von allen Mitgliedern, aber keinem Nichtmitglied, der Klasse ‚Organismus' geteilt wird: ein ontologisch beschreibender Begriff"[47]. Auf dieser Freiheit des Lebens fußt letztendlich auch die Freiheit des Menschen. Diese These gibt dem Titel des Buches sein Recht.

Das, was Jonas also in „Organismus und Freiheit" behandelt, ist die lebendige Natur, und ihr grundeigenes Prinzip ist das, was er „Freiheit" nennt und welches sich letztendlich im Menschen zur „sehenden Freiheit", also seiner ihm eigenen Fähigkeit, die Welt zu begreifen und nunmehr handelnd in sie einzugreifen, auswirkt. Das ist die Kernaussage von Jonas' Philosophie des Lebens. Ganz zu Anfang seines Buches hält er in diesem Sinne fest, dass sie „in ihrem Gegenstand die Philosophie des Organismus und die Philosophie des Geistes" mit einbegreift[48]. Aufgrund des Freiheitsprinzips kann sie das leisten. So leitet Jonas aus der Verfassung des Organischen die Verfassung der Vernunft her. Es ist letztlich nicht verwunderlich, dass er am Ende des Buches einen weiteren Satz hinzufügen muss: „Die Philosophie des Geistes schließt die Ethik mit ein – und durch die Kontinuität des Geistes mit dem Organismus und des Organismus mit der Natur wird die Ethik ein Teil der Philosophie der Natur"[49]. Da für Jonas jeder Dualismusgedanke ausgeschlossen ist, wird das Organische bestimmend für die Ausbildung des Geistigen, genauso aber gewinnt das Geistige eine Basis in der natürlichen Wirklichkeit. Die Ethik, in der es immer um einen sittlichen Umgang des Menschen mit der Wirklichkeit geht, ist hier in besonderer Art betroffen. Wenn man annehmen muss, dass die Natur Tendenzen aufweist, dann haben diese Tendenzen Folgen für die Vernunft und daraus resultierend für den Umgang des vernunftbegabten Menschen mit der Natur, die ihn bedingt und diese Tendenzen in ihm selbst zum Ausdruck kommen ließ. Wenn Jonas sich der Ethik zuwendet, ist dabei von Beginn an klar: die Natur hat dem Menschen etwas zu sagen, das nicht nur seine

---

47 Hans Jonas, Organismus und Freiheit, S. 14.

48 Ebd., S. 11.

49 Ebd., S. 340.

organische Verfassung betrifft. Die Ethik ist deshalb etwas, das nicht nur den Menschen im Blick haben darf und kann, weil der Mensch nicht ablösbarer Teil der Natur und von ihr als Vernunftwesen mitbestimmt ist. Er ist sittlich begabt, weil er durch die Natur solcherart verfasst ist. Erfahrung und sittliches Bewusstsein selbst erfordern eine solche Orientierung, obwohl dies den meisten Theorien in der Tradition der Ethik diametral entgegensteht. Das ist Jonas' Überzeugung und der Ausgangspunkt für die Erarbeitung einer naturbezogenen Ethik, auf die er am Ende von „Organismus und Freiheit" eine Perspektive gibt.

Der Status der ontologiebedürftigen Ethik

Die Ethik, die Jonas Jahre später in „Das Prinzip Verantwortung" entwickelt, greift auf die Prämissen, die er in diesem früheren Werk begründet hat, zurück. Sie ist eine Ethik der Verantwortung für das Lebendige, weil der Mensch aus dem Kontext des Lebens nicht herauslösbar ist. Er muss sich auf das Lebendige orientieren und sich zu ihm verhalten, weil er von ihm her so bestimmt ist. Dass der Mensch seine Verantwortung nicht abweisen kann, ist für Jonas eine bedeutsame moralische Grundtatsache. Sie gelangt aus der Gerichtetheit des Lebens zu ihm und gehört zu ihm wie und durch seinen organischen Leib. Damit ist bereits die Grundlage von Jonas' Begründung geschaffen, mit der er das Problematische an seiner Theorie auflöst und die Grundlage schafft, aus dem Sein über die Natur eine Pflicht für den Menschen folgen zu lassen.

Und so wird der Umriss der ontologiebedürftigen Ethik von Jonas deutlich. Er argumentiert in ihr gegen die Hume'sche These von der Kluft zwischen Sein und Sollen. In „Organismus und Freiheit" ist die Natur noch das Letzte, worauf er zurückgeht. Am Ende des Buches gibt er erstmals eine Perspektive auf eine noch tiefer liegende Ebene hin, die zur Begründung der Ethik in Anspruch genommen werden muss. Hier benennt er erstmals ein Sein, das auch der Natur bestimmend vorhergeht. Wenn er von Ontologie spricht, geht es ihm um eine solche, die etwas im Blick hält, welches der Natur vorgeordnet ist. „Ontologie als Grundlage der Ethik war der ursprüngliche Standpunkt der Philosophie. Die Scheidung der beiden, welche die Scheidung des ‚objektiven' und des ‚subjektiven' Reiches ist, ist das moderne Schicksal. Ihre Wiedervereinigung kann, wenn überhaupt, nur von der ‚objektiven' Seite her bewerkstelligt werden; das heißt: durch eine Revision der Natur"[50]. Eine solche Revision leistete Jonas in diesem Buch, die Ontologie entfaltete er danach in „Das Prinzip Verantwortung". So sind beide Werke miteinander innerlich

50 Hans Jonas, Organismus und Freiheit, S. 341.

verknüpft. Es genügt nämlich nicht, zur Herleitung verpflichtender und unbedingter sittlicher Werte auf die Natur allein zurückzugehen. Dazu benötigt Jonas den Rückgang auf das Sein und somit eine Seinslehre. Er kann das Sollen, insofern es Unbedingtheit einschließt, nicht allein von der Natur her begründen. Darum muss er auf das Sein rekurrieren, das die Natur bedingt. Die Herleitung der sittlichen Imperative aus dem Sein läuft über die Natur, nicht aus der Natur selbst und allein heraus. Jonas reformierte die Idee der Natur in seiner Philosophie des Lebens, in der Natur aber muss der Mensch auch als sittliches Wesen in seiner Verpflichtung verstanden werden. Das aber ist nur möglich, wenn dieser Gedanke durch eine Ontologie begründet und gehalten wird.

Eigenschaften und Problematik einer solchen Ethik

Eine solche Ethik, die eine Ontologie zur Herleitung ihrer sittlichen Verpflichtungen beziehungsweise von Werten mit unbedingter Geltung benötigt, muss eine solche sein, die Werte als außerhalb der menschlichen Sphäre und Gesellschaft verankert annehmen kann. Gesellschaftliche Konventionen können das Zustandekommen dieser Werte nicht zureichend erklären. Vielmehr gibt es eine Verpflichtung, die so tief verankert und doch so unmittelbar bewusst ist, dass für sie gelten muss: ihr Ursprung liegt außerhalb des Menschen; und doch erreicht und durchdringt sie ihn Kraft seines Wesens. Jonas' Naturbegriff ist in besonderer Weise dazu geeignet, in einem solchen Rahmen eine Schlüsselrolle zu übernehmen.

Mit der Auslagerung der sittlichen Grundlagen in den außermenschlichen Bereich, darüber hinaus in eine a priori-Sphäre, die sich jeglicher Möglichkeit der Erfahrung entzieht, entsteht zudem das Problem eines zureichenden Begründungsverfahrens. Dieser Problematik sieht sich auch Jonas selbst gegenüber. Dass es Werte im menschlichen Leben und Miteinander gibt und geben muss, ist recht leicht einsichtig. Dass solche Werte nicht nur außerhalb einer vernünftigen Sphäre entspringen, sondern auch dort Geltung haben, und wie sie dort verfasst und von dort ableitbar sein sollen, zieht in einen ungleich problematischeren Fragenkreis hinein. Gelingt hier ein Begründungsgang, so ist die Folge eine unabweisbare Verpflichtung durch die so ermittelten sittlichen Werte, die wesentlich stärker ist als jede zwischenmenschliche Verbindlichkeit. Der hohe Preis einer sehr komplexen Begründung steht also gegen einen hohen Gewinn. Dieses beides sieht Jonas nicht nur als eine angemessene Folge seines Verständnisses des Menschen in der Natur, sondern auch als notwendig im Angesicht der komplexen, unangenehmen und weitreichenden Folgen für das Fortbestehen der menschlichen Gesellschaft angesichts der katastrophalen Bedrohung und des ihr angemessenen Handelns. Wenn dieses Handeln tatsächlich eine dauerhafte und greifende Begründung erlangen soll, muss es eine ontologische sein. All diese Faktoren treten in Jonas' Überzeugung zusammen und es dürfte schwer fallen, eine Alternative aufzuzeigen. Nur eine so weit ausgreifende und tiefe Wertbegründung kann ein hinreichender Anlass für ein derart tiefgreifendes Umdenken und Handeln sein. Kein Entziehen, kein Aufschieben, kein Abschwächen darf vor der Herausforderung möglich sein. Nur eine Begründung im Tiefsten und Letzten kann dies leisten.

Das setzt allerdings voraus, überhaupt auf dieses Letzte zurückgehen zu können. Jonas kann den Menschen als in das Ganze der Natur eingepflegt herleiten und definieren, das hat er gezeigt, aber er muss genauso diese Natur samt den ihr grundlegenden Prinzipien in eine für diese Prinzipien selbst noch konstitutive Dimension einbetten, die als „Sein" thematisiert wird, welches diese Prinzipien verursacht und somit selbst eine Ähnlichkeit mit dem aufweist, was von ihr verursacht ist. Das Sein darf nicht in ganz anderer Art verfasst sein als das, was ist. Es darf nicht völlig fremd und unverstehbar sein, gleichzeitig darf es nicht den Status des Ersten, Basischen, Erfahrungsentzogenen und damit trotzdem nicht Eigenschafslosen verlieren. Jonas muss dem Sein überzeugend Tendenzen zuweisen können, die in der Natur akut werden, ohne mit einem zwitterartigen Gedanken von Sein unglaubwürdig zu werden. Er muss den Gesetzen, die er in der Natur aufdeckt, auf einleuchtende Weise im Sein eine Grundlage geben. Die Größe dieser Aufgabe ist ihm bewusst. Ob er sein Ziel in seiner Herleitung der Ontologie erreichen könnte, wurde immer wieder angezweifelt[51].

Bevor aber die Untersuchung und Beurteilung seiner ontologischen Ethikbegründung aufgenommen wird, soll zunächst einmal Jonas selbst zum Status der ontologiebedürftigen Ethik zur Stimme gelangen.

Jonas' Beschreibung des Status einer solchen Ontologie

Jonas ist sich bewusst, dass er etwas braucht, das mangels einer Alternative zum alleinigen Gesetzgeber werden muss. Deshalb wählt er das Sein als Ort der Wertbegründung als das Erste, das alles ist und zu dem es kein Anderes geben kann, auf das man sich alternativ beziehen könnte. Dass die Natur alleine Zwecke verfolgt und damit Werte setzt, reicht nicht aus, um diese Werte für den Menschen als unbedingt verpflichtend annehmen zu können. Es muss eine Begründung aufgezeigt werden, weshalb das, was der Natur wertvoll und deshalb von

51 z. B. Gertrude Hirsch Hadorn, Umwelt, Natur und Moral. Eine Kritik an Hans Jonas, Vittorio Hösle und Georg Picht, Freiburg/München 2000.

ihr als ihr immanenter Zweck gesetzt ist, auch für den Menschen als Teil dieser Natur unabweisbar ist. Man könnte aus der grundlegenden Haltung der Naturtheorie zunächst folgern, dass der Mensch als natürliches Wesen keine anderen Zwecke haben kann als die Natur. Allerdings verfügt er über die ihm eigentümliche Willensfähigkeit, die ihn zum einzigen Wesen innerhalb des natürlichen Systems macht, welches in der Lage ist, sozusagen eigene Wege zu gehen. Diese Veranlagung hat ihn erst in die Krise der Moderne geführt. Mit dem Menschen also steht die Tendenz der Natur in Frage: „dass die Natur Werte hegt, da sie Zwecke hegt, und daher alles andere als wertfrei ist, hat noch nicht die Frage beantwortet, ob es in unser Belieben gestellt oder unsere Pflicht ist, ihrer ‚Wertentscheidung' beizupflichten: ob also, paradox ausgedrückt, die unleugbar von ihr und für sie gesetzten Werte auch wertvoll sind [...] – in welchem Fall allein die Beipflichtung Pflicht wäre. Diese Frage kann nicht mehr die Zwecklehre [...] sondern muss die Wertlehre beantworten"[52]. Eine Verankerung der Werte allein in der Natur kann dennoch nicht ausreichen. Erst, wenn sie so tief verankert sind, dass es keine Alternativbegründung mehr geben kann, ist sie alleingültig und somit auch für die Vernunft logisch einsichtig verpflichtend. Das Sein an sich ist als Grundlage und Bedingung aller Existenz und Möglichkeit die einzige wertsetzende Instanz, die Jonas annehmen kann.

Jonas' Gang zum Aufbau einer Ethik von der Ontologie her

Jonas' Überzeugung ist, dass das Vorhandensein von Zwecken in der Natur etwas über das Sein aussagt. Wenn die Natur Teil des Seins ist, dann ist die Eigenschaft Zwecke zu haben auch Teil des Seins. Damit ist das Sein grundlegend zweckhaft: was es ist, lässt sich an dem ablesen, was es aus sich hervorgehen lässt. Das ist Jonas' grundsätzlicher Begründungsweg in seiner Ontologie.

Wenn nun das Sein Zwecke hat, die sich in der Natur äußern und die Zwecke der Natur auf Grund der untrennbaren Verankerung des Menschen in ihr auch seine eigenen Zwecke sein müssen, dann sind die Zwecke des Seins für den Menschen unabweisbar. Die Tendenzen des Seins sind etwas, das dem Menschen zur Pflicht werden muss insofern sie in den Bereich seiner Wahlfähigkeit fallen. Diese Wahlfähigkeit kommt nur dem Menschen zu, weil nur er über sie verfügt. Somit ist auch die Pflicht etwas, das nur der Mensch haben kann. Seine Verantwortung ist es, dem Anspruch des Seins, welcher in seinen Zwecktendenzen zum

52 Hans Jonas, Das Prinzip Verantwortung, S. 150.

Ausdruck kommt, gerecht zu werden. Er muss in sein Wollen übernehmen, was ihm vom Sein her zur Pflicht wird. So kann man den Übergang von Jonas' Ontologie zu seiner Ethik im Allgemeinen skizzieren.

Genauso aber hat der Mensch eine Bedeutung für das Sein. Dies zu betonen macht eine Besonderheit von Jonas' Ethik aus. Der Mensch hat sich nicht einfach nur den Gesetzen des Seins unterzuordnen. Insofern er sie begreift und sich nach ihnen verhält, erfüllt er eine einzigartige Funktion in der Welt, die nur ihm zukommen kann. Das lässt Jonas bereits am Ende von „Organismus und Freiheit" anklingen: „Die Reflexion des Seins im Wissen könnte ein mehr als menschliches Geschehen sein. Es mag ein Ereignis für das Sein selbst sein, das seinen metaphysischen Zustand selbst affiziert"[53]. Damit wird der Mensch in der Wahrnehmung von und im Handeln gemäß seiner Verantwortung zur Chance des Seins auf eine Form von Selbsterfüllung. Jonas illustriert damit die Bedeutung, welche er der Verantwortung im Kreis von Mensch, Natur und Welt beimisst. Es geht dabei nicht nur um die Begründung von Sittlichkeit, sondern um eine Aufgabe, die dem Menschen aus dem tiefsten Grund seiner eigenen Ermöglichung zukommt, die in seiner Natur liegt und deren Verfehlung schon ohne jede Folge eine Katastrophe vor dem Sein wäre.

Dies sind die beiden Facetten der Jonas'schen ontologisch begründeten Verantwortungsethik. Wie er diese Ontologie und die aus ihr resultierende Ethik im Einzelnen herleitet, welche Annahmen er macht und wie er sie begründet, soll im Folgenden untersucht und beurteilt werden. Dabei ist sowohl zu sehen, welche Leistung Jonas erbringt, als auch welche Schwächen dabei zu Tage treten und wie man ihnen möglicherweise beikommen könnte. Jonas' Ontologie stellt, trotz ihrer Kürze des ihr geltenden Textes, das Zentrum seiner Verantwortungsethik dar. Sie soll als dieses Zentrum aufgefasst und gewürdigt, deshalb aber auch einer besonders eingehenden Prüfung unterzogen werden. Dies ist die Aufgabe, welche im folgenden Kapitel ausgeführt werden soll.

53 Hans Jonas, Organismus und Freiheit, S. 342.

IV. Jonas' Versuch einer ontologischen Fundierung zwischen der Philosophie des Lebens und der Verantwortung in ihrer Erweiterung um die Wertlehre

Der Übergang von der Biophilosophie zur Ethik

Jonas wendet sich als Philosoph der Natur zu und unterscheidet seine Philosophie des Lebens ausdrücklich von biologischer Forschung. Er bezieht sich aber auf diese und arbeitet mit Biologen und anderen Naturwissenschaftlern in verschiedenen Phasen seines Arbeitslebens zusammen. So ist seine Lebensphilosophie auffällig biologienahe. Gleichzeitig verwendet er aber Begriffe anthropologischen Ursprungs. Das folgt aus seiner Auffassung, dass man den Prozess des Lebens nicht wirklich begreifbar machen kann, wenn man ihn nur von außen beschreibt. Die Selbsterfahrung macht das Leben erklärbar, indem die in dieser Erfahrung aufweisbaren Strukturen bei einer tiefreichenden Interpretation der in der biologischen Forschung aufgewiesenen Prozesse des Lebens eingesetzt werden können. Das ist das Verfahren, das Jonas de facto verwendet und das er rechtfertigt, indem er den Menschen als ein Naturwesen begreift, das im Ganzen der Natur seinen Platz hat. Jonas entfaltet seine eigene Erfahrung des am-Leben-seins zu der Wissensform einer Lebensphilosophie. Er charakterisiert sich selbst als naturtheoretischer Monist, insofern findet sich im Menschen selbst immer auch schon das, was das Ganze ausmacht. Was das Natürliche ist, kann man nicht aus der Distanz der Beschreibung fassen. Gerade als Naturwesen ist der Mensch dazu nobilitiert, diese Erfahrung als Schlüssel für den Prozess von innen einzusetzen. In dieser Verfahrensart kommt Jonas' Opposition gegen jeden Dualismus zum Ausdruck, insbesondere gegen jeden Dualismus in der Verständigung über den Menschen.

Die innere Teleologie des Lebendigen: Zum Verständnis des Prinzips Organismus

Jonas' Charakterisierung des Lebens als Kraftaufwand von innen gegen Äußeres ist bereits früh in seinem Aufsatz über die leibliche Kausalitätserfahrung[54]

54 Hans Jonas, Wahrnehmung, Kausalität und Teleologie. In: Organismus und Freiheit, Göttingen 1973. Erste Veröffentlichung als: Causality and Perception, The Journal of Philosophy 47, 1950.

vorgebildet. Schon hier steht der Leib im Mittelpunkt, nicht aber schon das Leben. Erörtert wird vor allem die Prinzipienerfahrung von Kausalität, die spätere Definition des Lebens ist dagegen teleologisch geprägt. Zwar berücksichtigt er auch an dieser frühen Stelle bereits Überlegungen zur Teleologie, so liegt doch sein Hauptaugenmerk noch auf der Erklärung des Bewussteins und des Gedankens von Kausalität, die er später nicht mehr aufgreift. Geht es ihm hier noch um begriffliche Klärungen, so verschoben sich seine Interessen in der Weiterführung seiner Forschung, und er setzte später die in diesem Aufsatz geführte Haltung in seiner biophilosophischen Arbeit nur noch schwächer fort. Allerdings rechtfertigt er auch an dieser frühen Stelle bereits seine anthropologische Betrachtung der Zusammenhänge in der außermenschlichen Welt.

Als Kausalität versteht man allgemein das Zustandekommen bestimmter Veränderungen als dem Bestehen gewisser vorhandener Bedingungen heraus, welche dem entsprechen, was in den Bedingungen gegeben beziehungsweise angelegt ist. Kein Effekt geht dabei über das in der Bedingung enthaltene hinaus. Es findet nur Transformation statt, keine Entwicklung von etwas ganz und gar Neuem[55]. Wie die Kausalkraft für den Menschen einsichtig wird und ihm zu Bewusstsein kommt, ist für Jonas eine Frage, deren Beantwortung in Jonas' philosophisches Grundproblem zum Zeitpunkt des Verfassens dieses Aufsatzes eingeschrieben ist: Es ist der dualistische Gedanke und die darin gelegene „kognitive Verleugnung des Leibes"[56], die dazu führen, dass das Phänomen der Kausalität unversteh- und unerklärbar wird. Wenn man Geist und Leib trennt, kann man keinen Begriff von einer Ursache haben. Man muss den eigentlichen körperlichen Andrang erfahren, um von ihm aus die Verursachung für ihn erklären zu können. Eine dualistische Haltung kann überwunden werden, wenn der Geist die Erklärungen liefert der Körper aber Ursache und Wirkung ursprünglich erfährt und man aus diesen beiden einen Zusammenhang bezieht.

Für Hume und Kant ist der Körper lediglich die Bedingung der Möglichkeit von Geist, Geist ist aber das Entscheidende, um Kausalität zu verstehen. Kant sieht die Kausalität als einen Gedanken an, nach dem wir die Erscheinungen ordnen, die uns begegnen. Es handelt sich dabei also um den bewussten Einsatz einer kognitiven Fähigkeit, durch den die Phänomene, mit denen der Geist konfrontiert ist, eine Ordnung auferlegt werden.

---

55 In der Kosmologie erwägt man auch eine spontane Emergenz, das Hervorgehen von neuen Formen unter Bedingungen, die das Neue aber nicht voraussagen lassen.

56 Hans Jonas, Organismus und Freiheit, Göttingen 1973, S. 42.

Whitehead hingegen, der für Jonas' Theoriegenese eine entscheidende Rolle spielte[57], kennt jenseits der bewussten Form der Wahrnehmung noch eine weitere und weist auf die Bedeutung des Unbewussten hin; eine Haltung, die von Jonas von großer Bedeutung war. Mit dem Begriff der „causal efficacy", die unbewusste und primitive Zusammenhänge auffasst und eher einem Gefühl gleichkommt, entwirft Whitehead die Idee einer Wahrnehmung jenseits des Bewusstseins, die weder Hume noch Kant in solcher Form in Betracht zogen. Jonas gibt der Überzeugung der beiden für das Feld der bewussten Wahrnehmung durchaus recht, wirft ihnen aber vor, dass sie „Wahrnehmung" als solche zu einem rein kognitiven Akt hochstufen und damit die Sinne als Quelle kausaler Zusammenhangserfahrung entwerten. Für ihn hat das Denken nicht „viel zu tun mit dem zwingenden Anprall der Dinge, dem wir ausgesetzt sind außerhalb der Freistatt unseres Geistes"[58]. Wenn man Kausalität nur aus der Sichtweise des Dualismus, also nur unter dem Primat des Geistes, versteht, dann lässt man Wahrnehmung zwangsweise außen vor. Dabei ist gerade die körperliche Erfahrung der Schlüssel dafür, kausale Phänomene zu erfahren und mit ihnen Umgang zu finden, so Jonas. In der Aktion kann die Kluft zwischen Innen- und Außenwelt überwunden werden, die in der Kausalitätstheorie sonst immer bestehen bleibt, da die echte Kausalitätskraft niemals hergeleitet werden kann, sondern lediglich eine innere Synthese der Kausalitätszusammenhänge aus der Erfahrung derartig bedingter Phänomene möglich ist. Die Umdeutung der Kausalerfahrung im Geist zu rationalem Verstehen kann erst geschehen, wenn die physische Erfahrung von Kausalität zunächst gemacht werden konnte. Damit ist die Erkenntnis kausaler Phänomene „ein sekundäres Faktum, während das primäre die Bekanntschaft mit physischer Dynamik als solcher ist"[59]. Der Schlüssel zu dieser Erkenntnisform sind die Sinne.

Kant und Hume kannten aber keine unbewusste Wahrnehmung. Hume erklärte Kausalität als Verknüpfungen im Geist nur nach der Gewohnheit einer beobachteten regelmäßigen Abfolge. Die Kausalitätsverbindung selbst hingegen könne man nicht wahrnehmen und es gäbe sie tatsächlich auch gar nicht. Jonas bemängelt diese Sichtweise, da der Bereich der Sinne und Gefühle bei ihm und bei Kant ignoriert wird. Hume beschreibt nicht die Natur der Kausalvorgänge, sondern ihre Verknüpfungsherstellung, und diese lediglich als einen gewohnheitsmäßigen Vorgang. Kant berücksichtigt zwar das Bewusstsein eines Ganzen

57 Hans Jonas, Erinnerungen, S. 311, Frankfurt am Main 2003.

58 Hans Jonas, Organismus und Freiheit, Göttingen 1973, S. 45.

59 Ebd., S. 43.

in der wahrgenommenen Gegenstandswelt. Es erklärt sich ihm aber aus einer Antizipation der vollständigen Anwendung des Verstandesbegriffs „Ursache und Wirkung". Jonas dagegen will die Kausalität aus dem natürlichen Selbstgefühl des Menschen in der Erfahrung von Kraftaufbietung und Widerstandserfahrung verstehen. Allerdings sieht auch er die Kausalität selbst als nicht wahrnehmbar, darin geht er mit Hume überein. Sie ist nur Kraft und Dynamik, aber die Bedeutung dieser Begriffe ist jeweils nur über die Sinneswahrnehmung erwerbbar. Die sinnliche Wahrnehmung schafft aus der unmittelbaren Einwirkung ein Bild, dem in der Folge über die kognitive Begabung des Menschen eine Theorie entwächst, die das Zustandekommen dieses Bildes erklären kann. Diese Bildfähigkeit spielt für Jonas in „Organismus und Freiheit" eine entscheidende Rolle, insbesondere bei der Genese des Menschenbildes, das später zu einem bedeutenden Begriff in seiner Verantwortungsethik wurde[60]. Erst über die Fähigkeit, sich ein Bild von sich selbst in seiner Welt zu machen kommt die spezifische menschliche Freiheit zustande, die eine „eidetische Freiheit" ist[61].

In der Ansicht, dass sich Kausalgedanken nur auf der Grundlage von Krafterfahrungen und also nur durch die Leibeserfahrung des Menschen erklären, geht Diltheys Position mit der von Jonas überein. Nach ihm interpretiert die Krafterfahrung die Verstehbarkeit der Regel der Kausalität[62]. Wir verstehen Kausalität nur von unserer eigenen Kraft und deren Einschränkungen her. Um etwas erreichen zu können, ist für uns Kraft notwendig, und um die Wirkungskraft von anderem zu verstehen, müssen wir seinen Widerstand erfahren. Das macht Kausalität für Dilthey zu einem nicht-rationalen Begriff.

Kausalität ist für Jonas also immanent verbunden mit der Erfahrung der Leiblichkeit und der Verfassung des Menschen als lebendiges organisches Wesen, das durch seine Sinne in Zusammenwirkung mit seinen rationalen Fähigkeiten Orientierung in der Welt zu gewinnen in der Lage ist. Kausale Erfahrung wird in die äußere Natur versetzt und erst dadurch erklärbar.

Um aber das Leben selbst in seiner inneren Verfassung zu erklären, braucht man noch etwas anderes. Der Lebensimpuls, der Hume'sche „nisus"[63], kann nicht kausal, sondern nur durch eine teleologische Verfassung begründet sein. Das innere Zusammenwirken eines Organismus ist nicht nur eine kausale Verkettung von Ereignissen, sondern folgt einem Prinzip, das mit Jonas nur durch einen

60 Hans Jonas, Das Prinzip Verantwortung, Frankfurt am Main 1979, S. 8.

61 Hans Jonas, Organismus und Freiheit, Göttingen 1973, S. 241 ff.

62 Wilhelm Dilthey, Gesammelte Schriften. Band 7, Stuttgart 1960, S. 85 f.

63 David Hume, Section VII: Of the idea of neccessary connection, In: ders., An enquiry concerning human understanding (1. ed) London 2014, via Google books.

teleologischen Ansatz erklärt werden kann. Der Lebensimpuls als Ganzes wird in dieser Folge von Jonas in seiner Lebenserklärung in die äußere Natur versetzt. Auch mit der Kausalität nahm er das schon vor, jedoch muss mal erst zur Teleologie übergehen, um aus dieser Betrachtungsweise heraus Lebendiges erklärbar werden zu lassen.

Kausalität ist, obwohl als Regel für Veränderungen gedacht, noch keine Teleologie. Teleologie bedeutet, dass das, wohin sich etwas entwickelt, die Ursache davon darstellt, dass es geschieht. Das Ziel als Ursache entscheidet über die zustande kommende Entwicklung. Ihr Vorhandensein in der Welt stellt spontanes Entstehen als eine Fähigkeit der Natur dar. Das Leben ist nach Jonas teleologisch verfasst und was lebendig ist (also der Organismus), ist in sich teleologisch zu verstehen.

Alles, was teleologisch verfasst ist, verfügt über einen in sich gesetzten Zweck, dem gemäß es agiert und sich verändert. Dabei ist der Zweck im Lebendigen, sich selbst zu erhalten. Dieses Interesse an sich selbst in diesem Moment und auf den kommenden hin ist das, was es bestimmt. Biochemische Prozesse, deren Verfassung kausal ist, bieten keine Gesamterklärung des Lebewesens. Um das Lebendige in seiner spezifischen Form als Organismus zu begreifen, muss man es von seinem Interesse an seiner Selbsterhaltung her aufschlüsseln.

Der Zweck des Lebens ist also das, was es bestimmt. Kant verstand Zweckmäßigkeit als die „Kausalität einer Vorstellung in Ansehung ihrer Wirklichkeit“[64], damit eben derjenigen Wirklichkeit, von welcher der Zweck ein Gedanke ist. Der Inhalt des Zwecks im Gedanken bewirkt, dass der Inhalt wirklich gemacht wird. Der Gedanke von dem, was wirklich sein soll, geht also der Wirklichkeit voraus und bewirkt sie. Jonas hingegen sieht zum Verständnis dessen nicht nur den Gedanken als notwendig, sondern das menschliche Vorbild, und darin das Besondere der Selbsterhaltung. Nur mit ihr im Blick wird die Teleologie des Organismus verständlich. Das, was das Lebewesen schon ist seiner einfachsten Form als einzelne Zelle ist, bewirkt, dass sie sich erhält und erneuert. Die Teleologie des Organischen ist also selbstbezogen und zielt darauf, das zu erhalten, was es ist. Um dies zu verstehen, muss der Mensch seine eigene Erfahrung der Selbsterhaltung seines gefährdeten Lebens zugrunde legen. Kausalität ist ein Gedanke, den die distanzierte Naturbetrachtung und auch die moderne Wissenschaft nur aus der Selbsterfahrung des Lebens des Menschen zur Verfügung haben und das gleiche gilt nun in erhöhtem Maß für die Teleologie. Ihr liegt in der Gestalt der

64 Immanuel Kant, Kritik der praktischen Vernunft, hg. v. Wilhelm Weischedel, Frankfurt am Main 2000, S. 120, Anmerkung Nr. 4.

Selbsterhaltung des Menschen eine komplexere Tatsache als die Krafterfahrung im Falle der Kausalität zugrunde.

Anthropomorphismus-Vorbehalt: Jonas und die naturwissenschaftliche Methode

Damit kann Jonas eigentlich schon im Vorfeld den Vorwurf ausräumen, der ihm vielfach gemacht wurde, nämlich keine angemessene Betrachtungsweise für biochemische Prozesse vorweisen zu können, da seine Ergebnisse durch einen unangebrachten Anthropomorphismus verfälscht wären.

Die anthropologische Betrachtungsweise des Lebens ganz abzulehnen und die menschlichen Zwecke damit nicht auf die Natur zu übertragen, bedeutet eine grundlegende Kluft zwischen Mensch und Natur, beziehungsweise cartesianisch zwischen res cogitans und res extensa, zu veranschlagen. Eben das hält Jonas für einen prinzipiellen Fehler, der die Philosophie als ganze in die Irre gehen lässt. Der Mensch ist nicht etwas ganz und gar anderes als die Natur. Geist und Natur sind für ihn wie zwei Seiten desselben Phänomens. Nur im Leib wird Zweckmäßigkeit erfahrbar, und so wird die Teleologie der Natur im Organismus offenbar. Der Zweck, der dem Leben inhärent ist, nämlich sich selbst zu erhalten, ist das, was das Leben bestimmt. Das Leben als solches ist also in sich teleologisch verfasst. Dabei ist zu beachten, dass der Zweck, der Prinzip des Lebens ist, es nicht auf ein Ziel außer ihm hin orientiert, sondern es selbst in dem ihm eigenen Grundprozess ist. Biochemische Lebensprozesse bieten keine Gesamterklärung des Lebewesens mit seiner inneren Teleologie, das Ganze kann also nur auf einem anderen Wege als dem der naturwissenschaftlichen Betrachtungsformen gewonnen werden. Jonas hat dabei die Auffassung mit dem für ihn besonders bedeutenden Whitehead gemeinsam, dass ein philosophisches Bild vom Ganzen die wissenschaftliche Erkenntnis mit einschließen muss, sie aber auf ganz andere Weise auszubilden ist, als die Naturwissenschaften es leisten können.

Jonas' anthropologische Art der Betrachtung des Außermenschlichen führt zu einem wichtiger Unterschied, der ihn von der biologischen Methode absetzt. Sie muss in Jonas' Augen das eigentlich Lebendige durch ihre partikularen Verfahren aus den Augen verlieren. Er ist der Auffassung, dass man, was das Leben eigentlich ausmacht, an einem Organismus nicht einfach nur ablesen kann. Man braucht ein Vorverständnis, um das Lebendige überhaupt begreifen zu können, welches mehr bedeutet als das bloße Funktionieren eines konstruierten Mechanismus oder die Beobachtung von verwickelten geregelten Abläufen. Vielmehr stellt es eine Prozessform dar, die in vielen Gestalten auftritt, welche alle etwas Besonderes gegenüber einander haben. Dieses Vorverständnis kann aber notwendig nur aus der eigenen Lebenserfahrung stammen. Darin liegt in Jonas' Orientierung ein phänomenologischer Ansatz in folgendem Sinne: Man kann und muss auf die Phänomene des Lebens eingehen, so wie sie sich an ihnen selbst zeigen. Was da objektiv gegeben ist, erschließt sich aber nur, wenn man von einer anderen Objektivität ausgeht, die sich im Wissen des Menschen von sich als „Selbstgegebenheit" zeigt und auslegen lässt. Dass sich Jonas in einer an die Phänomenologie angelehnten Konzeption gut aufgehoben finden konnte, ist von seiner Ausbildungsgeschichte her nicht weiter zu verwundern.

In seiner Lebensphilosophie und genauso später in seiner Verantwortungsethik übt Jonas eine scharfe Grundkritik an der Weltsicht der Naturwissenschaften und ihrem Primat in der Zivilisation der Moderne, aus dem seiner Auffassung nach die größten Probleme unserer Zeit erst resultieren konnten[65]. Die Verfahrensweise der Naturwissenschaften negiert die Betrachtungsform, die unersetzlich ist, um das Ganze des Lebendigen, das Lebewesen an sich und den Organismus als solchen zu verstehen, nicht nur seine inneren abhängigen Teile, deren Untersuchung immer Ergebnisse liefert, die um das ärmer sein müssen, was das Lebendige tatsächlich ausmacht. Sie folgt dem Herstellungsinteresse des Menschen, aber nicht nur das: Sie konzentriert sich nicht auf den Eindruck, den die Dinge im Menschen hinterlassen, sondern auf die Objekte unabhängig vom Menschen. Sie stammt aus der Distanz des Sehens und Bildens und bleibt damit immer unvollständig und spezialisiert. Die physikbeschriebene Materie ist nicht deckungsgleich mit dem sich selbsterhaltenden lebendigen Wesen. Beide stellen monistische Konzepte dar, die aber nicht naturwissenschaftlich zusammengebracht werden können. Versucht man, nur aus der rein naturwissenschaftlichen Perspektive das Lebendige zu fassen, wählt man den falschen Zugangsweg und muss notwendig scheitern. Aus der naturwissenschaftlichen Sicht muss der Körper ein Automat bleiben, dessen am besten begreifbare Form der Leichnam ist. Das Leben selbst bleibt für sie ein leerer Begriff, da es auf diese Art nicht erfasst werden kann.

Die Naturwissenschaften ignorieren oder bestreiten zudem den Anspruch, der aus dem Verständnis des Lebens erwächst, und verfehlen so den angemessenen Umgang mit dem Lebendigen. Eine Gesellschaft, welche die Sichtweise der Naturwissenschaften idealisiert, verliert in jedem Bereich, in dem aus dieser Haltung entsprechende Handlungen folgen, den angemessenen Umgang mit Mensch, Natur und Leben. Das prangert Jonas an und sucht nach einem angemesseneren Verständnis dessen, was organisches Leben ist und bedeutet.

65 Hans Jonas, Das Prinzip Verantwortung, Frankfurt am Main 1979, S. 7.

Aus dieser Suche heraus entwickelte er seine Biophilosophie, in der zentral eine Lebensdefinition steht, die sich diametral von der naturwissenschaftlich-biologischen absetzt. Schon den Begriff der Kausalität, dessen sich die Naturwissenschaften bedienen, kann man für ihn eigentlich nur aus der Wahrnehmung erklären. Es ist nicht nur so, dass die Naturwissenschaft ein rationales Prinzip verwendet, das Aufschluss über das Leben geben soll, in das man eigentlich eine anthropologische Kategorie einführen muss. Sie verstellt sich ebenso mit dem Verzicht auf Anthropologie eigentlich den Blick auf das, was sie erklären will. An sich geht sie auch von einem menschlichen Prinzip aus, weil man anders als so ohnedies nichts in der Welt verstehen kann. Aber sie leugnet zugleich, dass sie so vorgeht, und wertet diesen Ausgang als unwissenschaftlich ab. Beachtet man das, wird deutlich, dass die Naturwissenschaft in ihrem Verfahren de facto ihre eigene Wurzel negiert. So kann sie offensichtlich gar nicht zu dem von ihr angestrebten Ende kommen. Aber selbst wenn den Naturforschern eine Besinnung darauf möglich wäre, würde eine kausale Erklärung des Lebens scheitern müssen, da Leben nur mit dem Lebensimpuls begreifbar werden kann. Dieser allerdings ist teleologisch zu verstehen. Die Kategorien der Naturwissenschaften sind antiteleologisch wenn Teleologie immer aus der Wahrnehmung und Lebenserfahrung begründet werden muss. Die Naturwissenschaft hat nur begrenzte Ergebnisse auf der Basis der Beschreibungsart der Zelle vorzuweisen, da sie die menschliche Beschreibungsform als solche außen vor lässt. Dabei sind Anthropomorphismus und Kausalität beziehungsweise Teleologie trotz ihres Gegensatzes in ihrem Ursprung miteinander verwandt und aneinander gekoppelt. Die Krafterfahrung interpretiert die Verstehbarkeit der Kausalitätsregel, die Erfahrung der Selbsterhaltung die Verstehbarkeit von Teleologie. Die Biologie und artverwandte Wissenschaften leugnen den Anthropomorphismus der Kausalität, auf welchem die Teleologie aufbaut, etwas Eigenes hinzufügt und durch die Erfahrung des Selbsterhaltungsinteresses ein eigener Anthropomorphismus wird. Jeder partikulare Erklärungsversuch sowohl kausaler als auch teleologisch erklärbarer lebendiger Phänomene muss scheitern, weil Wahrnehmung der eigentliche Schlüssel zu ihnen darstellt und diese partikular nicht erfassbar ist. Jonas' anthropomorphistische Methode erweist sich so nicht als ein naives, selbstkritikloses Verfahren, sondern als die Folge von weit ausgreifenden philosophischen Grundlegungsgedanken.

Die teleonomische Rückzugsposition

Moderne Naturwissenschaften lehnen eine Teleologie, für welche Zwecke Naturprozesse in Gang setzen und halten, als Betrachtungs- und Interpretationsform des Lebendigen ab[66]. Sie bringen gegen sie mehrere Vorwürfe auf, unter anderem den Anthropomorphismus-Vorbehalt, der hier zuletzt diskutiert wurde, und die Unterstellung eines Vitalismus, der teleologische Betrachtungen in den Verdacht bringt, eine Lebenskraft zu den Elementen eines organischen Wesens hinzuzudenken, die das „Mehr" des Ganzen gegenüber seinen Teilen, das in dieser Haltung vertreten wird, rechtfertigt. Die vitalistische Position besagt, dass man Lebewesen nicht unter den bestehenden Begriffen zulänglich beschreiben kann, sondern dazu eine eigene Kraft annehmen muss. Diese wird als eine Lebens- oder Bildungskraft verstanden. Philosophen wie Dilthey[67] und Bergson[68] vertragen sie, aber auch der Biologe Hans Driesch, der sich an die aristotelische Entelechie anlehnte[69] und somit eine teleologische Denkform in die Biologie einführte. Ebenso lässt sich Whitehead zu den vitalistisch geprägten Denkern zählen. Hans Jonas allerdings nicht. Die Besonderheit, die er dem Leben zurechnet, besteht nicht in einer Lebenskraft, sondern einer inneren Verfassung des Organismus, die zwar ein Mehr gegenüber einem Automaten darstellt, nicht aber durch eine solche Kraft zustande gebracht wird.

Die Ablehnung der Teleologie kann aus zwei Gründen geschehen: entweder unterstellt man ihr, etwas in den Organismus hinein zu interpretieren, das ihm nicht zukommt, und ihn damit auf eine Art zu überhöhen. Das könnte man einer vitalistischen Position zum Vorwurf machen, wenn man die Möglichkeit einer Lebenskraft nicht anerkennt oder ihre Einführung als eine tautologische Scheinerklärung durchschaut. Die gegensätzliche Möglichkeit wäre, dass eine teleologische Betrachtungsweise nichts eigentlich Besonderes anzeigt, sondern

66 Francesca Michelini, Teleologie und Dynamik des Mangels bei Hans Jonas. In: Gerald Hartung, Kristian Köchy, Jan C. Schmidt, Georg Hofmeister (Hrsg.), Naturphilosophie als Grundlage der Naturethik. Zur Aktualität von Hans Jonas, Freiburg 2013, S. 55.

67 Wilhelm Dilthey, Einleitung in die Geisteswissenschaften. Versuch einer Grundlegung für das Studium der Gesellschaft und der Geschichte, Bd. 1, Leipzig 1883.

68 Henri Bergson, Materie und Gedächtnis. Eine Abhandlung über die Beziehung zwischen Körper und Geist, Hamburg 1991.

69 Hans Driesch, Philosophie des Organischen, 2 Bde., Leipzig 1921.

eine Bezeichnungsart für leere Wirkungen innerhalb eines organischen Systems darstellt, die lediglich zufällig sind[70]. Dann läge keine echte Teleologie vor, da ein Ziel des Gesamtsystems nur von außen angenommen und nicht im eigentlichen darin gelegen wäre. Mit Jonas lässt sich ein dritter Weg aufzeigen der von solchen Argumentationen nicht getroffen wird: die Erfahrung des Lebendigseins, des organischen Umgangs mit dem Mangel und des Kräfteandrangs auf den eigenen Organismus rechtfertigt einen Anthropomorphismus und damit eine teleologische Erklärungsform des Lebendigen, dies allerdings in einer philosophischen Perspektive.

Zwar kann die naturwissenschaftliche Methode Jonas eine vitalistische Haltung nicht zum Vorwurf machen. Dennoch muss sie seine Position aufgrund der anthropomorphistischen Interpretation des Organischen und der damit verbundenen in es hinein projizierten Teleologie ablehnen. Für die Biologie und ihr verwandten Naturwissenschaften ist der Begriff der Teleologie keiner, der zur Beschreibung der von ihnen untersuchten Zusammenhänge geeignet wäre. Die Position, die Hans Driesch mit seinem Entelechie-Ansatz vertrat, wurde spätestens mit Otto Koehler[71] und Konrad Lorenz[72] überworfen und allgemein anerkannt, dass „die Finalität der Lebenserscheinungen auf einer speziellen Form der Kausalität beruht und dass deren Verständnis die Anerkennung der Finalität nicht aufhebt sondern untermauert"[73].

Eine neuere Betrachtungsart, welche die Plausibilität der Beschreibung von Organismen nach teleologischen Prinzipien mit dem Verzicht auf die Annahme von Zweckursachen verbindet, wurde u. a. von Ernst Mayr die Teleonomie vertreten. Sie erlaubt es der naturwissenschaftlichen Perspektive „einen biologischen Tatbestand rein deskriptiv als zweckdienlich oder zielgerichtet [zu] kennzeichnen, ohne damit zugleich eine Hypothese über die Herkunft der Zweckdienlichkeit

---

70 Francesca Michelini, Teleologie und Dynamik des Mangels bei Hans Jonas. In: Gerald Hartung, Kristian Köchy, Jan C. Schmidt, Georg Hofmeister (Hrsg.), Naturphilosophue als Grundlage der Naturethik. Zur Aktualität von Hans Jonas, Freiburg 2013, S. 57.

71 Otto Koehler, Das Ganzheitsproblem in der Biologie. In: Schriften Königsberger Gelehrte Gesellschaft, Naturwiss. Klasse, 9. Jahrgang 1933.

72 Konrad Lorenz, Ganzheit und Teil in der tierischen und menschlichen Gemeinschaft., 1950 In: ders., Über tierisches und menschliches Verhalten, München 1984.

73 Bernhard Hassenstein, Biologische Teleonomie. In: Rüdiger Bubner, Konrad Cramer, Reiner Wiehl. (Hrsg.): Teleologie. Neue Hefte für Philosophie, Bd. 20, Göttingen 1981, S. 62.

auszusprechen"[74]. Damit wäre zu vermeiden Begriffe zu vermischen, die aus verschiedenen Bedeutungszusammenhängen entlehnt sind, und die Unsicherheit der Naturwissenschaftler zu überwinden, die in ihren Aussagen über ihren jeweiligen Forschungsgegenstand zu vermeiden suchen Zielannahmen hineinzubringen, die über keine eigentliche Grundlage verfügen[75]. Die Naturwissenschaft lehnt transzendente Erklärungen für sich ab. Biologische Forschungsgegenstände unter einem solchen Blickwinkel zu betrachten könne nicht zu einer angemessenen Beschreibung führen. Deshalb benötigen die Naturwissenschaften eine eigene Beschreibungsform, die an ihre Methode angepasst ist. Diese stellt für sie die Teleonomie[76] dar. „Manche Forscher vermeiden allerdings den Ausdruck „teleonom(isch)" und benutzen statt dessen andere, gleichbedeutende Vokabeln: Sie sprechen vom biologischen Sinn, von der biologischen Bedeutung oder auch von der funktionellen oder funktionalen Erklärung eines biologischen Tatbestandes", wobei „Funktion" im biologischen Sinn verstanden werden muss als „zur Aufrechterhaltung eines als Ganzheit betrachteten Systems geleisteter Beitrag"[77]. Diese Unterscheidung zwischen Teleonomie und Teleologie fand auch ihren Weg in die Philosophie. Ernst Mayr nannte „teleonomische Erklärungen [...] streng kausal und mechanistisch"[78] und bezeichnet damit, im Übereingehen mit Löw und Spaemann, „eine effektive Zweckmäßigkeit in einer vollständig a-teleologischen Welt"[79], die sich in Phänomenen ausprägt, welche durch Mutation und Selektion im Laufe der Evolution zustande kamen. Nach Mayr ist „ein teleonomischer Vorgang oder ein teleonomisches Verhalten [...] ein Vorgang oder Verhalten, das sein Zielgerichtetsein dem Wirken eines Programms verdankt"[80].

---

74 Bernhard Hassenstein, Biologische Teleonomie. In: Rüdiger Bubner, Konrad Cramer, Reiner Wiehl. (Hrsg.): Teleologie. Neue Hefte für Philosophie, Bd. 20, Göttingen 1981, S. 60.

75 Ernst Mayr, Teleologisch und teleonomisch: eine neue Analyse. In: ders., Evolution und die Vielfalt des Lebens, Berlin 1979, S. 199.

76 Bernhard Hassenstein, Biologische Teleonomie. In: Rüdiger Bubner, Konrad Cramer, Reiner Wiehl. (Hrsg.): Teleologie. Neue Hefte für Philosophie, Bd. 20, Göttingen 1981, S. 63.

77 Ebd.

78 Ernst Mayr, Teleological and teleonomic. A new analysis. In: ders., Evolution and the diversity of life, Cambridge 1976, S. 403.

79 Robert Spaemann, Reinhard Löw, Die Frage Wozu? Geschichte und Wiederentdeckung des teleologischen Denkens, München 1981, S. 218. Spaemann selbst ist allerdings Kritiker der Teleonomie.

80 Ernst Mayr, Teleologisch und teleonomisch: eine neue Analyse. In: ders., Evolution und die Vielfalt des Lebens, Berlin 1979, S. 207.

Er ist streng kausal und mechanistisch und hat eine Art programmiertes Ende, auf das hin er ausgerichtet ist. Allerdings gibt es keine planende Ausrichtung auf eine Zukunft in diesen Phänomenen. Deshalb weist Mayr ab, sie als teleologisch klassifizieren zu können und sucht nach einem angemesseneren Begriff, den er in der Teleonomie gefunden hat. Die Anpassung der Art im Gesamtprozess der Evolution an die Rahmenbedingungen ihres Lebens ist zwar ein rein nur kausaler Vorgang, er erlaubt aber eine Betrachtung, welche die Rede von einer zweckgemäßen Ausstattung motiviert und ihr einen Anhalt in der Realität gibt.

Jonas hingegen könnte durch die ontologische Grundlage seiner Position Mayr entgegenhalten, dass es sehr wohl eine Form unbewusster Zukunftsplanung im Lebendigen gibt, nämlich sich gemäß des Anspruchs des Seins in der eigenen, ihm selbst zukommenden Art auf dieses Sein zu beziehen und darin dem Sein und sich selbst als dem Sein entsprechender Individualform gerecht zu werden. Das ist zweifellos keine bewusste Ausrichtung (von einer solchen kann man nur beim Menschen sprechen). Darüber hinaus hat die Teleonomie, wie Mayr sie entwirft, in all den Einzelprozessen des Lebendigen sicher ihren Platz. Dennoch kann man Teleologie und Teleonomie im Leben zusammenbringen indem man den einzelnen Organismus nicht nur als solchen, sondern auch als Entsprechung des Seins begreift, auf das er in seiner Art bezogen ist. Mayrs Position ist sicherlich ein hilfreicher Ausweg für den Biologen, dem die Sprache der Zweckbeziehung sowohl naheliegt wie auch verboten ist. Ihr fehlt jedoch die Perspektive auf das Ganze, die Jonas in seinem Konzept einer ontologischen Fundierung von Natur und Leben berücksichtigen kann. Dem isolierten, wenn auch universalen Faktum des Darwin'schen Entwicklungsprozesses stellt Jonas ein reicheres monistisches Konzept entgegen, das den Menschen in sich einbegreift.

Jonas, der Reduktionismus und die holistische Theorie

In dieser Haltung, die Jonas der naturwissenschaftlichen Betrachtungsmethode entgegenbringt, muss er sich im gleichen Zuge auch gegen den modernen Reduktionismus erwehren, nach dessen Idee ein Gebilde allein und vollständig durch das Zusammenwirken seiner jeweiligen Teilbestandteile erklärbar ist. Das schließt nicht nur physikalische Systeme sondern auch Theorien, Gesetzmäßigkeiten und Ereignisse mit ein. Der Reduktionismus spricht einer Sache jegliches Prinzip ab, das nicht bereits in den Elementen gelegen ist, die zu seinem Zustandekommen zusammenwirkten.

Es ist wohl zu erwägen, ob Jonas sich dieser Theorie anschließen könnte. Sie leugnet durch ihre Verfahrensart jede Form von dualistischem Ansatz. Darin würde sie mit Jonas überein gehen. Allerdings muss geklärt werden, ob das allein schon als zureichend und damit Jonas als reduktionistischer Denker gelten kann.

Betrachtet man den Reduktionismus, wie er von den Naturwissenschaften vertreten wird, die den Organismus als Automaten begreifen, muss man das klar verneinen. Als problematisch sieht Jonas diese Haltung vor allem wegen der aus ihr resultierenden Folgen im ungebremsten Fortschrittsstreben und der damit verbundenen Negation eines lebendigen Prinzips, das mit der Verantwortungsethik sittliche Folgen nach sich zieht. Auch die theoretische Betrachtung als solche, in der sich der Körper als Automat darstellt, muss er als verfehlt ansehen. Bezieht man dieses reduktionistische Prinzip auf den Organismus, ist das lebendige Prinzip verleugnet.

Das allerdings ist nur der Fall, wenn man die Bestandteile des Organismus, seine Organe und die ihnen zugrundeliegenden chemischen Elemente ebenfalls als selbsttätige Automaten versteht. Mit der Sichtweise der Naturwissenschaften wäre das so. Interpretiert man die organischen Elemente eines Lebewesens allerdings anders, ist das Ergebnis zunächst offen.

Um zu klären, ob eine an sich reduktionistische Sichtweise mit Jonas möglicherweise vereinbar wäre, muss man die niedrigste Stufe seiner Betrachtung des Lebens untersuchen. Der Organismus besteht aus Zellen. Diese vertreten das gleiche Prinzip wie der Gesamtorganismus: sie sind lebendig. Insofern könnte man Jonas in diesem Schritt eine reduktionistische Haltung zuschreiben. Allerdings nimmt er die Zelle als erste, unterste Lebensform an. Ihren Elementen, den Zellbausteinen und -organen, weist er nicht dasselbe Prinzip zu wie ihrer Endsumme.

An dieser Stelle muss man die Frage klären, wie Jonas das Zustandekommen von Leben als Materie, den „Übergang von unbelebter zu belebter Substanz", erklären kann. Die Antwort lautet, dass er es gar nicht kann: „Was das Geheimnis der Anfänge betrifft, so ist es uns verschlossen."[81]

Dass aber Leben irgendwo angefangen haben muss und dass es unbelebte Materie gibt, ist für ihn eine unstrittige Tatsache. Nirgends nähert er sich einer System-Theorie von der Art der Gaia-Hypothese an, die die Erde an sich als einen Organismus versteht, zu dem alle auf ihr stattfindenden Prozesse in einer Form von Symbiose zusammenwirken.

Zudem ist nicht alles in der Welt für Jonas lebendig. Das Lebendige allerdings stellt einen besonderen und metaphysisch bedeutsamen Bereich des Existierenden dar, in dem Anorganisches als Stoff notwendig Verwendung findet, sich aber

81 Hans Jonas, Organismus und Freiheit, Göttingen 1973, S. 14.

doch vom Lebendigen als solchen unterscheidet. Irgendwo muss es zwischen ihnen einen Übergang gegeben haben, der graduell scheinen mag, immer aber einen Sprung zu einem Anderen und Neuen voraussetzt. Wie dieser zustande kam und möglich war, ist für Jonas allerdings ein unaufdeckbares Geheimnis.

Damit muss er den Reduktionismus als Erklärungsform im Bereich des Organischen notwendig abweisen. Das Anorganische liegt zwar dem Lebendigen zugrunde, kann es aber nicht erklären. Leben ist ein Prinzip, das sich durch mehr auszeichnet als durch automatisches und dabei selbstregulierendes Funktionieren. Es ist teleologisch verfasst und auf sich selbst gerichtet, verfügt über eine Tendenz, die sich nicht aus reinem Funktionieren ableiten lässt und stellt so eine Besonderheit in der physikalischen Welt dar, die nicht außer Acht gelassen oder nivelliert werden darf, will man diese Welt begreifen. Erst eine Gleichmachung aller Prozessformen bringt das Leben in die Möglichkeit einer reduktionistischen Erklärungsform. Diese aber beraubt das Leben dessen, was es ausmacht. Es kann nur reduktionistisch verstanden werden, wenn es zuvor schon missverstanden wird.

Nun ließe sich Jonas im Umkehrschluss als ein Vertreter der Ganzheitslehre vermuten, die nach Smuts als „Holismus" bezeichnet wird[82]. Der Holismus bezeichnet die Gegenposition zum Reduktionismus und versteht natürliche Systeme und Prozesse als durch mehr definiert als lediglich durch die Summe ihrer Teile. Das Zusammenwirken dieser kann das Endprodukt nicht vollständig erklären. Das Prinzip des Lebens gibt der holistischen Auffassung mit Jonas recht.

Allerdings macht dies eben die Besonderheit des Lebendigen aus. Für Whitehead stellte sich alles Existierende als ein durchgängiges System mit einer Kontinuität von den einfachsten Elementarteilchen bis zum Geist dar. Jonas dagegen verwahrt sich gegen diesen Gedanken und hält an einer Abtrennung das Lebendige als etwas Besonderes innerhalb eines Ganzen fest, von dem her sich erst das Ganze erschließen muss.

Aristoteles hat die besondere Bedeutung des Bereichs des Lebendigen für das größere Ganze so noch nicht gesehen. Jonas und er beschreiben beide die Welt unter teleologischen Gesichtspunkten, Aristoteles allerdings das ganze Universum als Zwecktätigkeit, wogegen Jonas diese als Besonderheit des Lebens ansieht. Aristoteles sah noch keinen Unterschied zwischen nicht-lebendiger und lebendiger Welt. Für ihn waren alle Dinge unter denselben Gesetzmäßigkeiten zu betrachten und die teleologische Sichtweise damit auch auf das auszudehnen,

82 Jan Christiaan Smuts, Holism and Evolution, London 1926.

was heute als anorganisch und, wie bei Jonas, als von der organischen Sphäre unterschieden verstanden wird.

Die Teleologie als Konzept ist zwar bei beiden Theorien zentral, aber von der Erklärung der Bewegung der materiellen Dinge als zielend auf ein äußeres Ziel, ihren natürlichen Ort, hat Jonas sich mit Newton verabschiedet. Er ist eher der Stoa nahe, indem er die Selbsterhaltung als eine Form des Wissens von sich versteht. Die Stoa kennt, ähnlich Jonas, eine Vertrautheit der Dinge mit sich selbst in ihrer Selbsterhaltung. Allerdings vertritt Jonas keinen stoischen Hylozoismus. In ihm wäre die ganze Welt ist wie ein einziges Lebewesen verfasst und alles Materielle in sich belebt, ähnlich der angesprochenen Gaia-Hypothese. Dass Jonas das abweisen muss, wurde bereits dargelegt[83].

Jonas billigt diese besondere Verfassung nicht jedem Phänomen der Erfahrung zu. Das Leben hebt sich aus den physikalischen Phänomenen dadurch heraus, dass es eben ein Anderes gegenüber dem Rest der Welt darstellt. Das steht der Holismustheorie entgegen, die mit dem Reduktionismus gemeinsam hat, alles unter einem gemeinsamen Prinzip zu betrachten. Jonas schließt sich ihnen beiden eben darin nicht an, weist aber auch den Dualismus ab, indem er Organisches und Anorganisches nicht absolut trennt (daraus könnte er eine Art physikalischen Dualismus entwerfen, der mit dem Dualismus von Geist und Materie etwas gemein haben würde, den zu entkräften zum Hauptziel seiner Arbeit gehört), sondern als ineinander übergehend kennzeichnet und doch gleichzeitig dem Organischen ein „Mehr" zuspricht, das es über den reinen Stoff heraushebt, aus dem es entstand und den es zu seinem Vollzug weiterhin benötigt. Er hat einerseits holistische Anklänge, indem er der Auffassung ist, dass man methodisch ganzheitlich argumentieren muss, betont auf der anderen Seite aber auch phänomenologische Differenzen, die in das Verstehen vom Ganzen her Eingang finden müssen, sodass er sich letztlich nicht dem Holismus zuordnen lässt. Er untersucht und revidiert in dieser Absicht Elemente der Ontologie und Biologie sowie der Gefühls- und Verpflichtungserfahrung des Menschen, leistet dabei aber immer nur einen Entwurf, wobei es fraglich wäre, ob er überhaupt mehr als einen solchen erbringen könnte.

Weder reduktionistische noch holistische Ansätze genügen damit der Lebensbeschreibung Jonas'. Das Besondere des Lebendigen in der Welt kann von beiden nicht in den Blick gebracht und in ihm festgehalten werden, so dass sie vor allem deshalb von Jonas abgewiesen werden müssen.

---

83 Jonas ist auch darin nicht aristotelisch, dass für Aristoteles die höchste, göttliche Tätigkeit ein Sich-bewegen im Verstehen seiner selbst ist.

Jonas und Kant: Die Unerklärbarkeit des Lebens

Jonas wendet sich zwar in fast allen Grundfragen gegen die Lehre Kants. Aber beider Untersuchungen über das Leben haben doch vieles miteinander gemeinsam. Das Problem der Sonderstellung des Lebens beschäftigte auch Kant: Schon er sah den Organismus als etwas Besonderes in der Welt an. Anders als Jonas war er allerdings davon überzeugt, dass es letztlich niemals eine Erklärung des Lebendigen geben könne, weil es unter einem völlig anderen Prinzip Thema werden müsse als alles, was man unter kausalen Zusammenhängen betrachten und erklären könne. Da man allerdings Phänomene überhaupt nur kausal erklären könne und müsse, sei das Leben notwendig ein unerklärbares Phänomen, das er im dem Rahmen, in dem auch seiner ästhetische Theorie ihren Platz findet, als eine „Zweckmäßigkeit ohne Zweck"[84] bezeichnete, ein sinnvolles und wechselseitiges Zusammenwirken aller Teile und Organe eines belebten Wesens, ohne ein Ziel außerhalb seiner. Alle Teile einer Uhr arbeiten beispielsweise zusammen, um die Zeit anzuzeigen. Für den lebendigen Organismus ist ein solcher Zweck nicht annehmbar. Er verfügt weder über einen erkennbaren Sinn, noch eine Art Bauplan, nach dem er verfasst sein könnte, und hat keinerlei äußeren Zweck.

Mit dieser Sichtweise von Kant weist Jonas sogar eine Nähe zu ihm auf, insofern auch für ihn das Leben physikalisch nicht erklärbar ist. Allgemein aber kann er sich Kant in dieser Position nicht dem Wortsinn nach anschließen. Es gelingt ihm sogar, ihm etwas voraus zu haben, indem er einerseits nicht auf die Wechselabhängigkeit der Organe des Organismus, sondern auf das Phänomen des Stoffwechsel blickt, das den Organismus nach einer wissenschaftlich weiter durch analysierten Grundtatsache definiert. Die allgemeine Zellen-Natur alles Lebens und die Probleme der Zellphysiologie waren Kant noch nicht zugänglich. Darüber hinaus will Jonas mit den Mitteln seiner Ontologie durchaus eine Art von Erklärung des Lebendigen liefern. Allerdings muss man dabei im Blick halten, dass es Kant in dieser Sache um die Art der Beschreibung ging, Jonas dagegen um das Erschließen der Natur im Ganzen. Damit betrachten die Beiden das Phänomen Leben doch unter unterschiedlichen Gesichtspunkten.

Für Kant ist die Welt verstehbar, lediglich der Organismus nicht. Für ihn gibt es keine Erklärbarkeit weil es keine Gründe für ihn gibt. Er sieht keinen Platz für den Organismus im Ganzen der physikalischen Natur, die ein System wechselweise aufeinander wirkender Kräfte ist (Attraktionskraft und Repulsionskraft).

84 Immanuel Kant, Kritik der Urteilskraft, hg. v. Wilhelm Weischedel, 2. Aufl., Frankfurt am Main 1996, S. 136.

Diese Wirkungsweise lässt sich unter der Kategorie der kausalen Wechselwirkung durchaus verstehen.

Jonas dagegen geht den Zusammenhang von Organismus und Welt anders herum an. Für ihn macht der Organismus die Welt verstehbar. Kant sah ihn als der Welt entzogen oder wie ein Fremdkörper in ihr, Jonas dagegen kann diesen Dualismus in seiner Theorie auflösen: Wenn man den Organismus versteht, erfasst man die ganze Welt. Das Leben lässt die Verstehensart von innen zu und verlangt sie, wobei das, was verstanden wird, nicht notwendig das Leben ist. Jonas geht dabei nach dem Prinzip der Emergenz vor: rückläufig liest er dem Höchsten ab, woraus es in früheren Entwicklungsstadien hervorging, die letztendlich zu dem Endergebnis führten, von dem ausgegangen wird. Trotz der so entstehenden Theorie über das Lebendige bleibt das Leben als solches auch für Jonas letztlich immer noch ein Geheimnis[85].

Gemeinsam ist Kant und Jonas also die Beschreibung des Organismus: Beiden geht es um Zweckmäßigkeit in der Verfassung des Organischen, beide beschreiben das Leben teleologisch, und zwar in einer selbstbezüglichen Teleologie, nicht als Zweckordnung im Großen. Jonas geht dabei spezifisch auf die Teleologie der Selbsterhaltung ein, Kant befasst sich dagegen mit der allgemeinen Zweckmäßigkeit im Aufbau und der Wirkungsweise des organischen Körpers. Dabei muss bemerkt werden, dass Kant keine Biophilosophie wie die von Jonas hätte aufbauen können, die auf ein biologisches Wissen rekurriert, das zu Kants Zeiten noch nicht zur Verfügung stand; die Zellphysiologie konnte er noch nicht kennen. Allerdings gewinnt Jonas auch ohne diesen historischen Vorteil durch seine Betrachtungsperspektive. Er muss nicht an der Verfassungsart des Organismus scheitern, die für Kant durch seine Betrachtungsform verstellt ist: von außen ist der Organismus nicht erklärbar. Nutzt man allerdings seine eigene Perspektive als ebenfalls organisches und lebendiges Wesen, dann lässt sich sein Wesen enträtseln. Zur Lösung des Rätsels „Leben" braucht man nicht nur einen Gedanken vom „Höchsten" im Menschen, sondern das menschliche Vorbild als Ganzes mit seiner Leiblichkeit und seiner rationalen Erfahrung von sich selbst und zur Erkenntnis seiner Disposition nicht nur irgendeine Zweckmäßigkeit, sondern die der eigenen Selbsterhaltung, die den Mittelpunkt des Phänomens des Am-Leben-Seins darstellt. Auf diese Weise erklärt das Leben sich selbst – und darüber hinaus die Verstehensart, mit der die organische Existenz als solche in ihrer Ganzheitlichkeit begriffen werden kann. So hilft Jonas' Ansatz nicht nur Kant, sondern auch der naturwissenschaftlichen, partikularen Betrachtungsperspektive

85 Hans Jonas, Das Prinzip Verantwortung, Frankfurt am Main 1979, S. 383.

zu einer besseren Selbstdarstellung. Die Begriffserklärung des Lebens ist an das Leben selbst gekoppelt. Sieht man von ihm ab und schlüsselt es in einzelne Bestandteile auf, wird die Summe dieser Teile letztendlich niemals an das Ganze heranreichen. Begreift man das aus der Erfahrung als lebendiges Wesen heraus, wird dieser Mangel offensichtlich. Jonas würde gegen Kant vorbringen, dass die Biochemie nur Prozessteile erklären könne, den Gesamtprozess des Lebens aber müssen wir beschreiben indem wir sowohl von dem ausgehen, was wir beobachten, als auch andererseits von uns selbst und unserer Selbsterfahrung. Durch die anthropologische Komponente wird das zur Philosophie, in der das Ganze erklärt wird anstatt lediglich Teilprozesse. Die humane Komponente ist dabei rational; sie ist unser Standpunkt, von dem wir überall ausgehen müssen. Das ist Jonas Erkenntniskritik. Jonas hat immer das Gesamtverstehen im Blick (Leben, Natur, Sein). Das zeigt sich hier genauso wie in der Anlage seiner Biophilosophie und seiner Ontologie.

Die Teleologie von Sein und Welt bei Jonas

Jonas erklärt Mehreres in seiner Theorie als zweckbezogen und baut so ein System aus Elementen auf, die untereinander verbunden und in ihrer Grundverfassung gleichzeitig ähnlich sind. Zunächst ist dabei die Verfassung des Lebendigen unter der Zweckbeziehung zu nennen: Die Zelle geht darauf hin, sich selbst zu erhalten. Das ist die inverse Teleologie nach Spaemann[86]: Kein Ziel jenseits des Einzelnen, sondern es selbst als sein Ziel. Da ist ja auch das Vorbild des Menschenlebens als methodischer Ausgang und zwar durchaus in seiner modernen Gestalt. Der Mensch will wesentlich sich selbst erhalten und muss sich deshalb auch steigern[87]. Dem dienen auch seine vielen besonderen Zwecke, die nicht invers, aber partikular sind. Die einzige Ausnahme, wovon hier noch abgesehen ist, stellt seine eigentliche Aufgabe als Manifestation des Seins dar.

Des Weiteren sieht Jonas eine Zweckbeziehung im Sein selbst. Allerdings hat das Sein keinen Zweck, den es etwa verfolgt. In ihm ist gesetzt, dass Sein *besser* ist als Nichtsein. Das ist das Urbild des Richtigen und deshalb zu Wollenden; aber das Sein will selbst wohl gar nicht. Es deklariert das Höchste kraft der eigenen Verfassung[88].

---

86 Robert Spaemann, Reinhard Löw, Die Frage Wozu? Geschichte und Wiederentdeckung des teleologischen Denkens, München 1981.

87 Das deckt sich mit dem Gedanken von Thomas Hobbes: Steigerung des Anspruchs auf Macht aufgrund der Radikalität der Gefahr, die abzuwenden ist.

88 Hans Jonas, Das Prinzip Verantwortung, S. 155.

Darüber hinaus wird der ganze Weltprozess von Jonas als eine Manifestation verstanden. Das ist zwar eine andere Relation als die der Ursache-Wirkung unter Naturgesetzen, also ebenso unterschieden von dem, was die Verfahren der Naturwissenschaft trägt, aber doch ebenfalls etwas anderes als Teleologie. Jonas lässt sich die Natur zu immer höheren Formen evolvieren und steigern, weil das Sein zu immer neuem und tieferem Ausdruck kommt. Man kann sagen, dass in diesem „weil" eine teleologische Komponente gelegen ist. Aber dass die Manifestation auf etwas zu geht (nämlich den Menschen), ist doch in einem anderen Grund gegründet als einem Ziel, das gesetzt werden muss. Schelling entwickelte eine Naturphilosophie, die das Universum als System sich aufstufender Kräfte verstand, die wie bei Kant immer in einem Wechselbezug stehen und nach logischen Formen zu verstehen sind, beispielsweise Identität und Differenz. Für Jonas dagegen differenziert sich das Sein in der Evolution als einem aufsteigenden Prozess. Es liegt ihm aber dabei fern, das Universum logisch oder mathematisch zu konstruieren, dagegen setzt er mehr auf begriffene Erfahrung. Die Evolution und Manifestation sind auf eine besondere Art eine intern festgelegte Dynamik. Ganz gewiss geht keine im Sein vollzogene Zielsetzung voraus (so wie es Gottes Wille wäre), die sich dann in diesem Prozess auswirkt. Allerdings sagt Jonas auch gar nichts darüber, weshalb Sein sich manifestieren muss. Wenn das eine logische Folge des Umstandes ist, dass Sein mehr wert ist als Nichts und dies ein Urprinzip, welches sich in etwas Endlichem zeigen und ausbilden *muss*, dann geriete man sogar in den fernen Umkreis von Hegel. Zwecke gibt es ja nun wirklich in der Welt. Die Frage ist, ob sie nur im Menschen vorkommen oder ob Naturprozesse sie implizieren. Jonas sagt, dass bereits in der Natur, in ihrer primitivsten Organisation, die dem Sein direkten Ausdruck gibt und die wir uns vom Menschen her verständlich machen müssen, Zwecke gelegen sind – hier aber eben als inverse Zweckbeziehung, die Beziehung auf sich selbst als Zweck. Darüber hinaus ist Zweck gelegen im Grund von allem, dem Sein. Der Naturprozess im Ganzen ist nach anderen, subtileren Organisationsprinzipien zu verstehen und es ist durchaus zutreffend, die Evolution als einen selbstregulierten Prozess zu begreifen. Allerdings liegt ihm das Sein als Prinzip voraus. Die Naturwissenschaft ist auf ihre Art durchaus in der Lage, mit Hilfe ihrer Prinzipien zutreffende Beschreibungen und Erklärungen zu liefern und braucht sich nicht wieder Aristoteles anzuschließen, gegen den sich die neue Physik etablierte. Nur kann sie nicht in der Tiefe und aus dem Ganzen begreifen und verstehen – also auch nicht die Natur, so wie wir in ihr leben und wie wir uns auch selbst aus ihr verstehen müssen. Dazu möchte Jonas verhelfen und dem dient auch sein Entwurf einer Ontologie, die zwar den Zweckbegriff im Ersten und Höchsten legitimiert, die aber ein Verstehen des Prozesses der

Evolution nach einem anderen Muster als der Zwecktätigkeit verstehen lässt – nach dem Prinzip sich steigernder Manifestation des „Seins".

Die Selbsterfahrung als Schlüsselmoment des Lebensverständnisses

Beleuchtet man also das Verhältnis der biologischen Erklärung zur philosophischen Erkenntnis des Lebens, beziehungsweise der Naturwissenschaften zur philosophischen Erkenntnis, so muss man in Bezug auf Hans Jonas' Werk zu folgendem Schluss kommen.

Wenn man das Leben nur von außen beschreibt, dann kann man seinen Prozess an sich nicht deutlich genug in den Blick bringen. Erst die Selbsterfahrung des Am-Leben-seins macht das Leben durch die konzeptuellen Verfahren erklärbar, welche man aus dieser in der Aufschlüsselung und Interpretation des Lebens einsetzen kann. Das ist Jonas' Erkenntnisverfahren, das er damit rechtfertigt, dass der Mensch ein Naturwesen ist, das im Ganzen der Natur seinen Platz hat. Was das Natürliche ist, lässt sich nicht aus der selbstvergessenen Distanz der Beschreibung fassen. Als Naturwesen ist der Mensch nobilitiert, seine Selbsterfahrung als Schlüssel für den Prozess von innen einzusetzen. Jonas beschreibt das einfachste Lebewesen, die Zelle, unter den Maximen der leiblichen Selbsterfahrung des Menschen: Innerlichkeit und Äußerlichkeit, Selbstfortsetzung, Bedürftigkeit, Selbstidentität, die Dimension des Zukünftigen, das Risiko des Scheiterns und eigene Endlichkeit. So kann er darstellen, wie das Grundprinzip des Lebendigen die ganze Natur durchdringt. Nicht nur der Mensch ist Folge der Anfänge des Lebens. Schon das Einfachste und Basische lässt sich mit den Beschreibungsformen des Höchsten und Letzten erfassen. Somit rechtfertigt Jonas wieder seine anthropologische Beschreibungsform. Wenn man vom Menschen ausgeht, gewinnt die Natur Ausdruck und Sprache. Allerdings ist die Aussagekraft des Naturbereichs für den Menschen wiederum begrenzt. Für den Bereich der Ethik muss man für die Werte über die Natur hinausgehen und auf eine Ontologie rekurrieren, deren Prinzip aber sodann in direktem Übergang mit Natur und Mensch bedingend verbunden ist. Das Sein, dessen Manifestation Natur und Mensch sind, bringt seine Prinzipien in ihnen zum Ausdruck. Damit ist die Selbsterfahrung des Menschen auch der Schlüssel zum Verständnis des Seins. Die Selbsterhaltungstendenz des Menschen, die bereits als Zugang zur Erkenntnis des teleologischen Prinzips identifiziert wurde, erweist sich als zentrale Tendenz des Seins, das sich in besonderer Weise im Leben zum Ausdruck bringt und im Menschen erkannt und reflektiert wird. In dieser Erkenntnis liegt gleichzeitig das Bewusstwerden eines Wertanspruchs, den das Sein an seine erkennende Manifestation richtet.

Damit ist die Selbsterfahrung mehr als der Schlüssel zum kontemplativen Verstehen des Lebendigen und des ontologischen Prinzips dahinter, sondern auch die Ursache für die Verpflichtung zum ersten Wert und der ihr gemäßen Ethik aus der Grundlage alles Seienden.

Das Sollen im Sein – Die Prämissen der Biophilosophie

Als Jonas seine Arbeit an „Organismus und Freiheit" beendete, fügte er schon eine Perspektive auf ein weiterführendes Werk an, das zu einem späteren Zeitpunkt folgen sollte. Der Epilog des Buches besteht aus nur etwas mehr als zwei Seiten, die aber bereits einen entscheidenden Ausblick auf das bieten, was später „Das Prinzip Verantwortung" werden sollte. In seinen „Erinnerungen" schildert Jonas seine Gedanken zu dieser Zeit: „Dabei war mir klar, dass man von da aus weiterfragen und den Konsequenzen nachspüren muss. Und so endet das Buch mit einem Nachwort, das darlegt, weshalb eine Philosophie des Organischen zwangsläufig zu einer Ethik führen muss, die im Grunde in ihr schon angelegt ist und der Entfaltung bedarf. Das war eine Art Versprechen, mich nun um eine vom Organischen her begründete Ethik zu bemühen"[89]. Damit stellt es einen wichtigen Schritt in der Entwicklung von Jonas' Gesamtwerk und im Besonderen in Hinblick auf die Erarbeitung seiner Ontologie dar, die für seine Ethik von so großer Bedeutung ist.

Dieses Nachwort beschäftigt sich mit der zentralen Überzeugung Jonas', dass das Sein etwas darüber auszusagen hat, was verpflichtend ist, und dass damit aus dem Sein ein Sollen folgt, das zu verstehen und sich ihm gemäß im Handeln auszurichten menschliche Pflicht sein und werden muss. „Die Philosophie des Geistes schließt die Ethik ein – und durch die Kontinuität des Geistes mit dem Organismus und des Organismus mit der Natur wird die Ethik ein Teil der Philosophie der Natur"[90]. So leitet Jonas die Notwendigkeit, sich in der Folge seiner Biophilosophie mit der Ethik auseinanderzusetzen, als logisches Derivat aus der Verfassung ebendieser Biophilosophie ab. Indem er den menschlichen Geist als direkte Folge und Teil der lebendigen Natur und des in ihr ablaufenden Evolutionsmechanismus begreift, wird die Ethik als Teil des Geistesbereiches kein fremdes Feld, sondern Bestandteil derselben Philosophie, die sich mit dem Organischen befasst. Will Jonas eine konsistente Aussage über den Menschen im Sein treffen, muss er auch den Bereich der Verpflichtung des Menschen gegenüber dem, was ihn hervorbringt und bedingt, abdecken, will er nicht den Menschen

89 Hans Jonas, Erinnerungen, S. 316.
90 Hans Jonas, Organismus und Freiheit, S. 340.

unvollständig verstanden wissen. Die „Idee von Verpflichtung“[91] ist für Jonas eine, der das Sein nicht indifferent gegenüber steht. Er stellt sogar die Frage, ob man nicht annehmen könne, das Sein sei sogar der Grund dafür, dass diese Idee entstehe – eine Annahme, die Jonas klar vertritt und an sie er sich so erstmals vorsichtig herantastet. Die Natur als organischer Ausdruck des Ganzen, des Seins, der Substanz an sich, die den Menschen umfasst und bedingt, ist ein Gedanke, der sich in diesem ganzen Buch bereits in Anklängen findet. Beginnend mit dem Epilog schickt Jonas sich nun an, ihm in besonderer und zielgerichteter Art nachzugehen. Damit setzt er an, indem er die Selbstverständlichkeit der modernen Haltung anzweifelt, das Prinzip des Sollens allein dem menschlichen Ich zuzurechnen, indem er sagt, sie habe „niemals volle Rechenschaft von sich gegeben[…]. Eine solche Rechenschaft verlangen heißt die ontologische Frage des menschlichen im gesamtweltlichen Sein neu aufrollen“[92]. Nicht weniger als das ist Jonas' selbstgesetzte Mission, wobei er nicht den Weg nimmt, den Standpunkt der analytischen Philosophie zu widerlegen, sondern in „Das Prinzip Verantwortung“ direkt seine Ontologie zu entwickeln, die er an dieser Stelle als Ziel absteckt. Nicht vom Sein ausgegangen zu sein als man ein menschliches Sollen zu verankern suchte, bezeichnet Jonas als mögliche „vorschnelle Verzweiflung“ und die Fokussierung auf den Bereich des Menschen allein damit als eine Notlösung im Angesicht einer schwierigen Argumentationsgrundlage. Dass der Mensch da sein muss, wenn es um Verantwortung geht, da nur er „Annehmer“ der Verantwortung ist, vertritt auch Jonas. Dass das allerdings ein Verpflichtungsverhältnis, das den Menschen nicht exklusiv hat, ausschließt, lehnt er kategorisch ab und wendet sich der Antike zu wenn er für die Ontologie als Grundlage der Ethik plädiert und die Abkehr von ihr als einen Irrweg der Moderne betrachtet. Grund dafür ist für ihn eine verfälschte Idee dessen, was Natur ist, die es zu erneuern und zu berichtigen gilt. Dieses Motiv ist für Jonas auch in „Das Prinzip Verantwortung“ sehr wichtig. Übermäßige Technologieentwicklung und Naturausbeutung gehen Hand in Hand und folgen für Jonas aus einer Entwertung der Natur hin zur Ressource und beliebig umwandelbaren Material. Wenn der Mensch sich als der, der er ist, richtig verstehen will, muss er die Natur (wieder oder erstmals) richtig verstehen und sich als Teil von ihr sehen und daraus für ihn ableiten, was für ihn Gültigkeit hat. Nur die Natur bietet dem Menschen eine Richtlinie zum Verständnis dessen, was für ihn verpflichtend ist, anders als eine Pflichtverwurzelung im Ich allein, das keine solche Ableitungsfunktion aufweisen kann. Was

---

91 Hans Jonas, Organismus und Freiheit, S. 340.

92 Ebd., S. 341.

r Mensch im Menschen allein verortet, das verortet er ohne echte Grundlage, meint Jonas. Der Mensch muss sich der Natur zuwenden wenn er sich ihm bst zuwenden will: „Aus der inneren Richtung ihrer [der werdenden Natur] alen Evolution lässt sich vielleicht eine Bestimmung des Menschen ermitteln, näß der die Person im Akte der Selbsterfüllung zugleich ein Anliegen der ur-ünglichen Substanz verwirklichen würde“[93]. Mit diesen vorsichtigen Worten, ·en Wahl auch später noch charakteristisch für Jonas bleibt, bringt er zum sdruck, dass im Sein der Natur (und damit dem Sein an sich) mehr als unge-ıtetes Bestehen gelegen ist. Sie ist eine „werdende“, die sich durch Tendenzen zeichnet und sogar „Anliegen“ hat. Mit dieser sorgsam gewählten Ausdrucks-m hat Jonas sich in die Position gebracht, als nächstes den Satz zu formulieren, das zentrale Vorhaben von „Das Prinzip Verantwortung“ bereits zu diesem hen Zeitpunkt umreißt: „Von daher würde sich ein Prinzip der Ethik ergeben, letztlich weder in der Autonomie des Selbst noch in den Bedürfnissen der sellschaft begründet wäre, sondern in einer objektiven Zuteilung seitens der ıur des Ganzen [...] – von solcher Art, dass noch der Letzte einer sterbenden nschheit ihr in seiner letzten Einsamkeit die Treue halten könnte“[94]. Diese ıik will Jonas also in seinem nächsten Projekt leisten. Sie muss von der Natur · verstanden und den Menschen umfassend sein, sein Selbst und sein gesell-ıaftliches Wesen nicht ausklammernd, aber nicht aus diesen heraus argumen-rt sein, und in einer Weise verpflichtend, dass sie selbst im Letzten und Ext-nsten nichts von ihrer Bindungskraft verlieren kann. Gleichzeitig, so hat Jonas schon zuvor anklingen lassen, muss sie das „Anliegen“ der Natur zentral ins uge fassen und den Menschen als Rezeptor, nicht Ausgang eines solchen Anlie-ens verstehen. Der Mensch, so Jonas, ist nicht Ursache sondern Folge von etwas, as es in der Natur zu suchen und als Ursprung für das zu verstehen gilt, was lem Menschen grundlegend und in all seiner Existenz zur Pflicht wird. Somit ıat er die Grundlage für „Das Prinzip Verantwortung“ an dieser Stelle bereits gelegt. „Dass nach kosmischem Maßstab der Mensch nur ein Atom ist, ist eine quantitative Unerheblichkeit: seine innere Weite kann ihn zu einem Ereignis von kosmischer Bedeutung machen. Die Reflexion des Seins im Wissen könnte ein mehr als menschliches Geschehen sein: es mag ein Ereignis für das Sein selbst sein, das seinen metaphysischen Zustand affiziert – in Hegels Sprache: ein Zu-sich-selbst-kommen der ursprünglichen Substanz“[95]. In diesen zwei Sätzen

93 Hans Jonas, Organismus und Freiheit, S. 341.
94 Ebd.
95 Ebd., S. 342.

transferiert Jonas bereits seinen Kerngedanken von der Verfassung des Seins und der einzigartigen Bedeutung des Menschen für es, auf die in diesem und dem folgenden Kapitel eingegangen werden soll. Der Mensch ist für ihn ein Novum und ein einzigartiges Wesen, insofern er, und nur er im Kreis des Lebendigen, in der Lage ist, das Sein in seinem Anspruch zu begreifen und ihm gemäß tätig zu werden. Seine ethische Qualität ist damit entscheidend für die Stellung des Menschen im Sein und in der Folge gar für das Sein selbst, das seinen Anspruch nur im und durch den Menschen verwirklicht finden kann. Wie das genau zu verstehen ist, wird in diesem Kapitel zu klären sein. Was an dieser Stelle dazu festgehalten werden muss, ist, dass Jonas schon zu diesem frühen Zeitpunkt eine Idee von einer Folge seiner Philosophie des Lebens hatte, nicht nur für den Menschen, sondern auch hinter die Natur zurückgehend für das Sein, und das Ganze in einer Dimension des Ethischen, die Sein, Natur und Mensch miteinander verbindet. Unbewusst weist seine Philosophie dabei starke aristotelische Züge auf, die ihm aber zu diesem Zeitpunkt so nicht zu Bewusstsein kamen[96]. In diesen wenigen Sätzen in diesem Epilog lässt er auf vorsichtige Art bereits alles anklingen, was ihn in seinem philosophischen Hauptwerk grundlegend beschäftigen wird. „Nur eine Ethik, die in der Breite des Seins und nicht lediglich in der Einzigkeit oder Absonderlichkeit des Menschen begründet ist, kann Bedeutung im All der Dinge haben“[97]. Damit ist er in seiner Argumentation bereits über den Kreis von „Natur und Ethik“ zum Sein hin vorgedrungen. Eine Ontologie ist so für eine Ethik, wie Jonas sie anstrebt, notwendig geworden. Ihre Entwicklung zur Aufdeckung der Verpflichtung und Bedeutung des Menschen und einem Verständnis des Lebens als Ganzem ist das zentrale Moment von Jonas' Hauptwerk und all ihre Implikationen und gesellschaftlichen Folgen, die im Zuge seiner Veröffentlichung heiß diskutiert wurden, sind letztendlich nur Folgeerscheinungen dieses kleinen und entscheidenden Kapitels IV.1 von „Das Prinzip Verantwortung“, das in der Folge eingehend untersucht werden soll. Zunächst aber ist noch darauf einzugehen, wie Jonas selbst zum Bewusstsein der Notwendigkeit einer solchen Ontologie kam.

96 Hans Jonas, Erinnerungen, S. 325.
97 Hans Jonas, Organismus und Freiheit, S. 342.

Jonas' Bewusstwerdung seiner ontologischen Problematik

Dass der Mensch nicht für sich alleine steht und dass auch die Ansprüche, die er an sich richten muss, etwas mit dem zu tun haben, worin er zuhause ist, nämlich im Leben und der belebten Welt, war Jonas schon früh bewusst[98] und blieb lange im Zentrum seiner Beschäftigung. Er spürte, dass an dieser Stelle etwas lag, das ihn in seiner tiefsten Überzeugung betraf, „denn ich bin mir vollkommen sicher", so Jonas gegen Ende seines Lebens, „dass ich im entscheidenden Kern recht habe [...]: nämlich in der Beweisführung, dass das Sein einem etwas darüber zu sagen vermag, wie man leben soll, vor allem aber auch darüber, wofür Wesen wie wir Menschen, die wir mit Wissen und Freiheit handeln, verantwortlich sind"[99]. Dieser Zusammenhang zwischen Sollen und Sein ist für Jonas eine Herzensangelegenheit.

Deshalb fürchtet er auch nicht, den Anspruch seiner Ansicht den Tendenzen der Moderne entgegenzurichten, die im Selbst und nicht einem Sein, das (auch) außerhalb des menschlichen Geistes seinen Ort hat, den Ursprung alles Moralischen verortet. Die analytisch-positivistische Strömung der modernen Philosophie lehnte diese Annahme konsequent ab und stellte sie in den Bereich des Überkommenen, Unannehmbaren. Jonas bekundete nicht ohne Stolz seinen Standpunkt als zumindest damit lohnenswert gewählt, als er „wieder etwas auf die Tagesordnung gebracht" habe, das allgemein zu seiner Zeit „zu den Irrtümern des Denkens zählte, mit denen man sich auf philosophischem Gebiet unmöglich machte"[100]. Tatsächlich wuchs Jonas mit der Veröffentlichung von „Das Prinzip Verantwortung" große internationale Aufmerksamkeit und eine Reihe von Anhängern zu. Unter Anderen sei hier Vittorio Hösle genannt, der Jonas „ohne jeden Zweifel zu den faszinierendsten [philosophischen Persönlichkeiten] dieses Jahrhunderts" zählte[101]. Jonas' Wert- und Sollensbegründung im Sein und wegnehmend über die belebte Natur und Evolution sind in besonderer Weise geeignet, den Anspruch der Verantwortung zu begründen, die nicht nur Jonas im Angesicht der Situation der Moderne von Mensch und Natur als notwendig erachtet. Jonas war mit seiner philosophisch unkonventionellen Schrift doch in der Tendenz der Zeit gelegen, begründete sie sogar mit und erregte deshalb aus dieser besonderen Konstellation heraus für eine Zeit lang breite Aufmerksamkeit

98 erstmals erwähnt Anfang 1944 in den Lehrbriefen an Lore Jonas.

99 Hans Jonas, Erinnerungen, S. 323.

100 Ebd.

101 Vittorio Hösle, Ontologie und Ethik bei Hans Jonas. In: Dietrich Böhler (Hrsg.), Ethik für die Zukunft. Im Diskurs mit Hans Jonas, München 1994, S. 105.

in Politik und Gesellschaft. Dabei beachtete die Rezeption hauptsächlich Jonas' gesellschaftstheoretische Implikationen seiner Ontologie, weniger jedoch diese selbst. Jonas selbst äußerte sich dazu folgendermaßen: „Was wirkte, war das, was in der Luft lag, während die Teile, die wirklich originell darin waren und gewisse Revisionen der philosophischen Sicht beabsichtigten, wenig Aufmerksamkeit erlangten"[102]. Trotz dieser Diskrepanz und ihrer Kürze im Verhältnis zu der Gesamtheit des Buches muss die Ontologieabhandlung, die als theoretisches Zentrum seines Werkes fungiert, in ihrer Bedeutung erkannt werden. Sie bringt zudem in besonderer Weise Jonas' Überzeugung zum Ausdruck, dass Wert etwas ist, das die Sphäre des Menschen durchdringt, aber weder in ihr ursprünglich noch für sie exklusiv ist. Diesen Gedanken bereitete Jonas in „Organismus und Freiheit" bereits vor, indem er die Idee des Menschen als aus dem belebten Kreis herausgestellte Krone der Schöpfung aufweichte und ihn zwar als letzte und höchstentwickelte Folge der Evolution beschrieb, dennoch aber seine Begabungen als bereits in den Anfängen des einfachsten Organismus verursacht sah und den Menschen mit all seiner geistigen Befähigung auf diese Weise tief im biologischen Funktionieren des Organischen einpflegte und ihn sogar dadurch definierte. Jonas wusste in sich, dass der Mensch und die Allgemeinheit des Lebens eins sind. Dass das etwas für die Art, wie der Mensch leben soll, zu sagen hat, war ihm schon am Ende von „Organismus und Freiheit" klar. Deshalb schloss er an das Buch den Epilog „Natur und Ethik" an. Schon durch den Einfluss von Heidegger stand Jonas dem Nachdenken über das Sein nahe. Immer wieder wies Jonas darauf hin, dass Heidegger hier für ihn eine Vorreiterrolle einnahm, wenn er auch nicht das leisten konnte, was Jonas sich wünschte und worauf er hoffte als er sagte, dass „noch Größere kommen" müssten, um seinen „Entwurf" und „Ansatz" fortzusetzen und zu der Kraft zu verhelfen, die ihm zukommen müsse[103]. Jonas zeigte sich in Bezug auf sein eigenes Werk stets bescheiden, was sicherlich nicht nur an seiner Gesinnung, sondern auch an der Überzeugung lag, dass sein Anliegen von so fundamentaler Bedeutung für das Fortbestehen der Menschheit sein könnte, dass seine eigene intellektuelle Kraft zu seiner Begründung sicherlich nicht genügen könne. In diesem Zusammenhang zog Jonas im Zuge der Schreibarbeit an seinem ontologischen Kapitel auch Hannah Arendt zu Rat. Trotz dieser Unsicherheiten war Jonas während seiner Beschäftigung mit dem Organischen zunehmend von der Überzeugung beseelt, dass in der aktuellen Betrachtungsweise und dem Umgang mit dem Lebendigen etwas falsch laufe

102 Hans Jonas, Erinnerungen, S. 327.
103 Ebd., S. 323f.

und man zu einem richtigen Verständnis und so auch einem richtigen Umgang damit kommen müsse wenn man ihm und dem eigenen menschlichen Sein gerecht werden wolle. Zu Beginn dieses Gedankenganges stieß sich Jonas zunächst im Zuge seines Aufsatzes „The Practical Uses of Theory“ an einer Auffassung im Sinne Francis Bacons, im Weiteren kam er zunehmend zu der Überzeugung, dass der Effekt der modernen Naturwissenschaften, sich in technischen Folgen auszuwirken, nicht nur praktische Auswirkung davon, sondern auch die schwerwiegendste Problematik der Neuzeit sei. Nachdem ihn mehrere Kollegen anregten, in dieser Richtung weiterzuforschen, entschloss sich Jonas zur Arbeit an einem Buch, das später „Organismus und Freiheit“ werden sollte und das Jonas durch die intensive Beschäftigung mit dem, was unter Leben zu verstehen sei, schließlich auf seine Ontologie hinführte. Bedeutend war dabei auch der Einfluss Alfred North Whiteheads Werk auf ihn. Jonas war sich zu diesem Zeitpunkt bereits bewusst, welche Bedeutung „Organismus und Freiheit“ für seine weitere Arbeit haben würde: „[Ich] betrachte es als mein philosophisch wichtigstes Werk, weil darin die Ansätze zu einer neuen Ontologie entwickelt sind“[104]. Dennoch verging zwischen der Arbeit an „Organismus und Freiheit“ in den 1950er Jahren[105] und der Veröffentlichung von „Das Prinzip Verantwortung“ 1979 auf Deutsch eine lange Zeitspanne, in der Jonas bewusst werden musste, wie eine solche Ontologie und damit im Zusammenhang eine Ethik, die auf dem Verständnis des Menschen als biologisches Wesen fußt, verfasst sein müssten. „Ich war“, so Jonas über diese lange Zeitspanne, „damals noch nicht so weit“[106]. Jonas nahm sich für seine Ausführung dessen, was seiner Meinung nach der Philosophie als „Mission“[107] zukomme, den größten Teil seines produktiven Lebensabschnittes Zeit. Als zentral muss dabei die Ontologie gesehen werden, die er in „Organismus und Freiheit“ vorbereitete und in „Das Prinzip Verantwortung“ im Kapitel IV.1 ausführte und die im Folgenden in Hinblick auf ihre Aussagen und Konsistenz untersucht werden soll.

104 Hans Jonas, Erinnerungen, S. 315.

105 Hans Jonas Nachlass, Entwurf ersten Kapitels von „Organism and Freedom“ (Arbeitstitel), HJ 1–14–1, unveröff.

106 Hans Jonas, Erinnerungen, S. 327.

107 Ebd., S. 322.

Jonas’ Ausführung seines ontologischen Konzeptes im vierten Kapitel von Das Prinzip Verantwortung: Nachvollzug, Hinweise auf Schwächen und Interpretationsmöglichkeiten

Jonas versuchte die Grundlegung seiner gesamten Theorie der Verantwortungsethik im Kapitel IV.1 seines Hauptwerkes „Das Prinzip Verantwortung“. Schon der erste Blick auf die von ihm vorgenommene Gliederung zeigt, dass zwei Problemdimensionen von ihm entfaltet werden müssen: Erstens eine Ontologie, die für die Begründung der Ethik unerlässlich und die für sie auch geeignet ist. Jonas geht davon aus, dass eine Fundierung des Sollens nur im Sein möglich ist. In diesem Begründungsgang sind weder Jonas’ Naturphilosophie noch seine Ethik einbegriffen. Zweitens die Ethik: Im zweiten Abschnitt geht Jonas von ethischen Problemen aus und entwickelt diese Probleme solcherart, dass sich ein Grundriss ergibt, der für die Aufklärung dessen, was Verantwortung ist, die Voraussetzungen bereitstellen soll. Auch hier ergeben sich immanent ethische Probleme, auch solche der Personenethik, im Zusammenhang mit der von ihr zu unterscheidenden Verantwortungsethik. Die Frage wird aufgeworfen, wie Ontologie und ethische Betrachtungen miteinander verfugt werden können, um mit Jonas eine Ethik zu entwickeln. Deren Grundlegung ist das Thema des nun folgenden Teils der Untersuchungen.

Übersicht über die Struktur von Jonas’ Begründungstext und die Probleme, die sich mit ihr stellen

Zunächst sollen Jonas Schritte und Argumente zur Begründung einer Ontologie beleuchtet werden. Danach wird zu einer Untersuchung des Abschnittes über die Ethik übergegangen werden. Es scheint sich so zu verhalten, dass zur Grundlegung von Jonas’ Theorie sowohl der Ontologie als auch der Ethik eine gewisse Selbstständigkeit zukommen müssen. In jeder dieser beiden Positionen tauchen zudem spezifische Probleme auf, die jeweils besonders zu erwägen sind.

Im Anschluss daran ist der Versuch der Verfugung der beiden Teile zu erörtern. Sowohl der Ontologie, die bei Jonas durch verschiedene Grade von Unbestimmtheit und Vorläufigkeit und durch Versuche zur Neuformung gekennzeichnet ist, als auch der Ethik, der er die Formanalyse des sittlichen Bewusstseins zuweist, kommt nach Jonas in einer gewissen Hinsicht der Status eines Primats zu, was zur Folge hat, dass manche seiner Herleitungen widersprüchlich erscheinen und in dieser Hinsicht genauer betrachtet werden müssen. Abschließend steht die Untersuchung der Frage an, wie Jonas die Verfugung von Ontologie und ethischer Norm in sich konsistent entwickeln kann, welche doch die Grundlage für den weiteren Fortgang seiner Argumentation und letztendlich das Fundament für „Das Prinzip Verantwortung“ in seiner Gesamtheit darstellt.

Der Aufbau einer Ontologie, ihre Folgeordnung und ihre Schwächen

Jonas' Absicht zu Beginn des Abschnittes IV.1 ist die Herleitung eines in dem, was er das Sein nennt, begründeten Anspruchs dieses Seins an den Menschen. Der Gehalt dieses Anspruchs muss die Erhaltung von etwas, das dem Sein zugehört kraft dieser seiner Zugehörigkeit begründen. Es stellt sich die Frage, ob ihm die Begründung dieses Anspruchs gelungen ist. Dazu muss man in eine genaue Untersuchung Jonas' nur scheinbar einfachen Textes eintreten.

Jonas' Absicht – Sein und Sollen

Jonas sieht die „Kluft“ zwischen Sein und Sollen, die in der neueren Philosophie zumeist als unüberbrückbar galt, als eine nur „angebliche“[108], darin macht er von Anfang an seine Überzeugung deutlich, deren Begründung er versucht. Sein und Sollen als ganz und gar unterschiedlich und nicht miteinander verbunden aufzufassen ist für ihn eine nicht berechtigte Forderung. Ein begründeter moralischer Imperativ kann mit Jonas nicht im argumentativen Diskurs und Aushandeln seinen Ursprung nehmen, nicht einmal in einem rein anthropozentrischen Kontext, gleich ob er als in der Vernunft oder im Gefühl fundiert gilt. Ein solches Moralkonzept wäre nicht geeignet, den Anforderungen zur Überwindung der von ihm skizzierten globalen und kollektiven Krise der Gegenwart gerecht zu werden. Sein Vorhaben ist deshalb ambitionierter und von größerem Zuschnitt und Anspruch: die Herleitung eines absoluten Wertes aus der Verfassung des Seins. Insofern, so Jonas, „ein Wille da ist, der die Forderung vernehmen und in Handeln umsetzen kann“[109], liegt in der Möglichkeit der Realisierung eines Guts, das auf einen absoluten, dem Menschen vorgeordneten, auf nichts relativen Wert gegründet ist, die Forderung auf tatsächliche Umsetzung. Das bedeutet, dass insofern der Mensch einen Willen besitzt, der durch „Gebote“[110] affiziert werden kann, er durch die Möglichkeit eines an-sich-Guten zu dessen Verwirklichung aufgefordert und auch hinreichend motiviert werden wird. Hier bringt Jonas,

108 Hans Jonas, Das Prinzip Verantwortung, S. 153.
109 Ebd.
110 Ebd.

wenn auch nur als Anklang, die Struktur der organischen Freiheit als ein „Können, das muss“ aus seiner Bio-Philosophie ins Spiel.

Allerdings genügen die theoretische Möglichkeit eines an-sich-Guten und das Bedürfnis, sich auf ein solches Gut zu beziehen, noch nicht zu der Herleitung seines wirklichen Bestehens. Jonas hat noch nicht gezeigt, welches dieser Wert ist und wie er verwirklicht werden kann – er muss noch mehr sagen können. Er setzt die Möglichkeit des Bestehens eines nicht von Wertschätzung des Menschen begründeten Guts voraus ohne über die Gründe seiner Verwirklichung Rechenschaft abzulegen. Er geht von der Möglichkeit dieses Gut aus, weil er der Meinung ist, dass ohne ein solches eine Verbindlichkeit für menschliches Handeln nicht möglich ist. Ihm stellt sich nicht die Frage, ob es Wert an sich überhaupt gibt, sondern nur wo er zu suchen ist. Für ihn bietet sich für die Suche nur das an, was er das Sein nennt, weil mit dem Sein etwas Letztes, von allem Vorgängigen und somit auch vom Menschen Unabhängiges bestimmt ist.

Fokussierung: Der Begriff des Seins bei Jonas

Der Gedanke von dem einen Sein wird von Jonas nicht ausdrücklich gerechtfertigt; er wird nicht Schritt um Schritt eingeführt und auch weder in seinem Gehalt noch in seinem Status näher erläutert. Jonas führt *Sein* an der Stelle, an der er benötigt wird, unvermittelt in seinen Text ein, und gebraucht das Wort auch sonst ganz unbefangen. Jonas weiß offenbar, dass die Lehre vom Sein in der philosophischen Tradition eine bedeutende Stellung hatte. Sein Lehrer Heidegger hat sie ja auf ihm eigene Weise erneuert. Jonas nimmt den Gedanken aber ohne besondere Rücksicht auf Heideggers subtile Nachfragen in seiner herkömmlichen und beinahe umgangssprachlich eingeübten Bedeutung auf. Anscheinend hält er alle Einwände, die eine Begründung mit diesem Gedanken ausschließen wollen, für unerheblich.

Fragt man sich, was Sein für Jonas heißt, so legt sich die Erinnerung an eine Reihe von geläufigen Herleitungen dieses Gedankens nahe: Er meint ein Allererstes und Grundlegendes, das nur ein Einziges sein kann, das allem vorangeht und es in irgendeiner Weise umfasst. Man gelangt zu ihm wenn man erwägt, dass alles wirkliche Seiende von einer besonderen Beschaffenheit ist, die es von anderen Individuen und Arten unterscheidet. Hebt man diese Beschaffenheiten nun allesamt auf, so bleibt das ganz unbestimmte Allgemeine ohne alle bestimmte Differenz. Es ist jeglichem gemeinsam und scheint allem Bestimmten vorausgehen zu müssen. Ähnlich kann man zu „dem Sein“ kommen, wenn man auf die Existenz achtet. Denn alles, was existiert, hat darin etwas mit allem anderen Existierenden gemeinsam. Gibt es aber mehrerer Weisen zu existieren, so muss ihnen etwas vorausgehen, das sie wieder miteinander verbindet. Und dazu bietet sich jenes Sein über und vor allem bestimmten Sein an, welches über jenen anderen Gedankengang schon eingeführt worden ist. Da man auch nicht umhin kann, nach einem allerersten Grund zu fragen, so scheint sich dafür jenes einzige, unhintergehbare und allbetreffende Sein wiederum geradezu anzubieten.

Das alles scheint Jonas für eine selbstverständliche und gerechtfertigte Voraussetzung aus dem Vorfeld aller seiner Überlegungen zu halten. Jedoch lässt er „Sein" keineswegs in dieser zwar grundlegenden, aber doch auch leeren und noch ziemlich formalistischen Bedeutung stehen. Wenn Sein wirklich allem zugrunde liegt, so muss es mehr sein als bloßes Irgendetwas-Sein oder Irgendwie-Existieren und Vorausgehen. Das ontologische Prinzip ist immer zugleich in irgendeinem Sinne ein bestimmter gründender Akteur, von dem sich ein gehaltreicher Gedanke fassen lassen sollte. Zudem sieht Jonas zu Recht keinen Weg, eine Ethik an es anzuschließen, wenn Sein als bloße formale Grundlage angesehen werden könnte.

So ist für ihn Sein ein Prinzip im Sinn einer Grund- und dynamischen Vorform von Verhalten, das allem in der Welt zugrunde liegt und an dem somit alles Wirkliche in irgendeiner Weise so teilhat, dass seine Weise zu sein dadurch bestimmt wird. Damit zeigt es sich, dass „Sein" zwar das übersteigt, was mit „Natur" und „Leben" gesagt ist, dass aber für Jonas das Sein zur Natur in einem strukturalen Verhältnis der Übereinstimmung steht. Diesen Zusammenhang arbeitet Jonas heraus, wenn er sich darum bemüht, die Zweckhaftigtkeit im Gedanken des Seins als solchem aufzuweisen. Mehr noch, auch das Gute, sofern es „an sich" ist, muss doch in irgendeiner Weise sein und derart vom Sein her begriffen werden. Und so leitet Jonas auch das an-sich-Gute aus dem Sein her und will auf diese Weise seine absolute Rechtfertigung gewinnen.

Jonas hat zwar das Projekt einer „Seinslehre" als eine für ihn ganz und gar wesentliche Aufgabe vor Augen. Was er wirklich zu deren Begründung sagt, bleibt aber letztendlich immer ein wenig vage und provisorisch. Jonas hat das selbst gewusst und ausgesprochen[111]. Dafür ist der Zusammenhang, in dem er diese Lehre skizziert, weiter konkretisiert und zur Anwendung bringt, ganz und gar in Übereinstimmung und Einklang mit der Anlage seiner Konzeption im Ganzen.

Der Begriff des Seins bei Jonas wird von ihm nicht ausdrücklich definiert, sondern unvermittelt und ohne weiteren Vermerk in den Text eingebunden. Mit Jonas' weiterer Theorie, hier vor Allem seiner Biophilosophie, im Hintergrund

111 Hans Jonas, Das Prinzip Verantwortung, S. 237.

wird deutlich, dass es ihm ein Bedürfnis ist, die Gesamtheit des Seins als vom Lebendigen her bestimmt zu sehen. „Sein“ bedeutet nicht bloßes Existieren sondern ein Prinzip einer dynamischen Vorform von Verhalten, das allem in der Welt teilhaftig ist und es durchdringt. Sein ist mehr als Natur und mehr als Leben, aber es ist bereits durch das ihm zentrale Phänomen der Zwecktätigkeit auf diese Konzepte hin geordnet. Das Sein ist die Grundbedingung für alles, worüber Jonas sprechen kann. Alles, was möglich oder wirklich ist, muss in irgendeiner Form „sein“. So leitet Jonas auch das an-sich-Gute her, das er mit dem Sein verbunden sieht, wie wir gleich sehen werden. Es ist nicht der reine Überbegriff für die Gesamtheit der existierenden Dinge, sondern ein bedingendes Prinzip, dem alles teilhaftig ist, was unter seinen Begriff fällt. Was Sein bei Jonas ist, bleibt letztendlich immer vage und kann doch in der Betrachtung seiner Theorie soweit verstanden werden, dass es nicht nur ein reines Abstraktum darstellt.

Das an-sich-Gute im Sein

Über diesen Begriff des Seins extrahiert er aus diesem Begriff des an-sich-Guten den Gedanken des an-sich-Seins des Guten, womit für ihn noch deutlicher wird, dass das Gute seinen Ort im Sein haben und in ihm begründet sein muss[112]. So gelingt es ihm, den Begriff des Guten durch geschickte sprachliche Operation mit dem Gedanken des Seins zu verknüpfen, wobei er sich nicht unbedingt auf diesen Wortlaut stützen müsste. „Gut“ kann nicht vom Menschen allein ausgehen, ihm muss eine übergeordnete Stellung zukommen. Allerdings, so müssen wir sagen, bedeutet irgendeine Verbundenheit mit dem Sein noch nicht, dass das Gute zwingend *im* Sein begründet sein muss. Die Notwendigkeit der Fundierung des absolut Guten zum Sein kann Jonas damit zunächst nicht schlüssig herleiten. Er wird dieses von ihm postulierte Verhältnis genauer darlegen müssen.

Zunächst aber leitet er zu einer Betrachtung des Ausgesagten von der Gesamtheit des Seins ohne weitere Frage in den Teilbereich der Natur über, was einem auffälligen Schritt darstellt. Mit der Einführung der Natur erweitert er den formalen Bereich, den er bei seiner Begründung im Blick hat. Es ist klar ersichtlich, dass sein besonderes Interesse hier zu suchen ist. Für ihn ist es von zentraler Bedeutung, dass seine These der Verortung eines absolut Guten im Sein und darin in der Natur haltbar sein muss.

112 wenn auch, so macht er klar, damit keine Aktualität des Guten in einem jeweiligen Sein gegeben sein muss.

Die Zwecktätigkeit im Sein als grundlegende Dynamik

Damit greift er die Zweckverfolgung als Zieltätigkeit auf und beginnt seine Argumentation mit der Annahme, dass „die Natur Zwecke unterhält“[113]; eine Sichtweise, die man ebenfalls als aus seiner Biophilosophie herstammend verstehen muss. In der Ausrichtung auf ein Ziel entsteht im Zweck in jedem einzelnen Fall ein Gut in Bezug auf die Erreichung des Zwecks sowie ein Übel in Bezug auf seine Verfehlung. Mit diesem Gut im Gelingen der Zwecktätigkeit beginnt mit Jonas „die Zusprechbarkeit von Wert“[114]. Allerdings muss er einschränken, dass dieser Wert nur ein relationaler ist, das Gut nur ein „Gut für“, kein „an-sich-Gutes“. Jedes Gut, das sich von einem Zweck her ergibt, steht immer im Verhältnis zu einem Zweckinhalt, verrät ein Interesse, setzt eine Motivation voraus und lässt sich nicht an einem unabhängigen Wert „an sich“, sondern nur an der Motivation zu seiner Erreichung messen. Jonas hat in dieser Argumentation die moderne Ethik vor Augen. Seine Nähe zu Aristoteles ist ihm zu diesem Zeitpunkt nicht bewusst[115], er verwendet kein Modell einer „Aufstufung“ von Zwecken bis hin zu einem letzten Zweck und Zweckinhalt. Hätte er schon von seiner gedanklichen Nähe zu Aristoteles gewusst, hätte er das Modell der Hierarchie von Zwecken verwenden können, in der diese gut sein können, weil sie wesentlicher Teil eines umfassenden Zweckes sind. Aber insofern sie untergeordnete Zwecke sind, verstehen sie sich nur von einem allgemeinen Zweck her und sind insofern nicht gut an sich.

Für Jonas gibt es nur eine Theorie des einzelnen Zweckes, in dem es ein Besser oder Schlechter nur im Verhältnis zum jeweiligen Zweckinhalt gibt und dem demzufolge kein Anspruch eines Sollens folgen kann. Der Trieb zur Erreichung des Zweckziels liegt im Ziel selbst begründet und ist durch Lustgewinn oder Schmerz in der Nichterreichung ausreichend motiviert, ein „Gebot“ des jeweiligen Zweckes zur Anstrengung auf seiner Erreichung hin ist nicht nötig und wäre für die Erklärung des Handelns entbehrlich. Somit ist ein Gut-an-sich, so sieht auch Jonas, im Ziel des jeweiligen einzelnen Zweckes nicht zu erkennen.

Die Zwecktätigkeit im Sein als maßgebliches Moment der Herleitung eines an-sich Guten im Sein

Allerdings, und damit leitet er IV.2 ein, liegt in der Verfassung des jeweiligen Zweckes ein Hinweis auf ein tatsächliches Gut an sich. In der Zwecktätigkeit ist etwas

113 Hans Jonas, Das Prinzip Verantwortung, S. 153.

114 Ebd.

115 Hans Jonas, Erinnerungen, S. 325.

enthalten, das dem von der Zwecktätigkeit abhängigen Gut übergeordnet ist, nämlich das Gut an sich. „In der Fähigkeit, überhaupt Zwecke zu haben, können wir ein Gut-an-sich sehen“[116], das intuitiv als aller Zwecklosigkeit überlegen gewusst wird. Damit will Jonas sagen, dass Sein ohne Zweck Sein mit Zweck evaluativ untergeordnet steht. Im derart Übergeordneten liegt, dass es besser ist als das andere. Dieses Besser zeichnet sich durch die Anwesenheit eines Guts aus, das dem Untergeordneten fehlt. Wenn das Gut irgendwie mit der Tatsache der Zwecktätigkeit verbunden ist, dann muss diese Verbindung auf irgendeine Weise einleuchten. Jonas sagt ausdrücklich, dass er diesen Zusammenhang nicht ableiten kann, er für ihn aber intuitiv klar ist. Er nennt ihn deshalb sein „ontologisches Axiom“[117].

Fokussierung: Die Schwierigkeit des ontologischen Axioms

Im Gedanken des Seins in seiner einfachsten Grundform weiß Jonas intuitiv gewiss, dass Sein mit Zwecktätigkeit besser ist als Sein ohne Zwecktätigkeit. Entwickelt hat er diesen Zusammenhang aus der Theorie der Zwecke in der Natur, also muss er hier auch die Natur im Blick haben, auch wenn er sich auf das Ganze des Seins bezieht. Im Gedanken vom Sein ist mehr als der Ausdruck vom „bloßen Sein“ beinhaltet. Wenn er Wert-sein in das Ganze des Seins versetzt hat, muss er eine Verfassung im Auge haben, nicht bloß reines Existieren. De facto kann er von seiner Quelle der Evidenzen in seiner Naturphilosophie nicht abstrahieren. Es folgt auch an dieser Stelle keine Analyse von Jonas' Seinsbegriff. Er kennt Sein als zweckhaftes und zweckloses Sein, das wird aus seinem Axiom deutlich. Nicht alles Sein hat Zweck, aber im Sein als solches besteht doch eine Beziehung zur Zweckhaftigkeit. Damit ist es möglich, zwei Formen des Seins untereinander zu unterscheiden, von denen eine der anderen als überlegen über deren Wert an sich gewusst werden soll.

Jonas selbst ist sich nicht sicher, ob er an dieser Stelle einen analytischen Satz als evident in Anspruch nimmt. Ihm ist nicht ganz klar, warum und wie genau ihm dieses Axiom einleuchtet. Es ist gewiss, dass es ein Axiom ist, aber nicht, ob es analytisch oder synthetisch ist. Wäre es synthetisch, würde man eine nähere Erläuterung erwarten. Was aber die Gewissheit über seine Gültigkeit im Fall, dass es ein einleuchtendes Axiom ist, angeht, macht es letztendlich keinen Unterschied. Jonas hat hier eine ontologische Evidenz und er will sie verteidigen. Ihm geht es um die Gewissheit des Axioms, egal ob es analytisch oder synthetisch hergeleitet ist.

---

116 Hans Jonas, Das Prinzip Verantwortung, S. 154.
117 Ebd., S. 155.

Sein schließt (ein) Gut ein, weil Sein mit Zwecktätigkeit besser ist als Sein ohne Zwecktätigkeit, so können wir ihn in seiner Motivation verstehen.

Als möglichen Gegensatz dazu stellt er die Lehre vom Nirwana, deren Möglichkeit ein absolutes Gut zu enthalten er als Paradoxon zeigt, in dem die Zwecklosigkeit der letztendliche Zweck ist. Da das nicht angenommen werden kann, sieht Jonas sein ontologisches Axiom als evident. Die Problematik aus seiner Formel, die geeignet ist, ein unabhängiges Gut-an-sich zu beweisen, kann er nicht auflösen. Dennoch sieht er die Selbstevidenz des Axioms als gewiss, weil es so gewusst ist. Diese theoretische Formel soll sich in der aktualen Wirklichkeit zu ihrem vollen Anspruch auf den menschlichen Willen und damit in einen Sollensanspruch entfalten, der sich theoretisch bereits aus dem „formalen Begriff des Guten an sich“[118] ergibt. Darauf geht er im Abschnitt IV.3 ein, den er mit „Selbstbejahung des Seins im Zweck“ betitelt und damit bereits anzeigt, welcher weitere Schritt in Bezug auf ein aktuales Gebot nun folgt.

Für die Erarbeitung der Ontologie essenzieller Problemkreis: Die Selbstbejahung des Seins

In diesem Abschnitt liegt mit der Behandlung der „Selbstbejahung des Seins“ ein essenzieller Punkt für die Herleitung von Jonas' Ontologie und die maßgebliche Basis für das Fortgehen in seinen Ethik-Versuch, auf den genauer einzugehen deshalb geboten ist. Eine Bezugnahme auf die „Selbstbejahung des Seins“[119] ist innerhalb der Begründung von Jonas' Verantwortungsethik, die nicht aus dem Menschen, sondern dem Sein begründet ist, ein für deren Herleitung wichtiges gedankliches Mittel. Aus seinem Text geht hervor, dass diese Selbstbejahung zu verstehen ist als eine aktive Affirmation des Seins. Das Sein zeigt sozusagen Interesse an der Fortsetzung seiner selbst in Beziehung auf sich und setzt sein Bestehen als ein absolut Besseres gegenüber seiner Nichtexistenz. Diese Gedankenfigur macht wegen der vielen in ihr gelegenen Bedeutungsimplikationen und Bezugnahmen auf vom Menschen her bekannte Phänomene Schwierigkeiten, wenn man ihre Begründung und Einführung im Zusammenhang mit einer von Jonas skizzierten Ontologie verstehen will.

Jonas' Prämisse für die Herleitung der Selbstbejahung des Seins

Von maßgeblicher Bedeutung für die Entwicklung der Selbstbejahung des Seins nach Jonas ist der Ausgang bei der Zwecktätigkeit als solcher. Aus der Theorie der

---

118 Hans Jonas, Das Prinzip Verantwortung, S. 155.

119 Ebd.

Zwecke leitet Jonas in einem vorausgehenden Schritt, der zuvor bereits erläutert wurde, ein an-sich-Gutes ab, das er in die Fähigkeit setzt, überhaupt Zwecke zu haben. Es ist für ihn ein ontologisches Axiom, dessen Wahrheit unmittelbar einsichtig ist, dass jegliche Zweckhaftigkeit im Sein in einem objektiven Sinn von gut besser ist als die Zwecklosigkeit an sich. Damit stellt Jonas drei Begriffe zur Verfügung: Das Sein, den Zweck und das Gute. Mehr als diese drei Begriffe haben wir nicht, also muss Jonas in Beziehung auf sie irgendwie zur Selbstbejahung des Seins fortschreiten können, wenn seine Behauptung haltbar sein soll.

Aus welcher Voraussetzung hält er die Selbstbejahung des Seins für begründet?

Qua des ontologischen Axioms liegt im Sein die Höherwertigkeit des Zweckes. Wo Zwecke verfolgt sind, herrscht keine Indifferenz gegen Ziele schlechthin. Aus der Höherstellung des zweckhaften Seins durch das Sein gewinnt Jonas, dass das Sein Zwecktätigkeit in ihm zum Ziel hat, weil jede Höherstellung eine vorherrschende Tendenz zur Verfolgung einschließt. Das bedeutet, dass nicht-indifferentes (zweckverfolgendes) Sein als höherwertig gestellt anzusehen ist als indifferentes Sein. Damit spaltet Jonas das Sein in zwei nicht näher umrissene Teile auf. Es kommen zwei Dinge dazu: Die Zwecktätigkeit und damit die Verbindung mit einem Gut. In der Bessersetzung der Zielstrebigkeit (und damit der Zielstrebigkeit auf die Zielstrebigkeit an sich) will er „eine grundsätzliche Selbstbejahung des Seins“[120] erreicht haben. Dieser Schritt von der Werthaftigkeit der Zweckbeziehung zur bejahenden Selbstbeziehung des Seins verlangt nach einer näheren Untersuchung, die zunächst eine Betrachtung des zweiteiligen Seins und im Anschluss des Gedankens vom Nichts verlangt.

„In jedem Zweck“, so Jonas, „erklärt sich das Sein für sich selbst und gegen das Nichts“[121]. Zunächst konzentrieren wir uns auf die erste Hälfte der Behauptung. Mit dem ersten Satzteil ist gesagt, dass mit jedem einzelnen Zweck in irgendeiner Form für die Selbstbeziehung des Seins im Ganzen als Ganzes Bedeutung hat. Das trifft insofern zu, als jeder einzelne Zweck durch die Zweckhaftigkeit an sich erst möglich wird. Jeder einzelne Zweck versteht sich von der allgemeinen Form der Zweckhaftigkeit her. Wenn nun die Zwecktätigkeit als solche ein Gut-an-sich nicht notwendig zum Ziel hat, wohl aber beinhaltet, vertritt jeder einzelne Zweck qua seiner inneren Verfassung und ohne Ansehung seines Inhaltes dieses Gut. Man könnte also sagen, dass in jedem Zweck das Gutsein der Zweckhaftigkeit an

120 Hans Jonas, Das Prinzip Verantwortung, S. 155.
121 Ebd.

sich enthalten ist und dass in diesem Gutsein das Sein das Gutsein der Zweckhaftigkeit erklärt. Damit ist die Selbsterklärung des Seins als solchem selbst als Gut aber noch erreicht. Sein beinhaltet nach Jonas' Vorgabe sowohl nicht-indifferentes[122] wie auch indifferentes Sein[123]. Sollte sich nun das Sein in jedem Zweck als Ganzes für sich selbst erklären, wäre es in einem ersten Schritt notwendig zu zeigen, dass Zweckhaftigkeit für die Gesamtheit des Seins konstitutiv ist. Damit wäre der Begriff des zwecklosen Seins gegenstandslos geworden. Theoretisch ist es denkbar, dass jede Form von Sein Zwecktätigkeit enthält; zumindest können wir das nicht widerlegen. Allerdings wäre dann Jonas' Axiom nicht haltbar. Er will offenbar nicht ausschließen, dass nicht-zweckbezogenes Sein möglich ist. Sein Axiom scheint das zu implizieren. Wenn sich das Sein aber nicht über die Indifferenz überlegen erklären kann, weil es keine Indifferenz im Sein geben kann, dann ist die Frage, ob uns das Gut-sein der Nicht-Indifferenz überhaupt einsichtig sein könnte. Das nicht-indifferente Sein könnte sich nicht als ein Besseres gegen etwas erklären, weil dieses Etwas fehlen würde. Um die Struktur des Axioms aufrecht zu halten, bräuchte hier Jonas schon den Begriff des Nichts, wogegen sich die Zweckhaftigkeit als besser erweist.

Man könnte erwägen, die Selbstbejahung komme allein durch die Bejahung der Zwecktätigkeit zu Stande. Das aber kann nicht gelingen, weil so nur ein Teil des Seins bejaht werden würde. Nach Jonas' ontologischem Axiom bejaht sich das Sein sowohl im Leben als auch im nicht-zweckbezogenen Sein. Es folgt also, dass er entweder mit diesem Gedanken die Selbstbejahung des Seins nicht erreichen kann oder er erreicht sie um einen Preis, der sein ontologisches Axiom ins Wanken bringt.

Die Rede vom Nichts nimmt Jonas noch nicht in der Formulierung des Axioms auf, wohl aber bei der Erklärung der Selbstbejahung. „In jedem Zweck erklärt sich das Sein [...] gegen das Nichts"[124], so Jonas. Das wirft neue Fragen auf. Bis jetzt hat er den Begriff des Nichts nicht benutzt und sein Einsatz hier lässt den Eindruck entstehen, dass er durch ihn die Rede von der Indifferenz ersetzt. Diese ist aber als Teil des Seins ein ganz anderer Begriff als der Gedanke des Nichts, der dem Sein entgegen begriffen wird.

Darin, dass Jonas eigentlich keine Begründung dafür gibt, die Wert- und Zielsetzung der Zwecktätigkeit im Sein mit einer Selbstbejahung im Sein zu verbinden, zeigt sich, dass es ihm um das Leben geht und es wird absehbar, dass

122 das heißt zweckhaftes Sein.

123 ohne Zweckhaftigkeit.

124 Hans Jonas, Das Prinzip Verantwortung, S. 155.

er auch nicht die begrifflichen Möglichkeiten hat, seine Minimalontologie zu einer Ontologie des Lebens zu entwickeln. Darin, dass das Nichts als Implikat der Selbstbejahung plötzlich eine begründende Funktion gewinnt, tritt bereits deutlich heraus, welchen Weg Jonas in seiner Begriffsentwicklung in seiner weiteren Argumentation gehen will und wieviel er von dem Ziel, das er im Auge hat, bereits an dieser Stelle wirksam wird. Es ist naheliegend anzunehmen, dass er hier das Leben thematisieren will[125], welches sich im Zuge seiner Zwecktätigkeit dadurch im Sein erhält und aktiv gegen sein Scheitern im Tod setzt, der dann in dieser Form tatsächlich als Nichts dieses bestimmten Lebewesens, nicht des Seins als solchem anzusehen ist, auch wenn er nicht das Ende der einzelnen körperlichen Existenz im Seinsganzen bedeutet. Das Sein als solches aber können wir nicht (zumindest nicht in gleicher Art und Dramatik) als durch das Nichts bedroht sehen. Damit wird also auch hier noch nicht klar, wie sich das Sein als Ganzes nicht nur selbst bejaht, also als werthaft setzt, sondern sich dem Nichts entgegenstellt.

Im Eigentlichen würde Jonas auch den Begriff des Nichts für seine Argumentation nicht benötigen. Wenn man seine Argumentationskette nachzeichnet, beginnend mit der Bewertung der Zwecktätigkeit als ein Besseres gegenüber der Indifferenz, fortschreitend dazu, dass Zwecktätigkeit selbst zum Gut wird, und dazu, dass sich das Sein in Zwecktätigkeit dem Sein in Indifferenz vorordnet und sich somit im Sein ein Ja zur Zwecktätigkeit als in ihm wesentlich gelegen zeigt, sodass die Selbstbejahung durch die Selbstwertsetzung zu einem Dynamischwerdenden des Seins als Ganzen wird, wird offenbar, dass der Begriff des Nichts als gesetztes Gegenteil von Sein zur Konstitution der Selbstbejahung des Seins keine Notwendigkeit mehr ist. Das Nichts kommt erst im Leben in den Kontext hinein, weil das Sein selbst nicht bedroht ist. Es kann nur in seiner spezifischen Verfassung scheitern, kann dadurch aber nie in Nichts übergehen[126]. Die Selbstbejahung des Seins erzeugt Individuen, welche die Selbstbejahung des Seins emphatisch wiederholen und selbst vom Nichts in eine Risikosituation gebracht sind, der das Sein selbst aber nicht unterliegt.

Jonas konstatiert Folgendes: „Die bloße Tatsache, dass das Sein nicht indifferent gegen sich selbst ist, macht seine Differenz vom Nichtsein zum Grundwert aller Werte, zum ersten Ja überhaupt“[127]. Zunächst leuchtet das nicht ein. Vor allem wird daraus nicht klar, dass und wie sich das Sein gegen das Nichts stellt.

125 auch wenn er es nicht deutlich zum Ausdruck bringt.

126 zumindest haben wir keinen Grund, dies anzunehmen.

127 Hans Jonas, Das Prinzip Verantwortung, S. 155.

Dass das Sein nicht indifferent in Beziehung auf sich selbst ist, ergibt sich daraus, dass Zwecktätigkeit ihm selbst Ziel sei. Daraus lässt sich aber keineswegs zwingend seine Selbstbejahung schließen. Indem das Sein ein Teil seiner selbst über einen anderen stellt, stellt es sich selbst als Ganzes noch nicht zwingend über etwas außerhalb seiner selbst. Jonas spricht von der „Differenz" des Seins „zum Nichtsein". Diese scheint allein vom Begriff her schon offenbar, Sein und Nichtsein verhalten sich antithetisch zueinander[128]. Diese Differenz wird nach Jonas zu einer grundlegenden Wertunterscheidung. In der Differenzierung von Sein und Nichtsein an sich kann aber noch kein Wert liegen. Der Wert liegt gerade nach Jonas in der Zweckhaftigkeit, die im Sein verankert ist. Damit könnte man sagen, dass in Bezug auf Wert das Sein schwerer wiegt als das Nichtsein. So wäre zu sagen, dass das Sein aufgrund seines Behaftetseins mit Wert dem Nichtsein vorzuziehen ist und somit ein Anspruch ergeht, das Sein vorzuziehen. Das kann man Jonas zugestehen. Die Selbstbejahung des Seins ist damit aber noch nicht schlüssig hergeleitet. Das Sein bejaht die Zwecktätigkeit, aber nicht sich selbst. Man könnte sagen, die Nicht-Zwecktätigkeit im Sein ist negativ behaftet. Damit ist aber nicht gesagt, dass etwas außerhalb des Seins (das Nichtsein) negativ behaftet ist.

Wie kann man Jonas in Bezug auf die Selbstbejahung des Seins weiterhelfen?

Die Selbstbejahung und der damit verbundene Anspruch des Seins benötigen jemanden, der ihn vernehmen und ihm gemäß handelnd aktiv werden kann. So wird auch Jonas an späterer Stelle argumentieren. Dieser Anspruch ergeht notwendig an den Menschen, der als solcher aber auch eine Form des zwecktätigen Seins ist. Qua des ontologischen Axioms liegt im Sein die Höherwertigkeit des Zweckes. Wenn im Sein das Gut-sein der Zwecktätigkeit liegt, dann, so kann man folgern, muss das Sein selbst zur evaluativen Unterscheidung und zum an-sich-Gut der Zwecktätigkeit in einem aktiven Verhältnis stehen. Wohnt dem Sein die Betrachtung des Seins selbst inne, dann muss schon im Sein selbst nicht nur der Grund des Unterschieds von gut und nicht-gut liegen, sondern auch die Selbstbeziehung, sich selbst als gut oder nicht-gut zu betrachten und das an-sich-Gute zu entfalten. Das Sein würde also über eine Beziehung auf sich selbst verfügen. Dieses Selbstverhältnis könnte dazu führen, dass das Gut-sein vom Sein aktiv

128 an späterer Stelle setzt Jonas das Nichtsein gar mit der Indifferenz gleich, was aufgrund der Begriffsbestimmung nicht haltbar sein kann. Das scheint eine begriffliche Unterscheidung zu sein, keine evaluative.

verfolgt wird. Damit käme ihm nunmehr sogar selbst Zwecktätigkeit zu und daraus resultierend wäre zu schließen, dass das Sein damit selbst mit einem Gut-an-sich behaftet wäre, nämlich dem zu entsprechen, was für es wesentlich ist. Die Wertzuweisung der Zwecktätigkeit würde sich so auf das Sein übertragen, es würde bereits selbst unter dem Aspekt „gut" stehen. Dem Sein ist gewissermaßen die Wertverwirklichung schon eigen. Sie kommt nicht erst mit dem Menschen in es hinein. An den Gedanken einer Selbstsetzung des Seins als Gut ließe sich eher der Gedanke einer Selbstbejahung des Seins anschließen. Somit ist der Satz „die bloße Tatsache, dass das Sein nicht indifferent gegen sich selbst ist, macht seine Differenz vom Nichtsein zum Grundwert aller Werte zum ersten Ja überhaupt"[129] durchaus als zutreffend aufzufassen. Das entscheidende Moment ist die Dynamik der Selbstbezüglichkeit des Seins. Das Sein hat selbst die Tendenz den Wert in sich zu verwirklichen und sich somit selbst, sofern es eine Orientierung auf den Zustand der Zwecktätigkeit in sich trägt, bejaht.

Die Selbstbejahung des Seins führt in diesem Fall zu einem dynamischen Prozess. Das, wodurch dem Sein Gut zukommt, bejaht das Sein durch seine selbstbezügliche Verfassung in dynamischer Weise. Solches im Einzelnen durchzuführen, könnte zu einer ontologischen Grundlegung führen, die Jonas entspricht, die aber konsistenter und in sich reicher ist, als das von ihm selbst entwickelte.

Kritikpunkte in Bezug auf den Kontext der Selbstbejahung des Seins

Damit aber verschwimmt Jonas Seinsstrukturierung als eines, das keine Menge von Mehrerem ist. Durch die Einführung von Selbstbezüglichkeit im Sein wird die Ausführung von Schichten im Sein überstiegen, das Schichtmodell des Seins wird impliziert revidiert. Allerdings hat er die Auflösung dieses Seinsverständnisses selbst angeregt, indem er das Sein in nicht-indifferentes und indifferentes aufspalten musste, um sein ontologisches Axiom herleiten zu können. Die Rede vom Sein erweckt den Eindruck, dass es ein Einzelnes ist. Jonas will ein ungegliedertes Sein thematisieren, weicht dem Begriff aber selbst schon auf.

Des Weiteren würde die dynamische Verfassung des Seins bedeuten, dass die Indifferenz im Sein als solche unmöglich werden würde, weil das Sein bereits bevorzugend strukturiert wäre. So bleibt zu sagen, dass dieses Konzept zur Unterstützung der Begründung der Selbstbejahung des Seins bei Jonas ebenfalls nur ein Versuch bleiben muss. Es gelingt Jonas nicht, die Selbstbejahung des Seins schlüssig zu belegen und es ist anzunehmen, dass er um diese Schwachstelle

---

129 Hans Jonas, Das Prinzip Verantwortung, S. 155.

ebenfalls wusste. Seine Ontologie hat eine gewisse Instabilität. Allerdings benötigt er die ontologische Begründung an dieser Stelle, um seine Ethik fest genug verankern zu können. Deshalb muss man diese vorgenommene, nicht ganz schlüssige Argumentation hinnehmen, um zur Ethik einen sinnvollen Übergang finden zu können. Jonas' Ontologie liefert keine wirklich selbstständige und hinreichende Begründung für seine Ethik. Sie enthält Züge dessen, was er später „metaphysische Vermutung"[130] nennt, sie bedarf also auch des Vorausblicks auf die Argumente zur Begründung seiner Ethik der Verantwortung. Man muss also schließen, dass beide, Ontologie und Ethik, einer wechselseitigen Stützung bedürfen. Diese näher aufzuklären wird noch weitere Schwierigkeiten machen.

Zum Abschluss der Behandlung von Abschnitt IV.3 über die Selbstbejahung des Seins

Es bleibt also zusammenfassend zu sagen, dass Jonas die Nichtindifferenz des Seins aufzeigen konnte, die daraus resultierende Selbstbejahung des Seins aber fragwürdig bleibt und die daraus wieder folgende Dynamik der Differenzierung der Zwecktätigkeit, die Jonas in der Folge aufstellt, ebenfalls nicht schlüssig herleiten kann. Der Spruch zu einer Maximierung der Zwecke als Mehr an Gut gegenüber dem Nichts, beziehungsweise der Nicht-Zweckhaftigkeit von Sein, bleibt nicht eindeutig und ist klar im Kontext von Jonas' Absicht mit dem Blick auf die Erhaltung der lebendigen Vielfalt zu verstehen. Jonas führt diese Herleitung so, weil es für ihn evident ist, dass das Gut in der Natur verortet ist, die sich dadurch auszeichnet, zweckdurchdrungen zu sein, und dieses Gut dem Sein deshalb zukommt, weil es die Natur bedingt, welche sich für Jonas als werthaft auszeichnet. Dabei ist auf seine doppelte Form der Differenzierung hinzuweisen. Die Mannigfaltigkeit der Zwecke gleichbedeutend mit der größtmöglichen Differenz des Seins zum Nichtsein bezieht Jonas wohl auf die Vielfalt der lebendigen Arten und ihrer jeweiligen Vertreter. Intensität hingegen gewinnt der einzelne Zweck im lebendigen Individuum. Mit Nachdruck wird der Zweck aktiv zu seiner Umsetzung in der Risikostellung des Lebenden in seiner ständigen Bedrohtheit durch Scheitern und damit der Möglichkeit des Todes getrieben. So wird im lebendigen Wesen akut, was in der Gesamtheit des Seins noch nicht gegeben ist, nämlich das tatsächliche In-Frage-stehen. Das Sein ist nicht durch das Nichts als reale Möglichkeit bedroht (zumindest können wir es nicht begründet annehmen), das Leben sehr wohl. Das Lebewesen, das sich selbst Zweck ist, muss sich

130 Hans Jonas, Philosophische Untersuchungen und metaphysische Vermutungen, Frankfurt am Main 1992.

selbst behaupten, es ist also nachdrücklicher gegen das Nichts gestellt als das Sein selbst. So lässt sich das emphatische des Zweckes im lebendigen Einzelwesen verstehen.

Jonas' Doppelseitigkeit wird im Abschnitt IV.3 besonders deutlich. In Bezug auf die Details legt er einen schwachen Text vor und stellt die notwendigen Fragen nicht ausdrücklich. Dennoch artikuliert er etwas, das er für unverzichtbar hält. Es ist möglich, dass man in einem weit ausgreifenden Theorieentwurf dieser Art nicht über ein Provisorium hinauskommen kann, andererseits wäre es wünschenswert, dass Jonas hier etwas gründlicher zu Werke ginge. Man erahnt, dass im Hintergrund differenziertere Argumentationen im Ansatz gegenwärtig sind, denen in notwendigem Maße nachzugehen er aber zu Gunsten der zielführenden Eigenschaft seines Textes letztendlich vermeidet.

Mannigfaltigkeit und Vervielfältigung der Zweckhaftigkeit im organischen Leben

Im Abschnitt IV.4 macht Jonas in seiner Tendenz zur näheren Spezifizierung wieder einen Schritt und geht nach der Fokusverkleinerung von der Gesamtheit des Seins zur Natur nun von der Natur zur Betrachtung des Teilbereichs des organischen Lebens über. Die Betrachtungen über die Mannigfaltigkeit der Zweckhaftigkeit am Ende von IV.3 zielen bereits auf die kommende Einführung des organischen Lebens. In dieser Mannigfaltigkeit von Zwecktätigkeit sieht Jonas das Prinzip des Zwecks in unzähliger einzelner Ausführung verwirklicht, wobei alle Zwecke, insofern sie die Selbsterhaltung im Dasein anstreben lassen, gleich ausgerichtet sind, aber in ihrer Zweckverwirklichung durch die jeweiligen Einzellebewesen und Arten miteinander in Konflikt stehen und die Durchsetzung des einen Zwecks gleichbedeutend mit der Vereitelung einer anderen Zweckerfüllung sein kann. Dies ist durch die Erfahrung des Organischen, dessen wir selbst teilhaftig sind, leicht zu belegen. Im einzelnen Lebewesen wird das Prinzip der Selbstbejahung des Seins, dann der Natur und damit des organischen Lebens schließlich empathisch. Die Differenz zum Nichtsein wird durch die Mannigfaltigkeit des generischen Spektrums und die Intensität des Zweckes offenbar, die in der Steigerung der Selbstbejahung im Individuum das Emphatische ausmacht. Die Vielheit der Arten stellt eine Steigerung der Differenz zum Nichtsein dar. Innerhalb dieser gesteigerten Differenz sind die einzelnen Arten wiederum ein Mittel zur Differenzierung. Sie bejahen sich jeweils nicht selbst, die Einzelindividuen hingegen sehr wohl. Damit verfügen sie, wie bereits gesagt, über etwas, das im Unterschied zu den Arten dem Sein entspricht. Das Individuum zeigt mit Nachdruck etwas, das schon im Sein liegt – dies ist kein weiterer

Schritt in der Differenzierung, sondern in der Steigerung in der Tendenz zur weiteren Ausfaltung der Bedeutung von Sein im Seienden. Die Selbstbejahung wird emphatisch durch die Struktur der Selbstbejahung, die jetzt im einzelnen Sein auftritt, das in seinem Sein mit der Drohung des Nichtseins konfrontiert wird. Die aktuelle Lage nach Jonas' Diagnose ist keine Bedrohung für das Sein an sich, wohl aber für das Sein in seiner Steigerung auf Leben. Käme es zur von Jonas befürchteten Katastrophe, würde das Sein des bisherigen Erfolgs seiner Tendenz zur Differenzierung, die aus seiner Selbstbejahung folgt, beraubt.

An dieser Stelle hat Jonas einen weiteren Schritt in der Entwicklung seines Begriffsapparates vollzogen. Aus dem Wesen des Zweckes als etwas mit Wert affiziertes leitete er die Werthaftigkeit des Zweckseins ab, daraus die Tendenz zur Vermannigfaltigung, daraus die Selbstbejahung im einzelnen organischen Lebewesen, die sich als solche aktiv gegen das Nichtsein stemmt und darin emphatisch der Selbstbejahung des Seins nicht nur entspricht, sondern sie emphatisch steigert. Im Kontext der Bedrohung durch die Möglichkeit des Scheiterns der eigenen Zwecktätigkeit wird die Selbstfortsetzung zur Wahl und zum „Akt"[131]. Damit hat Jonas Anschluss an seine Biophilosophie gewonnen, deren Lebensbegriff er unter den gleichen fundamentalen Struktureigenschaften charakterisierte.

Im Lebewesen wird der Naturzweck zum Zweck des Lebewesens an sich selbst, wenn auch deshalb noch kein bewusster Zweck. Das Sein selbst kann seine Selbstbejahung mehr oder weniger intensiv verfolgen, im lebendigen Individuum erreicht diese ihre höchste Intensität. In ihm repräsentiert das Sein mehr als die bloße Gattung, sondern auch einen Selbstzweck des Individuums, ohne den auch die Gattung keine Fortsetzung finden könnte, da diese nur durch individuelle Handlungen letztendlich Durchführbarkeit erreicht.

Abschluss der Ontologie und Übergang zum Bereich der Ethik

Mit diesen Überlegungen beschließt Jonas die Entfaltung seiner Ontologie, macht das aber im Text nicht eindeutig. Das Prinzip der Selbstbejahung des Seins ist das essenzielle Moment seiner Ontologie und muss, will das Konzept in sich geschlossen und damit konsequent sein, mit einem Anspruch auf Beachtung oder zumindest Nicht-Missachtung verbunden sein. Rezipient dieses Anspruches kann nur der Mensch sein.

---

131 Hans Jonas, Das Prinzip Verantwortung, S. 157.

Die Grundlegung aus dem Problem der Ethik, ihre Gründe und Hintergründe in Jonas' Gedankengang

Mit dem Guten der Zweckhaftigkeit verbindet Jonas den Anspruch des Guten auf seine Wirklichwerdung in der Welt und damit eine Aufforderung auf aktive Umsetzung an das, was in der Lage ist, den Anspruch zu vernehmen und umzusetzen. Damit ergeht der Anruf an den Menschen, der seinerseits selbst Bestandteil des Seins ist. Das Sein ruft so gewissermaßen sich selbst an. Hier steckt also eine weitere Selbstbezüglichkeit, die dem Sein eigen ist.

Einstieg in den Bereich der Ethik – Der Aufruf des Seins an den Menschen

Die Fähigkeit, die den Menschen dazu in die Lage versetzt, den Anspruch des Seins zu vernehmen und verstehen zu können, ist seine „sehende Freiheit"[132], ein Begriff aus Jonas' Bio-Philosophie, den er an dieser Stelle wie selbstverständlich einsetzt, der aber ohne Kenntnis seiner vorangegangenen Arbeiten nicht eindeutig zu verstehen ist. Der Mensch, so Jonas, ist (im Gegensatz zum Tier und allen weiteren lebendigen Wesen) in der Lage, sich selbst in seinem größtmöglichen Umfeld, der Gesamtheit der Welt, erkennen zu können. Er „hat sich" gewissermaßen selbst und kann sich ein Bild von sich selbst und damit einer ihm gemäßen Lebensweise machen: das Menschenbild, zu dessen Erhaltung Jonas aufruft. Die Zerstörungsfähigkeit des Menschen ist nur eine seiner Fähigkeiten, die seine sehende Freiheit ihm zuwachsen lässt, die Rolle des Zerstörers ist nur eine äußerste Möglichkeit seiner Veranlagung.

Angerufen durch das Sein und zum Handeln aufgefordert entsteht dem Menschen so ein Gebot, ein Sollen, dem er sich qua seiner Verfassung als Teil des Seins, als Lebewesen und als mit sehender Freiheit ausgestattetes Subjekt nicht entziehen kann. Unbedingter hätte Jonas den begründeten Anspruch des Seins auf den Menschen nicht herleiten können.

Nun erreicht aber der „Spruch des Seins"[133] die Welt der Menschen nicht ohne Widerspruch durch die Willkür. Dadurch hat sich erst die Krise der Gegenwart entwickeln können. Persönliche Interessen Einzelner oder von Gruppen stehen der unbedingten Umsetzung des Guts der Zwecktätigkeit entgegen und Jonas muss einen Weg finden, diese im Menschen stark wirkenden Momente gegenüber dem Anspruch des Seins kraftlos werden zu lassen. Das Gute zu erkennen

132 Hans Jonas, Das Prinzip Verantwortung, S. 157.

133 Ebd., S. 155.

ist nicht gleichbedeutend mit seiner Umsetzung, erkennt Jonas, und gibt zu bedenken, dass hinter vermeintlich ethisch gutem Handeln immer eine „verkappte Form der Selbstbefriedigung des Urdranges"[134] steckt und eigennütziges Handeln durch Selbstbetrug als moralisch erscheinen kann. Was Jonas damit aufgegeben ist, ist das Sollen vom Wollen zu trennen, es herauszustellen und gegen die Kraft der Willkür zu bestärken.

Der Ort des Sollens

Nun muss man Jonas die Frage stellen, ob das Sollen nur dort greift, wo die Selbstbedrohung akut wird. Er lässt es so klingen, als ob die Alternative nur darin bestünde, dass die Natur dem Menschen mit der Fähigkeit zur Willkür das Recht verliehe, sie in jeder Beziehung auszunutzen. Dafür allerdings ist kein Sollen nötig. Das würde der Mensch auch von sich aus verfolgen und das erkennt auch Jonas. Es ist aber an dieser Stelle unsicher, ob ein Sollen nur da in Kraft tritt, wo die Willkür Beschränkung erfahren soll, ob es auch da ein Sollen gibt, wo die Willkür angespornt werden soll oder ob alles, was der Willkür entstammt, schon als ein Mittel der Selbsterhaltung disqualifiziert werden muss. Selbst wenn ein Sollen überall dort greifen würde, wo das Interesse der Selbsterhaltung keine leicht abzuschätzenden Wirkungen erzeugt, würde sich mit Jonas zeigen, dass Sollen nur im Bereich der Verantwortung sein kann. Das aber kann nicht angenommen werden. Jonas muss der Ethik ein weiteres Gebiet einräumen als nur das der Verantwortung. Er legt den Verdacht nahe, dass überall nur Selbstinteresse ist, wo nicht eine Beschränkung der Macht des Menschen stattfindet. Hier besteht die Gefahr, dass er in dieser Folge den Bereich der Ethik einschränkt.

Ein Sollen ist nicht nur im Bereich der Beschränkung, sondern überall dort am Platz, wo ein Bestmögliches angestrebt und erreicht werden kann. Jonas bliebe es an dieser Stelle das Verständnis des Sollens besser auszuarbeiten, er allerdings eilt auf die Verantwortung zu. Dazu macht er es sich zunächst zur Aufgabe, die Begriffe von „Wert" und „Gut" noch einmal genauer zu untersuchen. Jonas gibt zu bedenken, dass der Begriff des „Wertes" immer die Konnotation des „für wen" und „wie viel"[135] mit sich führt, das „Gut" hingegen allgemein eher als etwas unabhängiges zu wählendes verstanden wird. Jeder Zweck ist, wie schon gesagt, auf einen Wert hingerichtet, doch nur ein Wert, der tatsächlich als „Gut" aufzufassen ist, kann Gegenstand eines Sollens, das von jeder Neigung frei ist, sein. Als im Sein gegründet verlangt das Gut vom Willen, sich ihm zu unterwerfen und

134 Hans Jonas, Das Prinzip Verantwortung, S. 159.
135 Ebd., S. 160.

damit „Zweck zu werden“[136] gegen jede Willkür. Dies ist der Anspruch des Seins. Wenn er nicht in ein Handeln umgesetzt wird, erzeugt er im Menschen das Gefühl der Schuld in der Verletzung der Pflicht, so Jonas.

Der Fortschritt in seiner Argumentation besteht hier darin, dass, während er zuvor die Abhängigkeit der Zweckeinschätzungen von bereits verfolgen Zielen betont und den Menschen im Verdacht hat, immer aufgrund von versteckten Interessen der Willkür zu handeln, er jetzt konstatiert, dass das, was nicht aufgrund von bloßer Verfolgung bereits gehabter Zwecke getan wird, dasjenige sein muss, welches bereits mit einer Forderung verbunden sein muss. Jonas hat die Tendenz, den Menschen auf Eigeninteresse reduziert zu sehen, solange er nicht Zwecke außerhalb seiner selbst verfolgt. Das ist eine bei ihm im Hintergrund wirksame Akzentuierung. Der Mensch ist ein Wesen, das immer in seinem Selbstinteresse handelt, wenn es nicht von außen ein Gebot erfährt. Dieses Gebot muss ein solches sein, das nichts mit dem Menschen qua seiner Willkür zu tun hat.

Das allerdings kann nicht wirklich überzeugen. Der Mensch kann aus der Dynamik seiner Selbsterhaltung seine Bestimmung verfehlen. Jonas bringt nicht explizit zum Ausdruck, dass das Urphänomen des Forderns nur dort bestehen kann, wo es nicht um das menschliche Interesse geht, im Hintergrund aber schwingt das bei ihm mit. Damit kann man die Situation und Diagnose der Gegenwart in Jonas' Auffassung über den Menschen wiederfinden. Er tendiert dazu, einem allgemeinen Kontext das spezifische Motiv seiner Behandlung aufzuprägen, das wird auch an dieser Stelle deutlich.

Das Wohl des Täters und die Form der Affizierung des Handelnden

Bisher war mit Jonas ein Sollen nur außerhalb der Sphäre des Menschen verortet. Jetzt aber macht er einen Rückschluss auf den Menschen, indem er anführt, dass das Handeln im Sinne eines Guten „doch in irgendeinem Sinne auch dem Täter zu Gute kommt“[137], also positiv, zum Beispiel im Sinne von Glück, auf ihn zurückfällt. Dies ist durchaus gegenläufig zum zuvor von ihm ausgesagten aufzufassen. Das, was nun positiv durch das Tun des Guten affiziert wird, nennt Jonas das „sittliche Sein“, welches man nicht als eine Seinsform, sondern vielmehr als das Begründetsein in dem Wert des Seinsganzen, dessen der Mensch teilhaftig ist, ansehen darf. Dieses sittliche Sein im Menschen hat also mit dem moralischen Handeln und seinen Folgen für den Menschen zu tun. Moralisch gut ist aber das Handeln nur, so Jonas, wenn es im Hinblick auf die mit Gut affizierte „Sache“

136 Hans Jonas, Das Prinzip Verantwortung, S. 161.
137 Ebd., S. 161.

geschehen ist, in diesem Fall also im Hinblick auf den Anspruch des Seins. Gut ist nicht derjenige, der (wie auch im kantischen Begriff der Neigung) aus Befriedigung durch oder Gewöhnung an die Befolgung eines Sittengesetzes oder ohne Einsicht auf den Inhalt des Anspruches ihm gemäß gehandelt hat, sondern nur der, dem es um die gute Sache als solches geht. Der Inhalt des Handelns darf nicht die Erfüllung des Anspruches, sondern muss die Umsetzung des Wertes sein, der vom Anspruch gemeint ist. Jonas bewegt sich damit ganz in der von Schiller schon kritisierten kantischen Linie unter dem Leitsatz „Moralität kann sich nicht selbst zum Ziel haben". Das aber ist bestreitbar. Der Mensch benötigt durchaus den Willen zur Moralität, um moralisch zu handeln. Jonas müsste hier Differenzierungen machen und aufklären, ob eine innersubjektive Moral überhaupt möglich ist und ob nur der selbstvergessene Dienst an der Sache als ethisch unverdächtig angesehen werden kann. Jonas müsste das als Folge seiner Argumentation bejahen.

Selbstlosigkeit an sich, so Jonas, ist deshalb aber nicht schon moralisch. Jonas lässt hier einen Blick auf den eigenen Zustand des Menschen zu, insofern er selbst eine Seinsangelegenheit ist. Es gibt bei ihm einen pflichtgemäßen und zur Weltsache gehörigen Gegenstand, der Zustand des Selbst ist. Aufrichtig zu sein aber ist nicht Selbstsache, sondern Weltsache. Das Gute in der Welt steht dem Willen gegenüber und verlangt, vernommen zu werden. Offen für diesen Anspruch zu sein und ihm gemäß zu handeln ist mit Jonas das Sittengesetz. An dieser Stelle könnte man seinen Ethikaufbau ergänzen und um eine Dimension der Personenethik erweitern, wodurch sich gleichzeitig eine Personen- und Verantwortungsethik entwickeln ließe. Man könnte sagen, dass selbstbezogenes Handeln deshalb als legitim und moralisch angesehen werden kann, weil es einen Zustand der Person herstellen will, der zum Ganzen der Welt gehört, sodass vom Sein ein Imperativ ausginge, der einen Spruch beinhalten könnte wie „werde zu einer Menschenperson, der es in seinem Handeln um das an sich Gute des Seins geht". Jonas selbst scheint das so nicht gesehen zu haben. Wenn er diese Dimension im Blick gehabt hätte, hätte er sich an dieser Stelle auf sie einlassen können, ohne seine Prinzipien zu verändern.

Damit würde nicht nur das außerhalb des Menschen, das mit einem Gut versehen ist, aufgrund seines Anspruches an den Menschen „seinswürdig"[138] sein, wie Jonas es nennt, sondern auch das Person-Sein selbst. Seinswürdig ist mit Jonas das, was eine höhere Stufe im Sein hat, damit macht er einen erneuten (wenn auch pauschalen) Rückgriff auf seine Ontologie. Das Seinswürdige wird

138 Hans Jonas, Das Prinzip Verantwortung, S. 162.

vom Menschen als solches aufgefasst und damit als mit einem Anspruch auf sein Handeln verbunden verstanden. Diese Affizierbarkeit im Menschen für derartiges muss aber zunächst einmal gegeben sein. Dies ist der Ort, an dem der für Jonas so entscheidende Begriff des Gefühls ansetzt. Wenn eine Priorität des Seins gegenüber dem Wollen herrscht, dann wird die Affektion des Begriffes wichtig, so scheint er zu meinen. Ergeht der Anspruch von der Sache nicht vom Willen her, muss die nötige Affizierbarkeit im Menschen präsent sein: Das Gefühl der Verantwortlichkeit.

Essenzieller Gesichtspunkt der Ethik: Die Rolle des Gefühls

Dieses Verantwortungsgefühl wird primär, weil es nicht aus dem Selbst, sondern aus der Sache kommendes im Willen Platz greifen lässt. So hat auch der Mensch sich selbst gegenüber Pflichten, qua seiner Verortung im Sein. In dieser Art resultiert die Selbstverantwortung. Der Mensch verantwortet sich nicht vor sich selbst, sondern vor dem Seinsganzen. So kommt auch seine Verpflichtung nicht aus sich selbst, sondern aus der Verfassung des Seins an sich. Auf diese Weise kann man versuchen Jonas' mögliche Personenethik in den Blick zu bekommen.

Es ist nun wichtig dahin zu kommen zu verstehen, warum für Jonas diese Gefühlsmotivation so entscheidend ist. Mit ihm benötigt die Ethik eine objektive sowie eine subjektive Seite. Der rationale Grund für die Verpflichtung ist die faktische Existenz eines Guts im Sein, das einen Anspruch auf den Menschen hat. Der psychologische Grund dagegen ist das Gefühl, das dem Subjekt Ursache des Handelns wird. Dieses Gefühl muss in der Lage sein, den Anspruch des Seins über jede Willensregung hinaus zu vernehmen. Der Verstand muss das Gefühl richtig interpretieren können. Ein naiv guter Wille könnte den Anspruch des Seins wohl im Gefühl vernehmen, würde ihn aber nicht von Willensansprüchen unterscheiden können. Allein eine objektive Einsicht jedoch würde nie dazu führen, dass der Wert Umsetzung erfährt. Es muss noch ein Impuls hinzukommen. Mit Jonas muss das Gefühl schon vor jeder rationalen Einsicht Bestand haben. Ohne die Möglichkeit einer Affizierbarkeit durch einen Wert gäbe es mit ihm keine Möglichkeit für den Menschen, ein „moralisches Wesen“[139] zu werden. Indem er diese Affizierbarkeit besitzt, ist der Mensch für Jonas bereits potentiell moralisch. Allerdings stellt sich die Frage, ob es nicht auch ebenso anders sein könnte. Wäre es möglich, dass sich das Gefühl erst auf die Einsicht hin bilden könnte? Mit Scheler liegt im Erkennen eines Wertes bereits eine Art Minimalmotivation zu einem ihm gemäßen

139 Hans Jonas, Das Prinzip Verantwortung, S. 162.

Handeln. Wenn etwas Wert hat, dann muss der Wert selbst doch bereits Grund seiner Schätzung sein. Es dürfte nicht notwendig sein, dass zur Konstitution der Schätzung des Wertes erst noch etwas zu ihm hinzukommen muss, das sie bewirkt. Zwischen dem an-sich-Sein des Guten und des Menschen muss es eine unmittelbare Beziehung geben, eine Affektion, ohne die der Wert als solcher keinen erfahrbaren Sinn haben könnte. Jonas allerdings geht von der Prävalenz des Gefühls aus, ohne welches für ihn eine sittliche Einsicht grundwegs nicht möglich wäre. Um seine Ansicht zu verdeutlichen, sieht er es als angebracht, in der Folge die Rolle des Gefühls in bestehenden Ethiktheorien zu beleuchten.

Die Besonderheit der Verantwortung im Kontext der Ethikgeschichte

Seine innere Schwerpunktsetzung dabei ist die Festsetzung der Verantwortung als etwas Besonderes in der Geschichte der Ethik. In der Sympathieethik zum Beispiel würde Jonas die Komponente der Einsicht und die Beziehung auf das Ganze des Seins über den Kontext des menschlichen Zusammenlebens hinaus vermissen. Dafür wäre die Ontologie zuständig, die in der reinen Gefühlsethik keinen Platz hat. Ein „Soll" kann man aus einer solchen Position heraus nicht begründen, so würde Jonas sagen. Es fehlt nicht ganz und gar, ihm fehlt aber die unbedingte Verpflichtung eines Imperativs.

Genauso aber kann die Ethik ohne die Seite des Gefühls nicht greifbar gemacht werden. Ohne einen verpflichtenden Anspruch auf den Menschen bleibt die Ontologie ein schwer bis nicht zugänglicher abgetrennter Bereich. Lediglich die Einsicht dieses ontologischen Zusammenhanges könnte eine entsprechende Handlungsweise auslösen, dann aber wohl auch nur bei Einzelnen und nicht in der kompletten Breite einer Gesellschaft.

Etwas Besonderes im Kontext der Ethik wird die Verantwortung durch die Bezugnahme auf die Ontologie. Jonas verortet ein Gut-an-sich, um das es geht, außerhalb der Sphäre des Menschen. Es geht um den Wert im Sein in seiner Gesamtheit, eingeschlossen die Natur und der gesamte Kreis des Lebendigen. Dadurch ist Jonas durchaus etwas Herausstehendes gelungen.

In gewisser Weise steht Jonas auf der Kantischen Seite, indem er der Vernunft in der Ethik einen Platz zuweist, denn der Wert ist mit ihm im Sein gelegen und der Mensch hat die Möglichkeit, dies zu verstehen und somit ein Soll zu erfahren. Jonas verbindet dieses unbedingte „du sollst" mit der Ontologie, die notwendig ist, um das Soll zu erreichen. Trotzdem, und das ist das Bemerkenswerte an seiner Ethik, soll das Gefühl der Vermittler zum Menschen sein.

Jonas gründet die Sollensethik auf die Ontologie, in der Folge wird die Ontologie im Zusammenhang mit der Ethik über das Gefühl verbunden. Vielleicht nimmt er das deshalb so vor, weil die Einsicht in die Ontologie keine Selbsterkenntnis sondern die Einsicht in ein anderes ist. Im Menschen selbst wäre der Zusammenhang verständlicher, weil Einsicht und Motivation zusammenfallen würden. Durch die Gründung des Wertes in etwas außerhalb des Menschen benötigt Jonas einen zuverlässigen Auslöser, den er im Gefühl gefunden sieht. Dass seine Verknüpfung von Ontologie und Gefühl zwei scheinbar gegenläufige Konzepte miteinander verbindet, scheint ihm selbst auch bewusst zu sein. Er wagt hier eine schwierige Gratwanderung, weiß sich aber nicht auf eine andere Art zu helfen.

Fragmentarische Ontologie und Gefühlsevidenz in ihrem Zusammenhang und als Grundlagen einer auf Verantwortung zielenden Ethikbegründung

Es ist einsichtig, warum Jonas dem Gefühl eine derart maßgebliche Rolle in der Konstitution der Ethik beimisst. Sein Ziel ist nicht weniger als eine Ethik für die Gesamtheit der Menschheit, ungeachtet ihrer immensen Unterschiede in Kultur, Bildung und Meinung. Irgendwie trägt der Mensch aber immer den Doppelgedanken von einerseits Zugehörigkeit und andererseits Distanz zur Natur in sich. Jonas muss sich die Frage stellen, wie der Mensch gleichermaßen Naturwesen ist und doch der Natur auf seine Art entfernt ist. In der Krise der Gegenwart gewinnt das richtige Verständnis der Zugehörigkeit des Menschen zum Sein an Dringlichkeit. Es ist nicht ausgeschlossen zu sagen, dass in der Krise das Sein in seiner eigentlichen Form erst zu Bewusstsein kommt. Zumindest ist diese Situation für Jonas Ausgangspunkt seiner Überlegungen zur Ontologie geworden.

Die Problematik des Primats des Gefühls

Ein Bewusstsein für ein Zusammenwirken in der uns umgebenden Natur, das zu komplex ist, um von uns durchschaut zu werden und das auf wundersame Weise zusammenwirkt und das menschliche Leben bedingen und erhalten kann, wie es der Mensch selbst nicht kann, ist dem Menschen scheinbar zumindest in rudimentärer Form eigen. In diesem Bewusstsein, diesem Gefühl hat Jonas wohl die einfachste und allgemeinste Basis zur Möglichkeit der Selbstverpflichtung gesehen. Hier kann er hoffen, die größtmögliche Menge von Menschen zu erreichen. Selbst wenn wir nicht wissen, ob und wie Wert im Sein gelegen ist, haben wir doch ein Gefühl dafür, dass in der Natur mehr ist als nur bloßes Material zu Verbrauch und beliebiger Umformung. Aus diesem Gefühl heraus kann Jonas den Menschen zu seiner Kultivierung und letztendlich zur Einsicht der Ontologie als das, wodurch das Gefühl eigentlich bedingt ist, ansprechen. So müssen wir seine Motivation und sein Ethikkonzept wohl verstehen.

Ontologie und Ethik – Beurteilung

Worum es Jonas geht, ist nicht nur die bloße Einsicht der Ontologie, des damit verbundenen Wertes und der daraus resultierenden Verantwortung, die eng mit unseren Fähigkeiten des Schaffens und Zerstörens verbunden ist, sondern eine unabweisbare Verpflichtung, dem „Spruch" des Seins zur Verantwortung gegenüber Getanem und Möglichem handelnd Folge zu leisten, und das gegen jede im Menschen und der Menschheit wirkende der Verantwortung gegenläufige Kraft der Trägheit oder Gier. Dazu benötigt er Ontologie *und* ethisches Gefühl gleichermaßen. Es muss ihm gelingen, beide mit einander zu vereinen und aufeinander zu beziehen, wenn sein Vorhaben nicht scheitern soll. Jonas war wohl selbst bewusst, dass ihm das nur durch oberflächliche Argumentationsführung gelungen ist. Das ist ihm auch mehrfach zum Vorwurf gemacht worden. Jonas ist kein „Begriffsarchitekt". Er hat etwas für den Bereich der Verantwortungsethik zu sagen und orientiert sich an dem ihm zur Verfügung stehenden Elementarbestand an unentbehrlichen Evidenzen, die Bauform seines Textes ist aber nicht die eines systematischen sondern eines appellierenden Denkers. Seine Ontologie ist mitten in sein Ethikkonzept gesetzt und doch, wenn auch nicht ausdrücklich, durch seine Naturphilosophie begründet und ausgelöst. Er gibt auch in „Das Prinzip Verantwortung" seine Anthropologisierung des Lebens nicht auf, seine Sicht auf die Grundprinzipien des Lebendigen bedingen seine Ethik und seine Grundmotivation. Für Jonas kann es nur um das Ganze der Natur gehen. Um das möglich zu machen, ist er bereit, Abstriche in seinem Argumentationskonzept zu machen. Allerdings hat er sich an keiner Stelle vollständig geirrt. Seine Herleitung mag stellenweise oberflächlich ausgearbeitet sein, es ist jedoch möglich, seine Argumentation zu hinterfragen und ihr auf die Sprünge zu helfen. Der Kern seiner Ethik mag schwanken, hält aber stand. Das sollte in der somit vorgenommenen Analyse des Kapitels IV.1 des „Prinzips Verantwortung" gezeigt werden.

Verantwortung als Grundlage aller Ethik

Nach Kapitel VI.1 nehmen Jonas' Erörterungen mit dem Ende seiner Reflexion über das Wesen der Ontologie einen neuen Verlauf. Es geht ihm nun um etwas anderes. Seine Ontologie arbeitet er ab hier nicht mehr weiter aus, geht aber in den folgenden ethischen Überlegungen auf sie zurück und lässt dabei das Verlangen nach einer weiteren Ausarbeitung aufkommen, die er aber nicht mehr vornimmt. Er rekurriert im weiteren Text auf die Ontologie, gibt dem Leser aber dabei das Gefühl, mehr Annahmen zu machen, als im Kapitel VI.1 von ihm ausgearbeitet werden. Das führt zu neuen Problemen und Diskrepanzen, die von Jonas nicht spezifisch benannt, bei der genaueren Betrachtung des Textes aber offenkundig werden. Diese Probleme zu markieren soll in diesem Absatz meine Aufgabe sein. Ich muss mich auf Grund der von ihnen verlangten Tiefe und dementsprechendem Volumen der Untersuchung von ihrer Ausarbeitung distanzieren.

Nach der Klärung seines Ontologiekonzeptes im ersten Abschnitt des vierten Kapitels, in dem er das Zustandekommen der menschlichen Verantwortung nachvollzieht, dient der restliche Teil des vierten Kapitels zur Klärung des Verantwortungsbegriffes im akuten gesellschaftlichen Kontext, exemplarisch verdeutlicht an Hand der Rollen des Staatsmannes und der Eltern, denen jeweils eine spezifische und herausragende Form der Verantwortung unter den Paradigmen von „Totalität", „Kontinuität" und „Zukunft" zukommt[140]. In diesem Kontext nennt Jonas den Anspruch an den Menschen, seine Existenz im Jetzt und die Möglichkeit seines Fortbestehens für und in der Zukunft nach besten Kräften zu sichern, ein „erstes Gebot", die oberste Pflicht, die dem Menschen zukommt und die von jeher in allen sittlichen Geboten als stumme Vorbedingung enthalten ist, durch die Situation der Krise aber zum expliziten Gebot wird, beziehungsweise werden muss. Dieses erste Gebot ist direkte Folge aus Jonas' ontologischem Konzept. Das Leben vollzieht in jedem Einzelwesen die Tendenz des Seins nach, sich selbst als zweckhaftig zu bejahen. Im Menschen jedoch, bedingt durch seine ihm spezifische Freiheit, ist dieser „Selbstläufer" nicht mehr wirksam. In der Krise der Moderne hat sich der Mensch in eine Position gebracht, in der er befähigt ist, die Tendenz des Seins in ihren lebendigen Manifestationen zu obstruieren und auch sein eigenes Fortbestehen in Frage zu stellen, sei es nicht einmal bewusst oder beabsichtigt. So muss ihm der Spruch des Seins, der durch seine Natur als Mensch und Teil des Seins auch in ihm wirksam ist, erst bewusst zur Pflicht werden. Dies ist nur möglich, indem er ihn sich selbst als Aufgabe auferlegt. Eine andere Instanz kann dazu nicht herbeigezogen werden. Jonas' Konzept kennt keinen Gott, der den Menschen aus seiner Pflicht entlassen kann[141]. Als höchste Stufe der evolutionären Entwicklung wird der Mensch zum „Treuhänder des Lebens", indem er sich selbst in die Lage gebracht hat, potenzielle Gewalt über die Gesamtheit des Lebens erlangt zu haben. Dennoch, so Jonas, wird dem Menschen zunächst

140 Hans Jonas, Das Prinzip Verantwortung, S. 195.
141 dazu mehr in Kapitel VI.

einmal sein eigenes Schicksal zur Aufgabe und erst in der Folge das Fortbestehen anderer Arten und der lebendigen Natur. Das mutet zuerst zweifelhaft an, entspricht doch jedes Lebewesen in gleicher Weise die Tendenz des Seins. Gemäß der Ontologie vertritt der Mensch nicht in höherem Maße den Wert des Seins als andere Lebewesen. Jedoch ist er als einziges Wesen dazu in der Lage, Verantwortung zu haben, und nur er kann und muss sich verantwortlich auf die im Einflussbereich seines Handelns Stehenden beziehen. Als Grund für das Primat der Verantwortung des Menschen für Menschen vor der Verantwortung für die Natur und das Lebendige nennt Jonas das Prinzip der Gegenseitigkeit[142], in dem als „Urbild" die Verantwortung „von Menschen für Menschen" steht. Alles Lebendige kann Gegenstand von Verantwortung sein, nur der Mensch aber kann Verantwortung haben und steht damit in einem besonderen Verhältnis zu den Vertretern seiner eigenen Art, die ebenfalls als „mögliche Verantwortungssubjekte" in einem Verhältnis zum verantwortlichen Individuum stehen. Die Möglichkeit der Verantwortung des Menschen in der belebten Welt wird in der menschlichen Gesellschaft zur Notwendigkeit, so Jonas. Diese Überzeugung muss man als Grundlage der Ethik im zwischenmenschlichen Bereich bei ihm sehen. Indem die Verantwortung, die Grundlage aller Ethik, die in ihr als ihre Vorbedingung enthalten ist, in der menschlichen Gesellschaft von „kann" zum „muss" wird, ist die besondere zwischenmenschliche Ethik unumgänglich und unvermeidbar. Das Verhältnis zwischen Menschen ist ein anderes, engeres, stärker verpflichtendes als das zwischen Mensch und Natur. Man kann sagen: nur zwischen Menschen kann es Moral geben, weil nur zwischen Menschen ein Gleichgewicht von Verantwortlich-sein und Verantwortet-werden bestehen kann und besteht. Jedes Lebewesen außer dem Menschen kann nur Empfänger von Verantwortung sein, es kann gewissermaßen nichts zurückgeben. Damit erklärt Jonas unterschwellig, wie Ethik überhaupt zu Stande kommt und wie sie verpflichtend wird. Gleichzeitig führt er damit alle Ethik zurück auf die Ontologie und die Grundtendenz des Seins, welche sich durch alles Lebendige auf den Menschen hin auswirkt und ihn ihm konkret wird. Es gelingt ihm, die Verantwortungsethik als Basis aller Ethik in der Ontologie zu verwurzeln und gäbe ihm die Möglichkeit, das gesamte Konzept der zwischenmenschlichen Ethik darauf aufzubauen. Auf diese Option aber verzichtet er. Dazu wird in Kapitel VI noch etwas zu sagen sein.

Der Mensch hat also Verantwortung für den Menschen, aber nicht *vor* dem Menschen. Das, vor dem er verantwortlich ist, ist das, was der Mensch vertritt, also das Sein, das sich mit seinen Anlagen im Menschen lediglich ausdrückt.

142 Hans Jonas, Das Prinzip Verantwortung, S. 184.

Darin allerdings, so muss man annehmen, ist der Mensch den übrigen Lebewesen gleichgestellt. Mit Jonas' ontologischer Grundlegung lässt sich nicht folgern, dass das Sein seinen Wert im Menschen in stärkerer Weise zum Ausdruck bringt als in anderen Lebewesen. Insofern sie auf ihre Art alle Seiendes sind, kann der Wert, der ihnen zuzusprechen ist, kein anderer oder weniger ausgeprägter als der des Seins des Menschen sein. Wenn nun die Art ihres Seins keine andere als die des Menschen ist, so muss man, wenn man von Jonas' Prämisse einer Primärverantwortung von Menschen für Menschen vom Sein her ausgeht, die besondere Form des menschlichen Daseins als mögliche Argumentationsgrundlage ins Auge fassen. Kann man den besonderen Bezug des Menschen auf das Sein zurück, seine „Freiheit"[143], als wertsteigernd ansehen? Dem Menschen kommt in seiner Bezogenheit auf das Sein der Wert, der im Sein gelegen ist, zu Bewusstsein. Er vollzieht ihn in seinem eigenen Sein unbewusst und bewusst. Er kann sich sogar bewusst auf den Wert anderen Seins beziehen, sowohl auf den von anderen Menschen als auch auf den anderer, artfremder Lebewesen. Darüber hinaus kann er den Wert anderer Seiender nicht nur reflektieren, sondern auch aktiv in sein Handeln aufnehmen und ihn zur Entscheidungskomponente in der Bestimmung seiner Taten machen. Man kann sagen, in seiner ihm spezifischen Machtposition wird der Mensch nicht nur Vollzieher, sondern auch Hüter nicht nur des Lebens, sondern auch des von ihm vertretenen Wertes. Damit geht der Mensch im Wertbezug über den der übrigen Seinswesen hinaus und ist in zwei Weisen auf den Wert des Seins bezogen. Somit kommt dem Menschen als Wesen und Hüter des Seins eine besondere Verantwortung zu, sein aktuelles und zukünftiges Dasein, das diese zwei Rollen beinhaltet, zu erhalten. Dies konvergiert auch mit Jonas' Aussage, dass der Mensch damit nicht zwingend „moralisch, aber ein moralisches Wesen ist, das heißt ein solches, das moralisch oder unmoralisch sein kann"[144]. Er ist in der Lage, sich auf die Rolle, die ihm vom Sein her zukommt, zu besinnen und sie zu erfüllen, kann dies aber auch verfehlen. Die Verantwortung, die dem Menschen vom Sein her zukommt, wird ihm noch nicht aus und in den einzelnen Fällen des Verantwortlichseins innerhalb dem Zusammenhang seiner Lebensführung bewusst, kann es aber werden, wenn er in seiner Überlegung und Anschauung, auch mit Hilfe seines Gefühls, auf das Sein zurückgeht[145]. Dann kann er sich seiner Hüterrolle bewusst werden. Diese ist eine, die Jonas als bestimmend für den Menschen ansieht[146]. Es ist also im

143 Hans Jonas, Das Prinzip Verantwortung, S. 382.

144 Ebd., S. 185.

145 Ebd.

146 Ebd., dazu an späterer Stelle mehr.

Bereich des Möglichen, dass er eine solche Begründung in dieser oder ähnlicher Weise ausführen würde. Doch wie auch zuvor ist festzuhalten: darauf verzichtet er. Es liegt besonders in der modernen Tendenz der Betrachtung des Lebens, an einem höheren Wert des menschlichen Lebens gegenüber anderem Leben zu zweifeln. Es hätte Jonas' These zu stärkerer Überzeugungskraft verholfen, hätte er sich darauf eingelassen, an dieser Stelle seine Auffassung argumentativ zu untermauern. So muss man seine These auf der Basis seines Ontologiekonzeptes nachvollziehen um nicht Gefahr zu laufen, seine Schlüsse für mangelhaft zu erachten, wie es oftmals geschehen ist. Jonas selbst verweist auf die Bedeutung der höheren Würde des Menschen als eine ontologisch und nicht durch aktuale Taten begründete. Es ist keine, die durch Moralität und tugendhaftes Handeln erworben werden kann (in diesem Fall, so Jonas, wäre sie dem Menschen in genügend Fällen abzusprechen[147]), der Mensch kann sie sich ebenso nicht selbst zusprechen, sondern sie kommt ihm mit seiner Verantwortlichkeit zu: „die Möglichkeit, dass es Verantwortung gebe, ist die allem vorausliegende Verantwortung“[148]. Letztendlich ist es somit also die Verantwortung, die erhaltenswert ist und dem Bestand und der Fortdauer der Existenz des Menschen, gewissermaßen als ihrem Träger oder Gefäß, die Würde zukommen lässt, die ihn über die anderen Formen des Seins erhebt.

Sein, Wert und Mensch: Theorieverbesserungen und Verwandlung des Seinsbegriffs, unter Berücksichtigung von Motiven, die in Jonas' Theorie hineinspielen

Jonas' Philosophie ist innerhalb ihrer Entwicklung durch einen grundlegenden Richtungswechsel geprägt. In seinem philosophischen Werdegang nahm er, als er begann, sich zunehmend auf den Lebensbegriff zu konzentrieren, Abstand von der Lebensfeindlichkeit der Gnosis, die ihn in der früheren Phase seines philosophischen Denkens fasziniert hatte, und distanzierte sich von der darin hohen Bedeutung der Leibfeindlichkeit und Geschichtlichkeit, die bei seinem Lehrer Heidegger von vorherrschender Bedeutung war, hin zu einer positiven Sicht auf das Leben und der Verortung des Menschen darin. Diese weitete sich mit zunehmender Entfaltung aus und gewann eine ethische Dimension, die dann wiederum eine unbedingte Wertverortung benötigte. An diesem Punkt sah sich Jonas erstmals in der Beschäftigung mit dem Leben genötigt, hinter

147 Hans Jonas, Das Prinzip Verantwortung, S. 186.
148 Ebd.

dieses zurückzugehen und Natur selbst aus einem Gedanken vom „Sein" und damit ontologisch zu verstehen, da er die Unbedingtheit eines „Wertes" nicht in der Natur allein letztgültig zu begründen vermochte. Wert, so Jonas, erreicht und durchdringt den Menschen vom Sein her und zugleich durch das Leben hindurch und wird in ihm emphatisch verstärkt. Das menschliche Sollen ist damit a priori begründet, obwohl es erst durch die Erfahrung des Lebendigseins bewusst wird. Wert liegt unmittelbar in den lebendigen Dingen, durchdringt sie und wird dem Menschen offenbar, veranlasst durch die Begegnung mit diesen Dingen. Über die Begegnung mit dem Leben und seinem immanenten Anspruch kann der Mensch sich selbst und schließlich auch seine Wertwelt erschließen und durch die ihm vom Leben zukommenden Fähigkeiten aufbauen und gestalten.

Die ontologische Wertbegründung, Jonas' Wertverständnis und mögliche Alternativen am Beispiel von Max Schelers Werttheorie

Indem Jonas den Menschen als Träger und besonderen Verteidiger der Würde des Lebendigen begreift, vertritt er einen Wertbegriff, der die Erhaltenswürdigkeit des Menschen in jeder Situation der Bedrohtheit begründet, ob selbstgeschaffen oder nicht. Jonas vertritt die Auffassung, dass es eine „Idee des Menschen"[149] gibt, die Aussagen über das treffen kann, was im Menschen erhaltenswert ist. Wir lernen also, so Jonas, aus unserer eigenen Verfassung nicht nur etwas darüber, wer wir sind, sondern auch darüber, wer wir sein sollen und somit darüber, worauf sich unsere Verantwortung in Bezug auf uns selbst richtet. Die Einsicht vermittelt uns Verständnis über unsere Verursachung durch und Abhängigkeit vom Sein und seinen Tendenzen, und damit auch etwas über den Anspruch, den wir an uns selbst zu stellen haben.

Vergleicht man nun Jonas' Werttheorie mit beispielsweise der von Max Scheler, so treten die Besonderheiten seiner Herangehensweise klarer zu Tage. Jonas' und Schelers Theorien weisen einige Gemeinsamkeiten in ihrer Herangehensweise an „Wert" und „Mensch" auf, unterscheiden sich aber in ihrer Auffassung der beiden Begriffe und ihrer Implikationen für eine Ethik.

Gemeinsam ist beiden, dass Jonas und Scheler auf einen Seinsbegriff rekurrieren, der allerdings bei Scheler anders verstanden werden muss als der Jonas'sche. Scheler sieht den Menschen ebenfalls als das eine Wesen innerhalb des Lebens, das auf das Sein bezogen ist: „Das Zentrum aber, von dem aus der Mensch die Akte vollzieht, durch welche er seinen Leib und seine Psyche vergegenständ-

149 Hans Jonas, Das Prinzip Verantwortung, S. 91.

lich macht – es kann nicht selbst ein ‚Teil' eben dieser Welt sein, kann also auch kein bestimmtes Irgendwo und Irgendwann besitzen: es kann nur im obersten Seinsgrunde selbst gelegen sein"[150]. Dies liegt allerdings darin begründet, dass er mit dem Phänomen des Geistes begabt ist, der wie die Natur einen Grund in einem höheren Sein haben müsste – einen Grund, der von der Natur ganz unabhängig ist. Jonas hingegen sieht die Rückbezüglichkeit des Menschen auf das Sein in seiner Fähigkeit des der „sehenden Freiheit" und des „Welthabens"[151] verursacht. „Sein" bei Scheler ist nicht als „das eine letztgültige Sein" zu verstehen. Die Welt der Werte hat ein anderes Sein das die natürliche Welt. Dies liegt begründet in der schon erwähnten Intentionalität und damit der Scheidung von Inhalten und Akten. Das *eine* Sein, wie Jonas es behandelt, müsste ein ganz anderes sein, das bei Scheler so nicht Eingang findet. Jonas lässt sich scheinbar ganz selbstverständlich auf den Gedanken eines ersten, allumfassenden Seins ein. Hierin ist er wohl, ohne es klar zu sagen, ermutigt durch Heidegger, der ihn in den Anfängen seiner Philosophie entscheidend mitprägte und ihn in einer ganz anderen phänomenologischen Tradition verortet als Scheler, der in der Intentionalität Sein als Gehalt einer Sache gegen den Akt als ihren Vollzug setzt; im Fall des Menschen Geist gegen Leben („Nicht also Leib und Seele oder Körper und Seele oder Gehirn und Seele im Menschen sind es, die irgendeinen ontischen Gegensatz bilden. [...] es ist der Gegensatz von Geist und Leben"[152]). Als Phänomenologe mit dem Anspruch an die Philosophie als eine Wirklichkeitswissenschaft ist Scheler an die phänomenologische Methode gebunden, die vor einer Überfülle von Tatsachen steht und einen Umgang mit ihr finden muss. Diesen Umgang bewährt Scheler in der Annahme der Wertwelt, die alle Werte für das menschliche Leben vorgibt.

Dabei setzt er keinen Wert des Lebens als solchen, so wie es Jonas tut. Für ihn gibt es zwar Werte *im* Leben, aber wohl keinen Wert des (nichtmenschlichen) lebendigen Wesens qua seiner Verfassung. Einen solchen Wert zu begründen war auch nicht sein Programm. Jonas' und Schelers Motivation zur Errichtung ihrer jeweiligen Ethiktheorien unterscheiden sich also grundlegend und müssen auch unter diesem Gesichtspunkt betrachtet werden. Schelers Ethik ist eine Ethik, die den Menschen und den komplexen Aufbau seines Wesens im Blick hat. Jonas geht es darum, ein Eigenrecht des Lebendigen und die Stellung des Menschen im Lebensganzen zu begründen. Schelers Methode wäre zu diesem Ziel keine

150 Max Scheler, Die Stellung des Menschen im Kosmos, 11. Auflage, Bonn 1995, S. 47.

151 Hans Jonas, Organismus und Freiheit.

152 Max Scheler, Die Stellung des Menschen im Kosmos, S. 80.

geeignete Zugangsart gewesen. Scheler kann nicht das gesamte Wertgefüge in der Natur unterbringen, so wie Jonas es kraft der Vorordnung von „Sein" vor die Natur als dessen Manifestation tun will. Er braucht da noch etwas anderes, das er im „Geist" in einer Gegensätzlichkeit zur Natur sieht. Scheler setzt den Geist, der im Menschen wirkt oder gelegen ist und ihm sittliche Erkenntnis erst möglich macht, der Natur entgegen, während Jonas ihn als aus der Natur kommend und zu ihr gehörig versteht. Leben ist für Scheler nicht das Phänomen, das den Menschen maßgeblich bedingt, sondern *anders* zu sein als das Leben, nämlich Geist zu sein. Jonas würde den Menschen in einer solchen Sichtweise wohl immer noch zerrissen und missverstanden finden.

Max Scheler und Hans Jonas vertreten beide eine Form der materialen Wertethik, fassen sie aber unterschiedlich auf. Jonas' Herangehensweise an die Wertbegründung ist stärker und unbedingter, dies aber nur in Bezug auf den ersten Wert des Seins. Scheler kann alle Werte der menschlichen Lebenssphäre begründen, sie sind ihm aber mehr entzogen als es bei Jonas der Fall ist. Jonas wiederum sagt nur wenig und oft nur schwer miteinander Vereinbares zur Begründung der sittlichen Werte des Menschen und bleibt in Bezug auf sie vage. Sein Blick ist enger gefasst als Schelers und auf die Begründung des Wertes des Lebens hin gerichtet. Jonas hat den Anspruch, „Natur" solle eine Wirklichkeit sein, die das Menschsein als Ganzes umfasst. Das setzt aber voraus, dass man Natur einerseits vom Leben her und andererseits unter dem Leitgedanken „Sein" begreift. Gelingt das, erhält man ein Sein, das für und in Natur Wert begründet sein lässt. Mit dieser Anordnung könnte er Scheler widersprechen, dass in gegebenem Wirklichen als solchem nur Zweck und nicht Wert fundiert sein kann.

Scheler will dagegen eine a priori-Begründung aller sittlichen Werte leisten. Für ihn sind Werte eigenständig Wirkliches, das in wiederum eigenständig Wirklichem, den geistigen Akten des Fühlens etc. gegeben ist. Ist Wert ganz eigenständig, so muss auch Geist eigenständig sein. Jonas aber möchte die Erfahrung der Beheimatung des Menschen, also samt seinem Verständnis von „Geist", der Vernunft, in der Natur auf der Basis einer neuen Ontologie der Natur und des Menschen festhalten. Darum müsste er dann eigentlich auch so vieles aus der Sonderstellung des Menschen in der Natur heraus entwickeln, was ihm nur in vereinzelten Ansätzen und Hinweisen möglich ist. An diesem Beispiel ist ersichtlich, welche besondere Herangehensweise an das Verständnis von Wert Hans Jonas für seine Theorie wählte und in welch eigentümlicher Weise es für die Begründung seines Vorhabens geeignet ist, trotz der darin enthaltenen unterschwelligen Annahmen und oft nur teilweise ausgeführten Implikationen.

Hintergründe und Alternativen der Seinslehre: Heidegger, Platon, Whitehead

Den entscheidenden Hintergrund für Jonas' Wertkonzeption stellt seine Auffassung des Seinsbegriffes dar, der das entscheidende Moment seines ganzen Theoriekonstruktes in „Das Prinzip Verantwortung" bildet. Seine besondere Herangehensweise an das „Sein" ist vorgebildet durch Jonas' Studienhintergrund, der vor allem durch die Begegnung mit Heidegger geprägt wurde, sicherlich aber auch durch seine Studien der antiken Philosophie, besonders der platonischen Philosophie, und später durch Alfred North Whiteheads Theorie, zu deren Nähe sich Jonas schon in der Kurzbeschreibung seines Projektes „Organismus und Freiheit" bekundete[153] und dessen Werk für ihn einen bedeutenden Beitrag zur modernen Philosophie darstellte. In der Folge möchte ich deshalb auf die Seinskonzeptionen bei Heidegger, Platon und Whitehead im Hinblick auf Jonas' Seinsverständnis kurz eingehen und auf bestehende Zusammenhänge verweisen.

Martin Heidegger war Jonas' Lehrer während seiner frühen Studienzeit an der Universität Freiburg und betreute auch dessen Dissertation „Der Begriff der Gnosis", die „eine Anwendung von Heideggers Philosophie" darstellte, „insbesondere der Existenzialanalytik mit ihren Deutungsmethoden und ihrem Verständnis des menschlichen Daseins"[154]. Schon aus dieser Wahl heraus lässt sich erahnen, welche Bedeutung Heidegger für Jonas' philosophischen Werdegang hatte. Er beschrieb seinen ersten Kontakt mit Heideggers Philosophie als Studienanfänger folgendermaßen: „[...] ich erinnere mich, dass ich von seiner Auslegung so gut wie nichts verstand, aber das zwingende Gefühl hatte, das es hier ums Ganze ging und er tiefschürfend mit der Sache rang. Da ereignete sich etwas in mir"[155]. Jonas hegte lange Zeit eine tiefe Bewunderung für Heidegger und stand seiner Philosophie sehr nahe. Dementsprechend griff er wohl Heideggers Überzeugung, alle Philosophie müsse am Grund der Dinge und damit bei dem Begriff „Sein" beginnen, bewusst oder unbewusst, in jedem Falle aber als Selbstverständlichkeit auf und errichtete auch seine Theorie nach demselben Muster. Heideggers Kritik an der „Seinsvergessenheit" und die Frage nach dem Sinn von Sein sind für Jonas bestimmend gewesen. Auch für ihn steht die Frage nach dem Sein selbst vor der Frage nach dem und den Seienden und er klärt ebenfalls die Frage nach dem Sein im Zusammenhang mit der Befragung des Menschen als zentralem

153 Nachlass Hans Jonas, HJ 10–18–1, unveröff.

154 Hans Jonas, Erinnerungen, S. 117.

155 Ebd., S. 82.

Moment innerhalb dem Kreis dessen, das ist und sich durch seine Zugehörigkeit zum Sein bezeichnet[156]. Durch diese Unterscheidung zwischen Seiendem und Sein kritisierte Heidegger die traditionelle abendländische Metaphysik. Er hielt es für von besonderer Bedeutung, jenseits des Seienden die Verwurzelung all dessen im Sein ins Auge zu fassen und auf diese Weise zu einem Verständnis von „Sein" zu kommen. Die sinnhafte Totalität all dessen, das ist, (im Gegensatz zu einer Welt voller singulärer Objekte) ist für Jonas ein grundlegendes Moment, das er wohl von Heidegger übernommen hat. Deswegen ist Jonas' Seinstheorie, die er ja (wie bereits gesagt) nicht in all ihren Implikationen und Annahmen ausformuliert, vor dem Hintergrund von Heideggers Werk klarer verständlich. Viel sinniger mutet der von Jonas ohne weitere Erklärung präsentierte Ausgang vom Sein in seiner Herangehensweise an den Wert und das Ja des Lebens an, wenn man sich vor Augen führt, dass das einflussreichste Moment in der Entwicklung Jonas' philosophischen Denkens Heideggers Philosophie darstellt, die sich durch den Ausgang beim Seinsbegriff auszeichnet. Deshalb ging Jonas vermutlich nicht in der eigentlich notwendigen Tiefe auf diese Methode und sein Verständnis dessen, was Sein ist, ein. Es war ihm viel mehr völlig offensichtlich, dass der Weg vom Sein aus in einer Erörterung dessen, was seiend ist, der beste oder gar einzig richtige ist. Obwohl Jonas später Heidegger hinterfragte, schien ihm wohl das Selbe mit seiner Methode nicht angebracht. Jonas' Philosophie ohne Heideggers Einfluss wäre nur schwer vorstellbar. Deshalb ist es von entscheidender Bedeutung, diesen Hintergrund bei der Analyse von Jonas' Werk im Bewusstsein zu behalten.

Heidegger war jedoch nicht der einzige Philosoph, dessen Denken in Jonas' Werk Spuren hinterlassen hat. Platons Theorie vom Sein, den Ideen und dem Denken lässt sich ebenfalls in der Struktur der Ontologie in „Das Prinzip Verantwortung" wiederfinden. Das Seiende, so Platon, kommt dem Menschen nur durch die Ideen im Denken zu Bewusstsein. Dort findet die Anschauung statt, die die Ideen als Seiende begreift, welche dem Sein, das nicht anschaubar ist, entstammen und zugehörig sind. Bezeichnend für Platons Werk ist der Gleichnischarakter des Seienden, welcher das symbolische Erkennen als Charakteristikum der mystischen Denktradition vertritt, mit der sich Jonas in der Zeit seiner Beschäftigung mit der Gnosis befasste. Das, was uns in der Welt als Seiendes begegnet, ist nur Abbild dessen, was ist und kommt uns als solches im Denken zu Bewusstsein. Somit können wir durch das Denken über den Weg der Ideen zu dem kommen, was „Sein" ist und dem Menschen niemals direkt offen-

---

156 Martin Heidegger, Sein und Zeit (GA2), Frankfurt am Main 1977, S. 9.

bar werden kann. Der Grund allen Erkennens und Seins kann dabei niemals in gleicher Weise vom Menschen erfasst werden wie die Ideen. Im Sein ist alles All-Einheit und kann deshalb vom Denken nicht anders begriffen werden denn als Ursprung alles Unterschiedlichen und Seienden. Was genau unter einem Alles, das kein Anderes zu sich kennt, zu denken ist, ist dem Geist nicht begreifbar. Was Sein ist, kann er nicht auffassen.

Noch über das Sein hinaus geht dabei die höchste aller Ideen, die Idee des Guten, die nie vom Menschen als solche, sondern nur als in guten Erscheinungen, also gutem Seiendem erkannt werden kann. So Platon im Sonnengleichnis: „Ebenso nun sage auch, dass dem Erkennbaren nicht nur das Erkanntwerden von dem Guten komme, sondern auch das Sein und Wesen habe es von ihm, da doch das Gute selbst nicht das Sein ist, sondern noch über das Sein an Würde und Kraft hinausragt“[157]. Das Gute und das Sein sind also miteinander verbunden, wobei das Gute keine Akzidenz des Seienden ist sondern es vielmehr noch übertrifft und sich das Sein durch das Gute auszeichnet anstatt das Gute selbst als Seiendes auszuzeichnen. Es ist ein Hervorbringendes und macht das Seiend-sein damit nicht zu einem ersten, sondern zu einem nachgestellten, zweiten. Das Gute ist unvergleichlich und alles, das ist, geht aus ihm hervor, so Platons Gedanke. Jonas teilt diesen zwar nicht in solcher Form, es lässt sich jedoch in seiner Idee von Sein und Wert eine ähnliche Parallele aufweisen. Das Gut im Sein ist bei ihm essenzielle Verfassung des Seins und es ist ohne dieses Gut nicht denkbar. Jonas stellt das Gut zwar nicht als ein Erstes über das Sein[158], macht es aber zum Untrennbaren und Gleichzeitigen des Seins insofern es seine Grundverfassung darstellt: das Sein macht sich selbst seiner wert insofern es sich selbst bejaht und sich damit selbst als Gut setzt. Das Gut-sein ist das zentrale Moment des Seins. So kann man Jonas Platon verwandt sehen.

Hinzu kommt die Ähnlichkeit in der Auffassung von Sein und Seiendem in einem epiphänomenologischen Konzept. Auch bei Jonas gewinnt das Denken über das Erkennen des Seienden Zugang zum Sein selbst. Jonas hat keine Muster zu Welterkennung wie die „Ideen“ im platonischen Sinne, nimmt aber einen ähnlichen Weg. Der Verstand kann das Sein in seiner Verfassung erkennen und begreifen und damit einsehen, was es ihm zu sagen hat. Auf diesem Weg begreift er das Gut im Sein, das ihm zu Bewusstsein kommt. Den Anspruch, den dieses Gut an ihn hat, begreift er im Gefühl – einem Element, das in Platons Theorie nicht vorkommt.

157 Platon, Politeia, 509b.

158 bei ihm ist das Sein das Erste, ganz in der Heidegger’schen Tradition.

Die platonischen Ideen haben zudem eine weitere Implikation, die für Jonas' Werk von großer Wichtigkeit ist. Platons Erkenntnistheorie, die Augustinus später weiterentwickelte[159], legt einen Grundstein für Jonas' Anthropologie, in der die Bildfähigkeit des Menschen zentrale Bedeutung hat. Zwar soll auf diese im folgenden Kapitel V genauer eingegangen werden, dennoch bleibt an dieser Stelle festzuhalten, dass die menschliche Fähigkeit zur Abstraktion und daraus resultierend zur Selbsterkenntnis für Jonas entscheidend zur Begründung der Befähigung des Menschen zur Seinserkenntnis und Handlungsfähigkeit ist. Die Eigenschaft des Menschen, sich von Dingen und besonders von sich selbst ein Bild zu machen, stellt ihn über alles andere Seiende und Lebende und lässt ihn in der ihm eigentümlichen Weise das Ja des Seins zu sich selbst zum Ausdruck bringen und sich ihm gemäß oder sogar entgegen verhalten. Dazu folgt an späterer Stelle mehr. Für den Moment lässt sich festhalten, dass Platons Theorie hier eine Überschneidung mit einer wichtigen Stelle in Jonas' Werk aufweist, die sicher nicht rein zufällig ist.

Jonas' Verantwortungsphilosophie birgt darüber hinaus nur einige Erinnerungen an die antike Philosophie, die allgemein aber in seiner Theoriegenese im Kontext der Gnosis eine entscheidende Rolle spielte und deren Kernbestandteile ihn auch in seiner späteren Philosophie prägten. Das symbolische Erkennen des Seins, die enge Verbundenheit des Seins mit dem Guten und das Sich-auswirken des Guten im Sein auf das Seiende hin, in dem sich das Sein verwirklicht, sind Elemente, die für Jonas' Ontologiekonzept bestimmend sind. Hier findet sich Platons Seinslehre in Jonas' Verantwortungethik wieder.

Später in seiner philosophischen Entwicklung, im Kontext seiner Beschäftigung mit der Erarbeitung seiner Biophilosophie und während seiner Lehrtätigkeit in Kanada, kam Jonas mit dem Werk des Philosophen Alfred North Whitehead in Berührung, „der", so Jonas, „für meine Philosophie zunehmend wichtig wurde"[160]. Jonas befand sich zu diesem Zeitpunkt seines Schaffens intellektuell hauptsächlich in der Gesellschaft von Mathematikern und Naturwissenschaftlern und stand dadurch in einem Diskussionsverhältnis, das seine philosophischen Überlegungen auf naturwissenschaftliche Probleme und Fragestellungen hin lenkte und ebenso seine besondere Perspektive in der Diskussion solcherart verwandter Themen herausforderte. Die Genese seiner Verantwortungsethik muss auch unter diesem Blickwinkel gesehen werden. Durch seinen Abstand zur neuzeitlichen Forschung und seine gründliche Ausbildung in antikem

159 über dessen Werk Jonas promovierte.
160 Hans Jonas, Erinnerungen, S. 311.

Denken konnte Jonas moderne Positionen sehr gut unter besonderen Maßstäben betrachten, nämlich denen der Antike. Das machte ihm besondere Einsichten möglich. In diesem zeitlichen Kontext entstand auch der erste Aufsatz des späteren maßgeblichen Buches von Jonas „The Phenomenon of Life"[161] mit dem Titel „Is God a Mathematician?", in dem er sich mit der Frage nach der Wahrheit dieser Annahme auseinander setzt. Die Wahl dieses Themas und das Interesse an ihm muss man als maßgeblich durch seinen intellektuellen Kontext dieses Stadiums seines Schaffens begründet sehen. Dabei betrachtete Jonas die Mathematik und das Leben unter philosophischen Gesichtspunkten, tastete sich damit an das wichtigste Thema seines philosophischen Lebens heran und behandelte auch schon Elemente der Diskussion Gottes im Kontext von Mensch und Leben, ein thematischer Kreis, auf den in Kapitel VI noch einzugehen sein wird. Jonas konstatierte in seinem Aufsatz in Reaktion auf die Ansicht Sir James Jeans[162], dass „dem mathematischen Gott in seiner homogenen analytischen Sicht der entscheidende Punkt entgeht – der Punkt des Lebens selber"[163]. In diesem Zuge entwarf Jonas seine Idee von dem, was er unter Leben verstand und als maßgeblich für es betrachtete – ein wichtiger Schritt in seiner Theoriegenese.

Dass der zweite Anhang dieses Aufsatzes sich mit Whiteheads „Philosophy of Organism" (die Whitehead so benannte, heute aber allgemein als „Prozessphilosophie" bezeichnet wird) befasst, ist ein eindeutiger Indikator, welche Rolle Whitehead zur dieser Zeit in Jonas' Überlegungen spielte. Der Anhang ist eigentlich ein Vortrag, den Jonas auf einer Tagung der American Philosophical Association in Boston hielt[164] und der deutlich macht, wie bedeutend Whitehead für seine frühen Überlegungen zu einer Biophilosophie war. Whitehead ist ein Philosoph, der eine philosophische Grundlehre im Zusammenhang mit einer Betrachtung des Kosmos und unter Berücksichtigung der Ergebnisse der Naturwissenschaft ausarbeitete. In all dem stimmte Jonas mit Whitehead überein – als dem einzigen Philosophen in seiner Zeit, für den das gilt. So ist es von Interesse, innerhalb dieser Gemeinsamkeit die Differenzen hervorzuheben, welche auch die Grundlage des Ganzen und Jonas' Ontologie berühren. Whitehead versuchte, das Lebendige und das Atomare zusammenzuführen; ein Gedanke, der für Jonas interessant war. Das Organische bringt Leben als Bestehen und Vergehen zum Ausdruck, wobei organische Wesen sowohl durch Ursachen von Wirkung

161 dt. „Organismus und Freiheit" bzw. „Das Prinzip Leben".

162 J. H. Jeans, The Mysterious Universe, Cambridge 1933, S. 122.

163 Hans Jonas, Organismus und Freiheit, S. 124.

164 Hans Jonas, Causality and Perception, in: The Journal of Philosophy 47, 1950, S. 319–324.

und Zweck bestimmt werden. Diesen Bestand projiziert beziehungsweise transferiert Whitehead auf die Dimension des Elementaren und verallgemeinert ihn somit[165]. Somit zeichnet sich alles Bestehende an sich schon als unter den Bedingungen des Vitalen zu verstehen aus und Organisches sowie Anorganisches verschmilzt. Darin wird dieser für Jonas so entscheidende Gegensatz aufgelöst. Er gebraucht den Organismus als eine kosmologische Kategorie, umfasst dabei Naturerfahrung und ihre Resultate und bezieht den anorganischen Bereich, der bei Jonas als das Nicht-Zwecktätige behandelt wird, mit ein. Atome, Lebewesen und Gesellschaft sind von Whitehead alle organismisch verstanden. Das Anorganische hat selbst ein Für-sich, das Jonas ihm absprechen würde. Somit ist das Organische bei Whitehead „Prinzip zur Weltbeschreibung", nicht „Thema der Weltbeschreibung", wie es bei Jonas zu finden ist[166]. Allerdings sieht Jonas bei ihm etwas verstanden, das für ihn selbst wesentlich erscheint, nämlich die Neuheit der Zwecktätigkeit im Erscheinen des Lebens in der Welt. Diese Parallele hebt er in „Das Prinzip Verantwortung" heraus, wenn er von „Whiteheads Teleologie des Universums als eines Vorwärts in immer schöpferischer Neuheit"[167] spricht. Er findet seine eigene Sichtweise damit bei Whitehead wieder – etwas, das bestimmt dazu beitrug, Jonas für seine Theorie zu interessieren.

Zentral bei Whitehead ist der Prozessbegriff, ein „prozesshaftes Sich-Verwirklichen"[168] mit zentraler Konnotation des Organischen. Dabei stellt Whitehead die Frage nach dem Verhältnis von Sein und Werden, Möglichkeit und Wirklichkeit, Freiheit und Notwendigkeit und bewegt sich damit in einem weiteren Bereich, der zu dieser Zeit für Jonas zunehmend an Interesse gewinnt. Jonas kritisiert allerdings das Fehlen einer Unterscheidung von Sein und Nichtsein, die für Jonas' Ontologie konstitutiv ist, damit aber auch das Fehlen eines Todeskonzeptes, ohne des es für Jonas kein Verständnis von Leben geben kann[169]. Jonas verweist in diesem Zusammenhang übrigens auch auf eine fehlende Diskussion des Phänomens des Bösen, auf dessen Diskussion er allerdings in

165 Joachim Klose, Die Struktur der Zeit in der Philosophie Alfred North Whitehead, Alber Symposion, 2002, S. 80.

166 Regina Uthes: Metaphysik des Organischen. In: Böhler, Gronke, Herrmann (Hrsg.), Mensch, Gott, Welt: Philosophie des Lebens, Religionsphilosophie und Metaphysik im Werk von Hans Jonas, Freiburg i. Br. 2008, S. 291.

167 Hans Jonas, Das Prinzip Verantwortung, S. 377.

168 Regina Uthes, Mensch, Gott, Welt, S. 293.

169 Hans Jonas, Organismus und Freiheit, S. 150.

seinem Werk selbst ebenfalls verzichtet, was unter Anderen von Vittorio Hösle kritisiert wurde[170].

Der „Prozess“ stellt bei Whitehead die Vermittlung von Einheit mit Vielheit her, in deren Zug verschiedene „Prozessualitäten“ stattfinden: das Konkretisieren und der Übergang. Dabei handelt es sich immer um Übergangszustände, denn die Wirklichkeit ist für Whitehead immer ein Übergang von Vielheit zu Einheit. Abgeschlossene Zustände gibt es nicht, alles geht ständig in Anderes über. Whitehead will Substanz und Fluktuanz miteinander in Verbindung bringen und „ein kohärentes, logisches und notwendiges System allgemeiner Ideen entwerfen, auf dessen Grundlage jedes Element unserer Erfahrung interpretiert werden kann“[171]. Dabei möchte er zur Beschreibung der vielfältigen Erfahrungen die Erkenntnisweisen der Naturwissenschaften und der Geisteswissenschaften gleichermaßen nutzen und kombinieren; eine Herangehensweise, die Jonas zusagen muss.

Whitehead als Denker fällt dabei aber in Jonas’ Augen dem typischen Muster des Mathematikers anheim, nämlich dem Denken im Modus der Vorstellung, in dem alles zu einem Punkt der Menge vorgestellt sein muss (Jonas bemerkt darin auch die Nähe zu Leibniz in dessen Monadentheorie). Nach diesem Schema geht Whitehead in seinem Buch „Process and Reality“ vor. Auch durch seine Distanz dazu ist es Jonas möglich, ihn treffend zu beurteilen. Dabei kritisiert er vor allem Whiteheads Verwischung des Unterschiedes zwischen Organischem und Anorganischem, die dem Leben das ihm Charakteristische entzieht und die von Jonas so angesehene „‚ontologische Revolution‘ […], die mit dem Auftreten des Lebens stattfand“[172], nicht würdigen kann und sogar zum Verschwinden bringt. Der Mensch wird als organisches Wesen zerrissen und auf seine Bestandteile reduziert, die sich im organischen Modus stets nur in einem Übergangszustand befinden, womit der Bestand des Organismus entwertet wird. Die Gefahr der ethischen Unverantwortlichkeit ist so die Folge, womit eine Perspektive von diesem frühen Aufsatz hin auf Jonas’ späteren Entwurf der Verantwortungsethik ausgemacht werden kann. „Jedes Geschehen ist in sich selbst vollendet“[173], so moniert Jonas Whiteheads Theorie und sieht sie entgegen seines Verständnisses des Lebens gestellt, in dem

170 Vittorio Hösle, Ontologie und Ethik bei Hans Jonas, In: Dietrich Böhler (Hrsg.), Ethik für die Zukunft. Im Diskurs mit Hans Jonas, München 1994, S. 125.

171 Alfred North Whitehead, Prozess und Realität. Entwurf einer Kosmologie, Frankfurt a. M. 1995, S. 31.

172 Hans Jonas, Organismus und Freiheit, S. 150.

173 Ebd.

die Perspektive von Bedürftigkeit und Zukunft essenzieller Teil der Verfassung des Lebens ist. Whitehead zersetzt das Lebendige, besonders das Menschliche, in einzelne atomare Teile und Ereignisse, die in höhere Strukturen übergehen und sie bilden, sie letztendlich aber doch als strukturelle Anhäufungen von Elementarteilen entlarvt. Dabei hat alles Bestehende zwei Gesichtspunkte, den des Materiellen und den des Geistigen. Jonas sieht diese durchaus auch, würde aber die Diskrepanz von Geist und Materie nicht im Atomaren festmachen, das müsste Jonas wohl als zu spekulativ erscheinen. Wenn im Übrigen alle Möglichkeit, auch die des Geistigen, schon im Atomaren angelegt ist, bleibt die Möglichkeit zur Entwicklung stark limitiert. Es gibt dann kaum noch ein Über-sich-hinauswachsen und die Evolution wäre keine solche mehr. Dem muss Jonas entschieden entgegentreten.

Dennoch bestehen durchaus, wie schon angedeutet, einige Parallelen zu Jonas, die Whitehead als Denker für ihn interessant werden ließen. In einem unveröffentlichten Manuskript schrieb Jonas: „[...] another century later, Whitehead demonstrates the profound new possibilities, for ethics and much else, of a really reformed ontology: an ontology of process, without the guaranty of predestination“[174] und ließ darin durchblicken, dass Whiteheads Theorie für ihn einen Meilenstein darstellte, dem Jonas auch seinerseits durch Seminare während seiner Lehrzeit in New York zu angemessener Aufmerksamkeit verhelfen wollte[175]. Jonas und Whitehead teilen die Ansicht, es bestehe ein wechselseitiger Bezug von menschlichem Wissen und Welt. Beide versuchten, den cartesianischen Standpunkt zu überwinden. Im Mensch-Welt-Bezug beziehen sich unsere Beschreibungen immer auf die Welt, unsere Welterfahrung und Realität entsteht durch diese Beschreibungen, und gleichzeitig gibt es keine Welt, die von unseren Beschreibungen unabhängig bleibt. Der Mensch steht über seine Körperlichkeit und seinen Intellekt mit der Welt in Verbindung. Whitehead zeigt für Jonas dabei, dass „die Revision der konventionellen Substanzontologie keinesfalls an eine Rückkehr zu Aristoteles gebunden sei“[176]. Das ist ganz in Jonas' Sinne.

Darüber hinaus vertreten Jonas und Whitehead die Verbundenheit von Gott und Welt. Gott ist für beide kein allmächtiger Schicksalsbestimmer. Dem Individuum kommt ihrer Ansicht nach eine Schlüsselrolle zu. Whitehead entwirft auch in theologischer Hinsicht ein Ordnungsprinzip, in dem der Ursprung der

174 Nachlass Hans Jonas, HJ 2-9-1, unveröff.
175 Hans Jonas, Erinnerungen, S. 312.
176 Nachlass Hans Jonas, HJ 1-15-1, unveröff.

Dinge und der Grund, warum die Dinge zur Einheit konvergieren, enthalten sind. Gott ordnet und limitiert, greift aber nicht direkt in die Schöpfung ein. Er ist unabhängig und doch mit der Welt verbunden, er stellt keine Ausnahme im System dar. Gott schafft Ordnung, gibt aber keine vor, sondern ist vielmehr Ort aller möglichen Ordnungen. Die Einzelweisen sind dabei selbstbestimmt. Aus ihnen geht die tatsächliche Ordnung hervor, so Whitehead. Sein theologisches Konzept konvergiert in dieser Hinsicht stark mit dem von Jonas, welches später noch genauer zu diskutieren sein wird.

Wie nahe sich Jonas Whitehead fühlte und welche Bedeutung er für die Genese seiner Ontologie und seines Seinsbegriffes hatte, der in gewisser Weise Ausgang bei Whitehead nimmt, aber über hin hinaus geht und Sein in ganzheitlicherer Art fassen kann als das mit Whiteheads Theorie möglich ist, soll abschließend in einem Zitat zum Ausdruck kommen, das Jonas in Bezug auf die Veröffentlichung seines Buches „The Phenomenon of Life" äußerte: „Obwohl das Buch auf schriftstellerisch unvollkommenen Weise zustande gekommen ist, weil es nicht als Ganzes entworfen wurde, betrachte ich es als mein philosophisch wichtigstes Werk, weil darin die Ansätze zu einer neuen Ontologie entwickelt sind. Es ist gewissermaßen von demselben Ehrgeiz geleitet wie Whiteheads „Process and Reality" und widmet sich derselben grundlegenden Thematik, die ans Herz der Dinge geht und nach der Natur des Seins fragt. Meine These lautete, dass das Wesen der Wirklichkeit sich am vollständigsten in der organischen Existenzweise des Organismus ausspricht, nicht im Atom, nicht im Molekül, nicht im Kristall, auch nicht in den Planeten, Sonnen und so weiter, sondern im lebenden Organismus, der zweifellos Körper ist, aber etwas in sich birgt, das mehr als das bloße stumme Sein der Materie ist. Von diesem Punkt aus ist es überhaupt erst möglich, eine Theorie des Seins zu entwickeln"[177].

Es gab also zu allen Zeiten während Jonas' Lern- und Schaffensperiode Persönlichkeiten, deren Thesen zur Theoriegenese von Hans Jonas' Werk beitrugen und deren Spuren in seinen Schriften nachverfolgbar sind. Hier konnte nur einigen davon nachgegangen werden. Jonas' Ontologie ist nicht zuletzt mit Folge seiner Begegnungen und Lebensumstände und muss auch als Derivat seiner intellektuellen und persönlichen Erfahrung angesehen werden. Sein Seinsbegriff, den er so knapp und unbefriedigend skizziert, wird so klarer und verständlicher und um Dimensionen erweitert, die er nicht ausarbeitet, in der Folge seiner Überlegungen aber in seine Argumentationen hinein einfließen lässt. Jonas

177 Hans Jonas, Erinnerungen, S. 315f.

darf deshalb nicht als ungenügender Denker missverstanden werden. Vielmehr mag vieles seiner kurzen Ausführungen dem knappen Zeitplan geschuldet sein, den er sich auf Grund der äußeren Umstände in der Welt für seine Abhandlung setzte. Nach der Betrachtung ihm vorhergehender und ihn beeinflussender Denker mag einiges durchsichtiger geworden sein.

V. Sein-Leben-Mensch: Ontologie und Anthropologie

Hans Jonas betrachtet die Tendenz des Seins und des Lebens unter anthropologischen Gesichtspunkten, wie aus der zuvor vorgenommenen Untersuchung der Ausarbeitung seiner Ontologie in „Das Prinzip Verantwortung" festzuhalten ist. Sein charakteristisches Vorgehen ist die Betrachtung des Höchsten, am weitesten Entwickelten, aus dem heraus er Schlüsse für die Verfassung des Ersten und Basalen zieht, dessen Eigenschaften sich notwendig durch alle Zwischenstadien der Entwicklung hindurch fortgesetzt haben müssen, um letztendlich im Höchsten Ausprägung finden zu können. Jonas lehnt eine völlige Andersartigkeit des Menschen zum Rest der belebten Welt, in die sich der Mensch doch eingefügt sieht, kategorisch ab. Der Mensch, so Jonas, ist in der Natur zu Hause und durch sie bedingt, das ist seit der Distanzierung von den Motiven, die ihm vorher wichtig waren, seine tiefe Überzeugung. Das Prinzip, durch das der Mensch mit dem Kreis des Lebendigen verbunden ist, ist die Evolution, die Jonas sowohl darwinistisch als auch mit einem eigenen Einschlag interpretiert, der eine Form von Schöpfungsbegriff beinhaltet, dessen Kennzeichen sich durch die biologische Entwicklung hindurch auswirken. In und aus dieser so verstandenen Entwicklung des Lebens heraus ging der Mensch letztendlich mit all seinen Anlagen und Fähigkeiten hervor und kann sich von dieser, trotz seiner hochentwickelten Denkleistung und seiner geistigen Fähigkeiten, niemals ablösen und als abgelöst verstehen dürfen. Sein Gefühl ist in der Lage, dem Menschen mitzuteilen, was für ihn Geltung hat und was er nicht verleugnen oder von sich weisen darf. Sein Verantwortungsbewusstsein kann ihm mitteilen, in welchem Verhältnis er zur Welt steht und was dieses Verhältnis in der Folge für ihn bedeutet.

Jonas betrachtet den Menschen, die Natur und das Sein aber immer auch aus der Perspektive des Menschen, der gleichzeitig in ihr und über sie blickend besteht. Die einzigartige Rolle des Menschen in der Welt fasziniert ihn; aber gleichzeitig ist es ihm wichtig, nicht nur den Menschen allein zu erfassen. Vielmehr ist er der Überzeugung, dass dieser falsch begriffen wäre, betrachtete man ihn nicht als Teil von etwas anderem, sondern in der Loslösung von alledem, wie es zur in der Moderne favorisierten Vorgehensweise geworden ist, gegen die Jonas Widerstand leistet. Sein, Natur und Mensch sind die drei essenziellen Begriffe und Sphären, die in Jonas' Theorie stets aufeinander in Bezug stehend gesehen werden müssen und die sein Lebenswerk der Biophilosophie und Verantwortungsethik zu einer Einheit werden lassen. Obwohl Jonas diesen Zusammenhang erst zu einem späten Zeitpunkt, nämlich gegen Ende der Arbeit an „Organismus und Freiheit“, langsam einzusehen begann, wirkt er sich doch bereits durch sein gesamtes Werk hindurch aus und gipfelt schließlich im Ontologiekapitel von „Das Prinzip Verantwortung“. Jonas brachte es selbst so nie zum Ausdruck, möglicherweise stand es ihm auch nicht im Bewusstsein, doch sein Verständnis des Bezuges von Sein, Natur und Mensch ist die Grundlage für die Schlüssigkeit seiner Ethikbegründung und umspannt und bedingt das gesamte Verständnis dessen, wie Jonas die Welt und den Menschen darin erfasst.

Nachdem im vorhergehenden Kapitel sein Ontologiekonzept, dem in dieser Arbeit zentrale Bedeutung zukommt, untersucht wurde, muss noch einmal festgehalten und nun auch bestärkt werden, dass Hans Jonas seinen Ethikansatz darauf begründet, ein unbedingtes Sollen aus dem Sein auf dem Weg über die Natur abzuleiten. Dabei verläuft diese Begründung nicht aus der Natur heraus, sondern über die Natur aus dem Sein, welches Natur und letztendlich den Menschen bedingt, der in die Natur gesetzt die einzigartige Funktion eines „Rezeptors“ des Anspruches des Seins zu übernehmen in der Lage ist und durch dessen Verstehen und dessen dem gemäßes Handeln die Tendenz des Seins erst in vollem Maße Erfüllung finden kann. Jonas reformierte in „Organismus und Freiheit“ zunächst die Idee der Natur. In seiner Zugehörigkeit zur Natur muss aber der Mensch auch noch als sittliches Wesen in seiner unbedingten Verpflichtung verstanden werden können. Das Gewicht dieser Aufgabe wurde ihm erst in deren Folge klar. Diese so verfasste Verpflichtung aber ist nur möglich, wenn dieser Naturgedanke durch eine Ontologie unterfüttert wird. Die Grundzüge dieser Ontologie entwarf Jonas in „Das Prinzip Verantwortung“.

Dennoch fügte Jonas selbst die beiden Werke und ihren gemeinsamen Grundgedanken niemals zu einer argumentativen Einheit. Er wies nicht einmal darauf hin. Möglicherweise sah er seine Seins- und Ethikkonzeption in „Das Prinzip Verantwortung“ lediglich als eine notwendige Folge der Annahmen, die er in „Organismus und Freiheit“ über Natur und Mensch machte. Dass aber rückwirkend seine Idee von Sein und Sollen nur Konsistenz durch ihr immanentes Verhältnis auf den Menschen in der Natur gewinnt, wie Jonas es zwanzig Jahre zuvor formulierte, und dass die Implikationen der Verfassung des Seins Folgen für das Verständnis des Menschen haben müssen, die in „Das Prinzip Verantwortung“ nicht zur Sprache kamen, stand ihm womöglich in dieser Tragweite nicht klar vor Augen. Zumindest äußerte er sich nie dazu.

Die intensiven Verstrickungen dieser Dimensionen können nur in ihrer Gemeinsamkeit ihre Konsistenz und Bedeutung entfalten und müssen in Bezug auf einander untersucht werden. Die Ontologie des Lebens kann sich nur dann sinnvoll entfalten, wenn ihre anthropologische Sichtweise als Jonas typische Verfahrensart richtig verstanden und der Mensch in seinem Verhältnis zur Natur *und* zum Sein begriffen wird. Ersteres leistete Jonas in „Organismus und Freiheit“, dessen Aussagen zu dem, was menschlich ist, in diesem Zusammenhang untersucht werden müssen. Letzteres arbeitete Jonas selbst niemals aus. Hier müssen an Hand von Spuren und notwendigen Folgerungen aus dem, was Jonas leisten konnte, Schlüsse gezogen werden.

Bei der anthropologischen Sichtweise auf Sein und Natur im Argumentationskomplex der Ontologie handelt es sich keinesfalls lediglich um ein Stilmittel. Um das zentrale Kapitel von „Das Prinzip Verantwortung“ in angemessener Weise zu beurteilen, muss man hinter es zurückgehen und Jonas' Anthropologie untersuchen, die sich durch sein späteres Werk hindurch auswirkt und deren Implikationen den Menschen, wie Jonas ihn begreift, erst durchsichtig werden lassen. Es wird erst verständlich, warum für den Menschen verpflichtend wird, was in der Ontologie angelegt ist, wenn man den Menschen selbst versteht.

Deshalb sollen in der Folge die anthropologischen Ausgangspunkte Jonas' für die Verfahrensart seiner Ontologie in den Blick genommen werden, um das besondere Verhältnis von Sein, Natur und Mensch, das Jonas' Ethik bedingt, klarer heraustreten zu lassen. Was Sein und Natur für den Menschen bedeuten und was er wiederum für die Natur und das Sein selbst darstellt, soll in diesem Kapitel an Hand von Jonas' Texten untersucht werden. Dabei wird sowohl auf das zu betrachten sein, was Jonas selbst leisten konnte, als auch auf notwendige weitere Schritte eingegangen werden müssen, die von ihm selbst nicht mehr unternommen wurden.

Anthropologische Ausgangspunkte für die Verfahrensart der Ontologie des Lebens

Im Zentrum der folgenden Untersuchung soll es um eine genauere Herausarbeitung des Verhältnisses von Mensch und Sein gehen, denn dies ist das zentrale Verhältnis, das Jonas in seiner Ontologie aufzeigen will. Dabei muss sowohl die Art der Bedingtheit des Menschen durch das Sein berücksichtigt werden, als auch seine Stellung gegenüber dem Sein und die Weise, in welcher sein Handeln wiederum auf das Sein zurückwirkt. Jonas entwirft hier keine Bedingungsreihe, in der die Wirkung vom Sein über die Natur auf den Menschen hin lediglich in diese Richtung vom Umfassenden auf das Einzelne herab dringt, sondern einen Kreislauf, in dem auch das, was durch das Sein in den Menschen gesetzt ist, sich im Menschen in solcher Art entfaltet, dass es wiederum auf das Ganze des Sein einwirkt.

Diese besondere Annahme ist letztlich auch als begründend für die starke Überzeugung Jonas' anzusehen, welche Dringlichkeit und Bedeutung der Verantwortung und ihrem Anspruch in der Situation der Krise im Besonderen sowie darüber hinaus der Sphäre des Menschen und der von ihm in ihrer Gesamtheit affizierten Natur zu jedem möglichen Zeitpunkt zukommt. Das, was wir tun und unterlassen, wirkt sich nicht nur auf unsere unmittelbare Umgebung, sondern auf all unsere Bedingtheit und die tiefste Ebene allen tatsächlichen und möglichen Seins aus. Begreift man dieses Verhältnis in aller seiner Tragweite, begreift man auch die Ehrfurcht, die Jonas zu vermitteln suchte und die ihn wahrscheinlich zunächst in den frühen Jahren seines philosophischen Arbeitens veranlasste, sich überhaupt mit dem Thema „Leben" zu befassen.

Die Beziehung des Menschen zum Sein

In seinen Lehrbriefen an seine Frau Lore, die er ab Anfang 1944 als Soldat während seines Einsatzes in Italien verfasste, finden sich die ersten Zeugnisse von Jonas' beginnendem Interesse für das Themenfeld „Leben". Doch noch bevor er sich diesem Komplex zuzuwenden beginnt, tauscht er sich mit Lore über das Verhältnis von Sein und Sollen aus und vertritt hier bereits die Position, die er später mit dem Naturbegriff verbinden und verstärken können wird. Er schreibt ihr, er sei der Ansicht, „dass es die Welt sei, die von dem Menschen verlange, dass er für sie wach sei, sie wiederspiegele und ihr darin eine neue Existenz verleihe"[178]. Dieser Satz bringt bereits in besonderer Weise zum Ausdruck, wovon Jonas in „Das Prinzip Verantwortung" spricht. Der Begriff des „Wiederspiegelns" und die „neue Existenz", die der Mensch der Welt „verleihe", illustrieren das Verhältnis von Sein und Mensch und wiederum von Mensch und Sein. Der Mensch ist als einziges Wesen innerhalb der lebendigen Sphäre in der Lage, den Anspruch des Seins zu verstehen und in sein Handeln aufzunehmen. Indem er ihn umsetzt, vervollständigt er auf eine Art das Sein, das seinen Anspruch nicht in die Leere laufend, sondern als gewissermaßen durch Handeln „komplettiert" sieht. Dieses Handeln kann aufgrund dieser besonderen Konstellation nur menschliches Handeln sein. Ohne es wäre das Sein ärmer, so muss man mit Jonas sagen. So schildert er diesen besonderen Bezug im Kapitel IV.1 von „das Prinzip Verantwortung", wobei er auf die Rückwirkung des Menschen auf das Sein weniger stark eingeht, als auf dieses Verhältnis als die Grundlage der Verantwortung und der Verpflichtung zu ihr.

178 Hans Jonas, Erinnerungen, S. 348.

In diesem frühen Exzerpt spricht Jonas allerdings noch nicht von dem „Sein" in seinem später spezifischen Verständnis oder der „Natur", sondern von der „Welt", beziehungsweise dem „menschlichen im gesamtweltlichen Sein"[179]. Er hat sich noch kein klares Bild davon gemacht, wie dieser Anspruch an den Menschen aussieht, wie er im Einzelnen zu ihm kommt und kommen kann. Seine Überzeugung, dass es etwas in der Welt gibt, das dem Menschen etwas zu sagen hat und das außerhalb seiner intellektuellen Sphäre liegt, besteht schon damals und wandelt sich sein Leben lang nicht. An dieser Stelle ist also schon ein erster Schritt festgehalten, sich auf die Spuren von Sein und Mensch zu begeben.

In der Folge beginnt Jonas, sich für das Leben zu interessieren. Dabei nimmt er Ausgang bei den Phänomenen von Berührung und Empfindung als erstes Unterscheidungsmerkmal von Lebendigem und Nicht-Lebendigem. Er denkt hier bereits über die Zelle als einfachsten Organismus und gewissermaßen elementarstes Leben und ihre spezifischen Kennzeichen nach, die sie gegenüber anderem bloß existierendem als lebendig ausweist. Form und Stoff sind in den Lehrbriefen bereits Themen und führen so stringent auf die ältesten Kapitel von „Organismus und Freiheit" hin. In diesem Zusammenhang spricht Jonas vom „Sein" des Organischen[180] und tastet sich mit diesem Begriff an seine Idee von Leben heran. Das Sein als Grundlage alles Lebendigen und Nicht-Lebendigen hat er hier jedoch noch nicht im Blick. Und er braucht es auch nicht, da er zu diesem Zeitpunkt keine Veranlassung hat, für die Erkenntnis von Leben weiter hinter das Leben zurückzugehen als zu der Materie, aus der das Leben hervorgeht. Diese Materie aber ist „Stoff", eine Quelle, aus der das Leben Material bezieht, keine prinzipielle Begründung für das Zustandekommen von allem, das Natur beinhaltet, sei es belebt oder unbelebt. Erst Ende 1944, als sich Jonas im Zuge des Lebendigen mit dem Menschen befasst und das Verhältnis von „Geist und Organischem" untersucht, bringt er eine erste Formulierung: „Aber im Reiche des Lebens ist die organische Ausprägung ‚Mensch' etwas sehr Besonderes; und im Reiche des Seins ist wiederum die Tatsache ‚Leben' sozusagen etwas einzigartig Besonderes [...]. Und das Reich des Seins, in das das Leben eingebettet ist, aus dem es sich so extrem und ausnahmshaft besondert hat – das Reich der Materie?"[181]. Schon jetzt tritt die Dreiheit von Sein, Natur und Mensch in ihren Grundzügen heraus. Und schon an dieser Stelle hinterfragt Jonas das Verständnis, das man von Sein in diesem bestimmten Kontext haben muss. Indem er

179 Hans Jonas, Erinnerungen, S. 348.

180 Ebd., S. 353.

181 Ebd., S. 364.

die „Materie“ mit einem Fragezeichen versieht, scheint er sich nicht mehr ganz schlüssig, ob das Sein, das dem Leben zu Grunde liegt, als reines Material gesehen werden kann. Insbesondere, da er auch den Begriff des Indifferenten hat, den er dem Leben entgegen setzt und für das er ebenfalls einen Gedanken hat, den er später weiter ausarbeitet, indem er schreibt, „dass das gänzlich Nicht-Besondere, das schlechthin Generelle, eigentlich nur die differenzlose, hypothetische Ursubstanz oder das Nichts ist“[182]. Diese Passage sagt bereits viel zu seinem Verständnis des „Nichts“ aus, das er auch in seiner Ontologie behandelt und das keinesfalls als die Abwesenheit von Existenz oder als reine Leere zu verstehen ist, sondern als das Fehlen von Differenz und Tendenz. Damit ließe sich im Umkehrschluss aus dem zitierten Satz bereits schließen, dass Sein nicht einfach Materie, sondern etwas sein müsse, das sich nicht durch das „Generelle“ und „nicht-Besondere“, sondern durch das Besondere auszeichnet und damit in seiner Verfassung nicht in erster Linie materiell, sondern tendenziell sein muss. Jonas hat das nicht ausgearbeitet, an dieser Stelle war dieses Verhältnis für ihn auch nicht von vorrangigem Interesse. Dennoch ist es interessant zu bemerken, wie früh er dieses Verständnis von Sein wohl schon schemenhaft vor Augen hatte.

Als Jonas im selben Brief aber zu der Besonderheit des Geistigen gegenüber der Welt kommt, lassen sich hier auch Grundzüge für das umgekehrte Verhältnis, das vom Menschen zum Sein, finden. Da das Denken sich immer mit dem befasst, was ist, muss das, „was sie [die Gebilde des Geistes] interpretieren wollen, das objektive Sein, [...] auch dem sie interpretierenden Geist noch wichtig sein“[183]. Insofern sich der Geist mit dem Sein befasst, muss es ihm etwas bedeuten. Er muss es „lieben“ und „Ehrfurcht vor ihm haben“, so Jonas: „All dies fasst sich zusammen in dem Gebot, die Wirklichkeit zu ihrem Recht kommen zu lassen. Um ihretwillen ist der Geist, wie sie um des Geistes willen“. So bringt Jonas eindrücklich das gegenseitige Bedingungsverhältnis von Sein und Mensch auf, das sich durch seine gesamte spätere Philosophie zieht. Hier nennt er das, was er „Sein“ nennt, noch „Wirklichkeit“. Dass er damit aber das Sein bezeichnen will, wird in einem Satz kurz danach deutlich, der in besonderer Weise die Rolle des Menschen im und gegenüber dem Sein beschreibt: „In dieser infiniten Aufgabe [das Sein interpretieren, erkennen, es für wichtig nehmen, widerspiegeln und bezeugen], die der Geist der Wirklichkeit gegenüber auf sich nimmt, erfüllt der Mensch eine seiner Bestimmungen, wenn nicht seine Bestimmung. Sie ist tief vorbereitet in der Geschichte des Seins und ward zum ersten Mal sichtbar beim

182 Hans Jonas, Erinnerungen, S. 364.
183 Ebd., S. 368.

Erscheinen des Lebens, als die Materie zum ersten Mal sich selber fühlte in der dunkelsten Reizempfindung der lebenden Substanz. Hiervon habe ich begonnen in meiner Philosophie zu handeln“[184]. Diese Passage drückt in wirkungsvollerer und komprimierterer Art als manch andere Formulierung Jonas' später die Vorbedingtheit des Menschen als intellektuelles und als solches mit einer Form von Aufgabe begabtes Wesen im Sein aus, sowie den spezifischen Weg, den seine Entwicklung über die Besonderheit des Lebens nimmt, bis zu seiner Ausprägung in der organischen Form des Menschen, der durch seinen körperlich bedingten Geist befähigt und verpflichtet ist, seine Aufgabe gegenüber dem Sein wahrzunehmen. Jonas hält sich an Spinoza, indem er das Ergebnis dieses Verhältnisses im Geist als der „amor dei intellectualis“ vergleichend anheimstellt. Diese Aufgabe in ihrer Gänze auszuführen, so sagt Jonas zu diesem frühen Zeitpunkt, sei aber ein Ideal, das zu erreichen nur den Wenigsten gelingen könne. Noch verbindet er mit ihr keine unbedingte Pflicht, keine Notwendigkeit und keinen Verantwortungsbegriff. Dennoch verwendet er am Ende seiner Ausführung an dieser Stelle schon den Begriff der Ethik: „Die wahre [Ethik] *muss* darin [dem Anstreben der Vollendung der Aufgabe in all ihren Implikationen, auch wenn das nur einer Elite möglich ist] gipfeln“[185]. Hierin liegt eine unbedingte Verpflichtung, und zwar für die Verfassung einer Ethik. Sie darf keine Kompromisse eingehen und muss, insofern sie eine „wahre“ ist, auch das höchste, unwahrscheinlichste Ziel einbeziehen. Später ging Jonas davon aus, dass dieses Ziel zu erreichen der Menschheit gelingen müsse. Es ist unwahrscheinlich, dass er später der Ansicht war, es könne einfacher sein als er zunächst, zu diesem frühen Zeitpunkt Ende 1944, annahm. Es zeigt vielmehr, welcher Anspruch an die Menschheit durch die selbstgeschaffene Situation in der Zwischenzeit in Jonas Augen entstanden ist und weshalb er den Entwurf einer ihm gemäßen Ethik als so unbedingt notwendig erachtete, dass er ihn selbst zu leisten versuchte, obwohl er schon zu Beginn des Projektes der Auffassung war, dass es in seiner Größe und Verfassung seine Fähigkeiten eigentlich übersteige.

Dieser Anspruch, der aus der Situation an den Menschen erwächst, ist Folge der Möglichkeit, dass überhaupt ein Anspruch für den Menschen aus etwas außerhalb seiner selbst erwachsen kann. Dieser Sachbestand liegt darin begründet, dass das Denken, das letztlich Folge der Tendenzen des Seins zu Entwicklung, Individuierung und Ausdifferenzierung ist, sich in seiner Fähigkeit der Selbsterkenntnis selbst und sein Verursacht-sein und seine Zugehörigkeit zum Sein

184 Hans Jonas, Erinnerungen, S. 370.
185 Ebd.

begreift und sich darin bereits auf das Sein zurück bezieht, durch das es bedingt ist. Doch mit dieser Fähigkeit des Einsehens ist für Jonas die Rolle des denkenden Geistes noch nicht erfüllt. Indem er der Auffassung ist, dass das Sein etwas darüber zu sagen hat, was zur Pflicht wird und indem er den Menschen nicht nur als Betrachter der Welt, sondern die Welt als Aufgabe des in ihr und mit ihr handelnden Menschen begreift, erwächst aus dem verstehenden Rückbezug auf das Sein für den Menschen auch die Aufgabe, diesem Verstehen des Seins gerecht und seinem „Ruf" gemäß tätig zu werden. Dem Menschen kommt, sobald er sich dessen bewusst ist, im Ganzen des Lebens die Rolle der ausführenden Hand des Seins zu. Ihm, und ihm allein, wird zur Aufgabe, den selbsterfüllten Kreis des Seins, der sich in der Evolution bildete und durch den Bestand des Menschen auf das Sein zurückbezog, als solchen zu begreifen und ihn zu erhalten und zu wahren. In seiner Fähigkeit und Tendenz, die Inhalte der Natur für künstliche Zwecke zu nutzen und gegebenenfalls zu missbrauchen und damit destruktiv und entgegen des Spruchs des Seins zu handeln, ist der durch das Sein gesetzte Mensch gleichzeitig möglicher Zerstörer der Natur, die ihn bedingt. Erfüllt er seine Aufgabe, die ihm vom Sein her zukommt, beschränkt er seine Wünsche und Fähigkeiten zu Gunsten des an ihn gesetzten Anspruches. Folgt er ganz seiner Natur, handelt er letztendlich gegen sie und widersetzt sich dem Ruf des Seins. Der Pädagoge Edward Birkenbeil sah, bezugnehmend auf Hans Jonas, dass die „ontologische Verantwortung" nur dann eine solche sein kann, „(…) wenn sie aus dem Bezug des Menschen zum Sein resultiert, dessen ‚Wächter' er tatsächlich ist. ‚Seinsvergessenheit' macht eine ‚ontologische Verantwortung' gegenstandslos"[186]. Dem zur Folge muss der Mensch in seiner Verantwortung als seinsbezogenes und seinsbewahrendes Wesen angesehen werden. Nur wenn er diesem Anspruch folgt, wird er sich selbst gerecht. Folgt er dagegen den in ihn liegenden Interessen, verfehlt er seine ursprüngliche Verfassung.

So versteht Jonas den Menschen als ein höchst widersprüchliches und zerrissenes Wesen. Er pendelt zwischen den in ihm wirksamen Kräften seiner Willkür und seiner Verantwortungsfähigkeit. Die erstere bezieht ihn ganz auf sich, die zweite auf das, wodurch er bedingt ist. Dennoch ist letztendlich auch die Willkür Folge des Seins. Betrachtet man den Menschen auf diese Art, fällt es schwer, ihn zu verstehen. Seine Gesetztheit durch das Sein macht ihn zu einem scheinbar widersprüchlichen Wesen und Jonas' anthropologischer Standpunkt erscheint

186 Edward J. Birkenbeil, Verantwortliches Handeln in der Erziehung. Eine Herausforderung für die Dialogische Pädagogik, Ditzingen 1986.

undurchschaubar. Deshalb ist es notwendig, seine Idee der spezifischen Rolle des Menschen im Sein genauer zu untersuchen.

Die Rolle des Hüters: Erinnerungen an Heidegger

Der Mensch steht für Jonas im Mittelpunkt der Betrachtung und des Kreises des Lebens. Auf ihm liegt nicht nur das Augenmerk der Argumentation, er ist auch das entscheidende Glied in der Auswirkung der Tendenz des Seins in der Welt. Jonas weist ihm damit auch eine Rolle zu, in der sein Handeln nicht nur für die Einwirkung und Veränderung auf außermenschliches Leben und Existieren entscheidend ist, sondern auch für das Gelingen oder Scheitern einer Form von höherem Plan, der die Natur, alles Leben und den Menschen selbst einbezieht. Jonas begründet diesen nicht auf eine Theologie, sondern auf eine Ontologie, und setzt den Menschen zentral als einsehendes und direkt durch das Sein angesprochenes Glied. Für Jonas kommt dem Menschen eine „Treuhänderrolle“[187] zu, in der er sein eigenes Dasein und das der von ihm affizierten Welt zu behandeln hat. Indem er über die Fähigkeit verfügt, sein eigenes Leben zu bestimmen und dabei die Gesamtheit der Natur in der Durchsetzung seiner Zwecke zu berühren und zu verändern, muss er in der Ausübung dieser Fähigkeit seiner Rolle im und gegenüber dem Sein gerecht werden. Der Mensch ist damit als der Hüter der Schöpfung in die Welt getreten. Er ist es nicht erst geworden, sondern war es schon immer insofern seine Befähigung, die Welt zu affizieren, in ihm qua seines Menschseins angelegt ist. Dennoch differenziert sich die Bedeutung dieser Rolle graduell mit dem Anstieg seiner selbsterworbenen Fähigkeiten aus und gipfelt im Zustand der Moderne, in welcher der Mensch durch Naturwissenschaften und Technik in der Lage ist, nicht nur in das Leben einzugreifen, sondern es auch irreparabel zu schädigen und zu zerstören. Die Rolle des Hüters aber zeigt auf, was nicht akzeptiert werden darf und was dem Menschen, trotz seiner Fähigkeit dazu, nicht zukommt und im Eigentlichen unnatürlich ist. Dem Schafhirten ist seine Herde anvertraut, er muss um das Wohlergehen jedes Schafes bedacht sein, sich tätig für es einsetzen und Schaden an ihm nach Kräften verhindern. Er muss das Schaf nicht dazu anleiten, Schaf zu sein, aber er muss es in seinem Dasein als Schaf erkennen, ihm seine Bedürfniserfüllung nach Weide und Wasser nicht verweigern und Gefahren von ihm fern halten, insofern es ihm möglich ist. In der Politeia beschreibt Platon ein ähnliches Bild von Hirte und Schaf in. Nach seiner Sicht darf der Mensch (auch wenn er im Blick behält, welcher Nutzen ihm durch die Gesunderhaltung des Schafes entsteht) es nicht allein zu seinem

187 Hans Jonas, Das Prinzip Verantwortung, S. 29.

Zweck nutzen, will er gerecht sein[188]. Platon bezieht in diesem Gleichnis den Anspruch auf Gerechtigkeit, zumindest theoretisch und lediglich in der Form des Gleichnisses, auch in den außermenschlichen Bereich. Jonas' Sichtweise zeigt zu dieser Ausdrucksform eine auffällige Parallele zu Platon. So wie der Schafhirte soll für Jonas auch der Mensch mit der Schöpfung verfahren. Er darf sie nicht nach seinem Belieben versklaven, sondern muss sie als ihm anvertraut begreifen und seiner Aufgabe gemäß handeln.

Das Besondere an der Konstellation des Menschen als Treuhänder seines eigenen Fortbestehens und der Natur ist dabei die Rolle des Menschen als Hüter, Bedrohung und Bedrohter gleichermaßen. Der Schaden, der der Natur zukommen kann und den es zu verhindern gilt, droht vom Hüter selbst. Wenn der Mensch nicht der in ihn gesetzten Anforderung gemäß handelt und durch ein Übermaß an Technologie zum Zweck der Verbesserung seines Lebensstils die Natur ausbeutet und beschädigt, ist er selbst zum Wolf geworden, der die Schafherde reißt. Und ebenso bedroht er sich darin selbst, indem er sich seiner eigenen Lebensgrundlage beraubt und sich in der Gier von heute in seinem Fortbestand in der Zukunft bedroht. Betrachtet er die langfristigen Folgen seines Handelns, muss ihm offenbar werden, dass auch in seinem eigenen Sinne die bestmögliche Verhaltensform wäre, die Rolle des Hüters nach besten Kräften wahrzunehmen und zu erfüllen. Willkür, Gier und die verhältnismäßig kurze Zeitspanne des menschlichen Lebens im Verhältnis zu den langfristigen und nicht klar abschätzbaren Auswirkungen seines heutigen Verhaltens aber lassen die Bürde des aktuellen Verzichts schwerwiegender erscheinen als die Sorge um die Zukunft. Deshalb sieht es Jonas als notwendig an, dem Anspruch, der er als durch das Sein in den Menschen gesetzt sieht, durch eine Ethikbegründung zu mehr Stärke zu verhelfen.

Schon in einem der Lehrbriefe an seine Frau Lore äußerte Jonas 1945 seine Ansicht, dass dem Menschen aus der Welt außerhalb seiner selbst und um dieser Welt willen eine Verantwortung zukommt: „Es ist aber im Auge zu behalten, dass der Mensch mit seinem transzendentalen Vermögen der Gegenständlichkeit, nicht weniger als mit seiner extremen Selbst-Individuation, der Erbe aller Lebensentwicklung vor ihm ist und noch im Übertreffen erntet, was vor Äonen dunkel begann und in unendlicher Selbstmühung der organisierten Materie seinen Stamm bis an die Schwelle zu ihm selbst gebracht hat. Keine Erbschaft verpflichtet mehr als diese“[189]. Schon hier wird die Verpflichtung klar, die Jonas

188 Platon, Politeia, 343a f.

189 Hans Jonas, Erinnerungen, S. 383.

Zeit seines Lebens als unveräußerliches Element der menschlichen Verfassung begreift. Die Hüterrolle ist etwas, dem er gerecht werden kann oder nicht, das er aber niemals ablegen kann. Sie ist mit seiner Entstehung als vernunftbegabtes organisches Wesen zu ihm gekommen und wird Teil von ihm sein, solange er als solches besteht.

Diese Zentralstellung der Bezogenheit auf etwas in der menschlichen Natur kannte Jonas aus seiner philosophischen Schule schon von Heidegger. Dem geschuldet ist, wie schon einmal angerissen, sein Ansatz, den Ausgang aller Betrachtung beim Sein zu wählen. Darüber hinaus war die phänomenologische Bestimmung Heideggers, das Dasein ontologisch unter dem Gesichtspunkt des für ihn zentralen Begriffes der „Sorge" zu beschreiben für Jonas' Verständnis der Grundtendenzen des Lebens, auf die später noch einzugehen sein wird, sicherlich wegweisend. Jonas betonte häufig seine tiefe philosophische Prägung durch Heidegger[190], und so ist es sicherlich nicht ganz falsch anzunehmen, dass er hier, ob beabsichtigt oder unbewusst, einige Elemente aus seiner philosophischen Vorbildung einfließen ließ. Die Sorge, bestimmt als Sorge um das Selbst und als Fürsorge für den Anderen, ist dabei bei Heidegger nicht als aus Abstraktem hergeleitet, sondern aus tatsächlicher Erfahrung des Daseins im eigenen Leben des Menschen. Darin geht Jonas mit ihm überein. Nur im Leben selbst kann der Mensch erfahren, was dieses Leben von ihm verlangt, nämlich die Erhaltung seiner selbst und seiner Lebensbedingungen in der ihn umgebenden Welt, also letztendlich in einer Form von Sorge um sich selbst und Anderes, beziehungsweise Andere. Jonas und Heidegger sind beide überzeugt, dass das Individuum niemals aus der Welt heraus gestellt und von ihr abgelöst betrachtet werden kann. Menschliches Dasein ist Teil der Gesamtheit von Dasein, seinen Prinzipien unterworfen und auf das außerhalb seiner selbst genauso bezogen wie auf sich selbst, wobei Jonas diese Verbindung durch das Organische noch stärker herausbringen kann. Die Sorge nach Heideggers Verständnis spielte auch für Jonas' Philosophieentwurf eine Rolle. Besonders stark kann man diese Verbindung bei der Betrachtung des späten Heideggers ausmachen, der die Sorge zu dieser Zeit weniger in die Sphäre von Selbst und Anderen projizierte, sondern sie als Sorge für das Sein verstand und dem Menschen eine Wächterrolle über das Sein zuwies, die ihr Pendant in der Hüterrolle des Menschen bei Jonas findet[191]. In diesem Zusammenhang richtete sich Heidegger schon früh, so wie Jonas später,

190 Hans Jonas, Erinnerungen, u. A. S. 303.

191 Friedrich-Wilhelm von Herrmann (Hrsg.), Martin Heidegger. Gesamtausgabe, Bd. 9, Frankfurt am Main 1976, S. 343.

gegen die Beherrschung des Seienden durch die Technik. Es ist nicht anzunehmen, dass Jonas dieser Problemkreis durch Heidegger aufging, möglicherweise ist aber eine Affinität für dieses Thema in einer Zeit, in der dies noch nicht zu einem Modegedanken geworden war, durch seine Theorie vorgeprägt. Jonas rückte die Problematik der Rolle der Technik in der Moderne erst durch seine Beschäftigung mit seiner Philosophie des Lebens ins Augenmerk. Letztgültig lassen sich zu einem möglichen Zusammenhang mit Heidegger in Jonas' Theoriegenese an dieser Stelle nur Vermutungen anstellen.

Beiden Denkern gemeinsam ist der Bezug des Menschen auf das Sein und eine Schlüsselrolle, die dem Menschen in Bezug auf das Sein zukommt. Es bedingt nicht nur den Menschen, der Mensch bedingt es auf eine bestimmte Weise ebenfalls und ist damit nicht nur ein Phänomen unter vielen, sondern ein einzigartiges Ereignis innerhalb der Gesamtheit des Seins. Diese Rolle, so sieht es Jonas, hat Folgen für ihn, seine Art sich selbst zu sehen und die Art, wie er zu handeln hat. Ihm kommt Verantwortung zu. Diese Verantwortung besteht gegenüber dem Sein, das die Verantwortungsfähigkeit in ihn legt, der Welt, die er in seinem Handeln affiziert, und sich selbst, der ebenfalls von seinem Handeln affiziert wird und es gleichzeitig bedingt. Eine größere Verantwortung ist kaum denkbar. Aus dem untrennbaren Verhältnis von Sein und Mensch entsteht die Verantwortung, die die Grundlage der Ethik ist, die Jonas für die Moderne zu entwerfen sucht.

Damit ist die Untersuchung der Form der Beziehung beendet, die Jonas zwischen Mensch und Sein als bestehend sieht. Allerdings ist dieses Verhältnis letztendlich vor Allem die theoriegenetische Folge der langjährigen Ausarbeitung seiner Biophilosophie und der darin entworfenen Stellung des Menschen in der Natur. Jonas geht in dieser mit der gleichen Prämisse vor wie später in „Das Prinzip Verantwortung" und verbindet so die beiden Werke auch methodologisch. Bezeichnend für seine Herangehensweise ist die Betrachtung von Sein, Welt und Leben aus anthropologischer Sichtweise und Argumentationsform. Formulierungen wie „der Spruch des Seins"[192] weisen auch dem Außermenschlichen und Außernatürlichen Qualitäten der menschlichen Sphäre zu. Kritiker warfen Jonas vor, auf diese Weise logische Verbindungen zu suggerieren, wo er keine argumentativ begründen könne. Ob diese, sicherlich gezielt gewählten Formulierungen Jonas auch diesem Zweck dienten, soll an dieser Stelle nicht beurteilt werden. Dass diese Methode aber zur Illustrierung der Philosophie des Lebens dient und Jonas' Ansicht über die besondere Bedingtheit des Lebens und des

192 Hans Jonas, Das Prinzip Verantwortung, S. 155.

Menschen zum Ausdruck bringt, ist eindeutig. Um seinen Ethikansatz und die darin angelegten Implikationen angemessen verstehen zu können, ist es von unbedingter Wichtigkeit, Jonas' Biophilosophie zu kennen und zu verstehen. Deshalb sollen in der Folge die wichtigsten Schritte dieses Ansatzes nachvollzogen und untersucht, sowie ihre Implikationen für die spätere Verantwortungsethik aufgedeckt werden. „Das Prinzip Verantwortung" und der in ihm zum Ausdruck kommende anthropozentrische Standpunkt können ohne „Organismus und Freiheit. Ansätze zu einer philosophischen Philosophie", Jonas' von ihm als solches bezeichnetes Hauptwerk und Kernstück seiner Lebensphilosophie, nicht richtig verstanden werden. Deshalb soll zur Begründung und Erläuterung der Wahl dieses Standpunktes in der Folge Jonas' Philosophie des Lebens untersucht werden.

Die Begründung des anthropozentrischen Standpunktes in der Philosophie des Lebens

„Das Sein, oder die Natur, ist eines und legt Zeugnis von sich ab in dem, was es aus sich hervorgehen *lässt.* Was das Sein ist, muss daher seinem Zeugnis entnommen werden, und natürlich dem, das am meisten sagt, dem offenbarsten, nicht dem verborgensten, dem entwickeltsten, nicht dem unterentwickeltsten, dem vollsten, nicht dem ärmsten – also dem uns zugänglich ‚Höchsten'", so äußert sich Jonas über die Art, wie wir etwas über das Sein und das, was es uns zu sagen hat, lernen können[193]. Das allerdings ist nur möglich, wenn es eine Verbindung zwischen dem Sein und uns selbst gibt. Diese Verbindung entwirft Jonas über die Natur, deren Begriff im Sinne der physis als wahres Sein der Dinge zu verstehen ist, darin über das Phänomen des Lebens und darin wiederum über den Prozess der Evolution, der letztendlich als bisher höchste Entwicklungsform den Menschen hervorgebracht hat. Es muss also Charakteristika geben, die dem Menschen zukommen, aber auch jedem Glied in der Kette durch den Komplex der Welt bis hinab in ihre Verursachung, die in den Tiefen des Seins an sich gelegen ist. Um diesen Eigenschaften auf die Spur zu kommen, benötigt man eine Methode, die Jonas in dem oben zitierten Text angibt. Wählt man den Ausgang bei der höchsten Entwicklungsform, kann man von ihr etwas über ihre Verursachung in der niedersten, ersten lernen, da sie sich trotz all ihrer Entwicklung von ihrem Anfang nicht gänzlich lossagen kann. Insofern alles in der Welt durch Sein bedingt ist, muss man von der Welt etwas über das Sein erfahren können. Da

193 Hans Jonas, Das Prinzip Verantwortung, S. 136.

nun der Mensch in der Sphäre des Lebendigen die wohl höchste Form darstellt und wir gleichzeitig qua unseres Menschseins den Menschen am besten kennen und erkennen und er uns damit das „Offenbarste" des Seins darstellt, ist es für Jonas nur logisch, dass der Ausgang für die Untersuchung nur beim Menschen genommen werden kann.

Deshalb ist es notwendig, die Charakteristika des Menschseins bei der Betrachtung der außermenschlichen Sphäre, die ja doch mit ihm verbunden ist, nicht aus den Augen zu verlieren. Die Maßstäbe, unter denen der Mensch beurteilt und interpretiert werden kann, müssen auf dem Untersuchungsgang an der Kette der Evolution herab dieselben sein, will man sich an die von Jonas gewählte Methode halten. Deshalb können seine Biophilosophie und letztendlich auch seine Ontologie nicht anders verfahren als Beurteilungen unter anthropologischen Maßstäben anzustellen. Jonas' Betrachtung der Natur und des Seins bestehen nicht von außerhalb ihrer Sphäre, sondern von innen. Er blickt gewissermaßen durch das Fernrohr des Menschen auf die Welt. Und damit wählt er seine Methode sinnvoll, da eine Betrachtung durch menschliche Augen, auch bei Bemühung um größtmögliche Entfernung, niemals anders sein kann als eine menschliche. Jonas wählt diesen Weg auch in „Das Prinzip Verantwortung" bewusst. Worum es ihm in seinem Ethikentwurf geht, ist eine Ethik für den Menschen und als solche auch eine, die die außermenschliche lebendige Sphäre als für den Menschen lebensnotwendig mit einbezieht. Jonas will die Augen nicht vor einem Eigenrecht der Natur verschließen und billigt ihr ein solches zu, insofern sich die Tendenz des Seins nicht nur im Menschen, sondern in allem Leben auswirkt und damit jedes Lebewesen das Sein durch sein Bestehen bereichert und so erhaltenswert ist. Dennoch macht er klar, sowohl durch die in der Ontologie herausgearbeitete Sonderstellung des Menschen im Sein als auch durch die natürliche Prävalenz der Erhaltung der eigenen Spezies vor einer anderen, dass es ihm zunächst um die Zukunft des Menschen und in der engen Folge um die Zukunft des Lebens auf der Welt geht. Seine Aufforderung zu dem gemäßem Verhalten ist als sogenannter „ökologischer Imperativ" berühmt geworden: „Handle so, dass die Wirkungen deiner Handlung verträglich sind mit der Permanenz echten menschlichen Lebens auf Erden"[194]. Was „echtes menschliches Leben" bei Jonas bedeutet, wird an späterer Stelle in diesem Kapitel noch zu behandeln sein. Da aber solches Leben nur unter Erhaltung der Natursphäre in ihrer aktuellen natürlichen Verfassung möglich ist, bezieht der ökologische

194 Hans Jonas, Das Prinzip Verantwortung, S. 36.

Imperativ notwendig die Achtung der Natur in die Achtung der Möglichkeit des menschlichen Lebens mit ein, sowohl aktuell als auch für und in der Zukunft.

Die anthropologische Sichtweise ist also Jonas' charakteristische Methode, ist aber auch sinnvoll gewählt in Bezug auf seine Sicht auf den Zusammenhang von Sein, Leben und Mensch und das Ziel, das er zu erreichen sucht, nämlich die schlüssige Herleitung von Sollen aus dem Sein.

Um aber den Menschen, wie Jonas ihn sieht, seinen Platz in der Welt und den Grund, weshalb der Anspruch des Seins für ihn einsehbar wird, verstehen zu können, muss man seine Philosophie des Lebens zu Rate ziehen. In „Das Prinzip Verantwortung" entwirft er kein Bild des Menschen und erläutert auch nicht seinen besonderen Gebrauch des Begriffes der „Freiheit", durch die er den Menschen charakterisiert sieht. Er überträgt seinen Standpunkt ohne gesonderten Hinweis aus seinem früheren Werk „Organismus und Freiheit" und verwendet viele Zusammenhänge und Äußerungen ohne weitere Begründung, die für den Leser des Ethikentwurfes ohne einen Hintergrund in der Biophilosophie irreführend sein müssen. Der Mensch, für den die Verantwortungsethik Gültigkeit hat, ist der, den Jonas Jahre zuvor in „Organismus und Freiheit" darstellte. Deshalb muss man, um Jonas' ontologisches Konzept als Grundlage seiner Ethik richtig verstehen zu können, den Menschen verstehen, den es umfasst.

Die Stufen der Freiheit

In seiner Betrachtung der philosophischen Implikationen des Evolutionsprinzips zeigt Jonas seine naturwissenschaftliche Seite. Er folgt Darwins Theorie, geht aber über sie hinaus, indem er auch die anorganische „Vorgeschichte" der Entstehung des Lebens in seine eigene Theorie mit einbaut. Zentral werden dabei bei ihm Schritte in der Entwicklung, die von der post-darwinistischen Forschung als „Fulgurationen" angesprochen werden und sprunghafte Entwicklungen innerhalb der Entwicklung des Lebens bezeichnen, in denen plötzlich etwas Neues in der Folge der Evolution aufritt und eine neue Stufe in der lebendigen Natur begründen, die nicht allen auf die Anlagen innerhalb dessen zurückzuführen ist, aus dem die neue Entwicklung hervorgegangen ist[195]. Ein Beispiel dafür ist das Hervortreten des menschlichen Intellekts in der Folge der Evolution.

Jonas beginnt seine Untersuchung in „Organismus und Freiheit" beim Phänomen des Lebens an sich. Im unbelebten „Weltall" der reinen Masse und Materie hat es einen Zeitpunkt gegeben, so könnte man sich vorstellen, an dem etwas

---

195 Konrad Lorenz, Die Rückseite des Spiegels. Versuch einer Naturgeschichte menschlichen Erkennens, München 1973, S. 48–55.

Neues die Bühne des Geschehens betreten hat, das so grundlegend anders war, dass aus dem zuvor einzigen, der Masse, das Gegenteil des Neuen wurde: die Masse wurde zum „Anorganischen"; zu dem, das nicht so ist wie das, was neu entstanden ist, nämlich „das Organische", das Leben. Dieses Leben zeichnet sich durch ganz außerordentliche, bis dahin neue Eigenschaften aus, darunter als die vielleicht erstaunlichste diejenige der Möglichkeit des Nichtseins, des Todes, die sie dadurch unmittelbar in einen neuen Kontext des Risikos setzt. Leben heißt in Gefahr sein, zu jedem Zeitpunkt in Frage zu stehen, stets begleitet von der Möglichkeit von Entstehen und Vergehen. Dies ist die Stellung des Organismus in der Welt, wie Jonas sie erkennt. Und er erkennt in diesem Organismus ein ihm eigenes Prinzip, das diese Stellung erst verursacht und das Organische als solches begründet und auszeichnet: Freiheit. Dies mag zunächst seltsam anmuten. Jonas' Titel des Werkes „Organismus und Freiheit" wirkt auf den ersten Blick wie zwei an unpassender Stelle zusammengefügte Puzzlestücke. Ganz im Gegensatz zu dem biologischen Terminus des Organismus steht die Freiheit als allgemein als Handlungs- oder Willensfreiheit verstanden, als das Verfügen über Optionen oder „eine Wahl zu haben". Jonas selbst räumt ein, man erwarte, „dem Begriff im Bereich des Geistes und des Willens zu begegnen. Dennoch wird es das Anliegen eines Teils unserer Untersuchungen sein, zu zeigen, dass in den dunkeln Regungen urweltlicher organischer Substanz zum ersten Mal ein Prinzip der Freiheit innerhalb der endlos ausgedehnten Zwangläufigkeit des physischen Universums aufleuchtet – ein Prinzip, das Sonnen, Planeten und Atomen fremd ist"[196]. So lässt sich im Titel „Organismus und Freiheit" bereits der Anklang der grundlegenden Methode von Jonas finden: „In diesem fundamentalen Sinn genommen kann uns der Begriff der Freiheit in der Tat als Ariadnefaden für die Deutung dessen dienen, was wir „Leben" nennen"[197]. Freiheit und Organismus sind für Jonas untrennbar miteinander verwoben. Der Organismus ist frei, er „hat" Freiheit, und Freiheit ist das Wesen des Organismus.

In der Einheit von Organismus und Freiheit muss „Freiheit" einen objektiv unterscheidbaren Seinsmodus bezeichnen, das heißt eine Art zu existieren, die dem Organischen per se zukommt und insofern von allen Mitgliedern, aber keinem Nichtmitglied der Klasse „Organismus" geteilt wird. Freiheit ist ein ontologisch beschreibender Begriff, der zunächst sogar auf bloß körperliche Tatbestände bezogen sein kann. Sie ist damit gar zu einer Eigenschaft mit einem physischen Aspekt geworden, was in Bezug auf den klassischen Freiheitsbegriff

196 Hans Jonas, Organismus und Freiheit, S. 13f.
197 Ebd., S. 14.

am Ehesten Verwirrung stiften kann. „Selbst dann aber", so Jonas, „darf er nicht ohne Beziehung zu der Bedeutung sein, die der Begriff im menschlichen Bereich hat, von dem er entlehnt wurde"[198]. Betrachtet man also die gegebene Beschreibung des Lebens als das „Dasein in Gefahr", das sich so sehr von der anorganischen Existenz unterscheidet, indem es Möglichkeit ist, stets bedroht durch das Ende der eigenen Existenz im Tod: „In der Schwebe zwischen Sein und Nichtsein besitzt der Organismus sein Sein nur auf Bedingung und auf Widerruf"[199]. Das bedeutet, dass der Organismus immer durch eine Variation gekennzeichnet ist, nämlich die Möglichkeit des Nichtseins, obwohl dieses, auch wenn es das Ende des Lebens bezeichnet, den Gegensatz des Lebens darstellt. Hier sehen wir einen Funken dessen, was wir aus dem trivialen Begriff der Freiheit kennen, nämlich eine Möglichkeit zur Wahl, auch wenn diese Form des Wählens in der geläufigen Vorstellung von Freiheit sicherlich anders aussieht.

Der Zusammenhang von Organismus und Freiheit besteht nun in der Charakteristik der Form des Lebewesens. „Form", das heißt für Jonas „selbstständige, für sich wirkliche Form ist ein Wesenscharakter des Lebens"[200]. Jedes Lebewesen hat eine bestimmte Form, die ihn abgrenzt und definiert. Es besteht ein Gegensatz innerhalb seiner Existenz als Organismus, nämlich der von „Innen" und „Außen" als das, was die Form des Organismus umfasst (den Organismus selbst) und das, wogegen sich die Form abgrenzt, nämlich das, was er nicht beinhaltet und was ihm ein „Äußeres" ist. Die Form begrenzt das, was der Organismus ist. Er wird zur „lebendigen Form"[201], wobei der Stoffwechsel die Wesenhaftigkeit dieser Form darstellt. Für Jonas zeigt sich „die Eigenständigkeit der lebenden Form [...] primär darin, dass sie ihren stofflichen Bestand nicht ein für alle Mal hat, sondern ihn in ständigem Aufnehmen und Ausscheiden mit der umgebenden Welt austauscht – und dabei sie selbst bleibt. Das heißt: Ihr stofflicher Bestand ist jeweilig, und diese Jeweiligkeit ist ihre eigene Funktion"[202]. Der Organismus ist also Stoff und wechselt ihn, ist aber, im Gegensatz zur anorganischen Materie, nie durch einen bestimmten Stoff definiert. Er ist zu jedem Zeitpunkt anders beschaffen, ist damit „nur eine raum-zeitliche Durchgangsregion für die Stoffe, die auf Zeit und nach eigenem Gesetz in seinen Grenzen weilen" und ist dennoch er selbst. Seine Identität ist dynamisch und „selbststiftend" insofern der Stoffwechsel eine Tätigkeit darstellt, der der Organismus aktiv nachgehen muss.

---

198 Hans Jonas, Organismus und Freiheit, S. 14.
199 Ebd., S. 15.
200 Ebd., S. 125.
201 Ebd., S. 127.
202 Ebd.

Somit besteht „die Grundfreiheit des Organismus [...] in einer gewissen Unabhängigkeit der Form hinsichtlich ihres Stoffes“[203]. Der Ort dieser Freiheit ist der Stoffwechsel, eine rein physische Eigenschaft und jedem Lebewesen teilhaftig. Jeder Organismus ist selbstidentisch, trotz und gerade im Wechsel seines Stoffes, er setzt sich selbst als Identität tätig fort. Der Stoffwechsel ist ein Akt, der vom Organismus ausgeführt wird, und indem dieser ihn ausführt, ist er, was er ist und gleichzeitig nicht das, was er nicht ist.

Hier tut sich eine erste große Kluft auf. Indem der stoffwechselnde Organismus eine Identität erhält, entsteht ein Gegensatz von Organismus und ihm äußerer „Welt“. Er ist etwas, also ist er nicht alles. Darin findet sich der Gegensatz von Selbst und Welt, nach Jonas der „universale Gegensatz der Andersheit“[204]. Die organische Freiheit ist damit dialektischer Natur und darin ist ihre wichtigste Eigenschaft bezeichnet. Der Stoffwechsel ist ein Vermögen der organischen Form, doch gleichzeitig ist dieses Vermögen mit einer Notwendigkeit verbunden, da das Aussetzen des Stoffwechsels den Tod des Organismus bedeuten würde. Der Organismus kann Stoff wechseln, doch er muss es gleichzeitig auch; seine Freiheit ist keine der Wahl, „denn ihre ‚Freiheit‘ ist ihre Notwendigkeit, das ‚Kann‘ wird zum ‚Muss‘, wenn es gilt, zu sein, und dies ‚zu sein‘ ist es, worum es allem Leben geht“, so Jonas. Denn „könnend, was er kann, kann er doch nicht, solange er ist, nicht tun, was er kann.“ Freiheit beinhaltet nicht nur keine Wahl, sie ist selbst keine. Es gibt keine Entscheidungsmöglichkeit gegen die Freiheit. Die Freiheit des Organischen ist „eine Freiheit des Tuns, aber nicht die des Unterlassens“[205]. Zusätzlich zur Dialektik von Selbst und Welt erhält die Freiheit also eine neue, nämlich die von Können und Müssen. Was der Organismus kann, muss er, um zu sein. Der Stoffwechsel ist seine Eigenschaft, seine Fähigkeit und seine Notwendigkeit, er verbindet ihn durch den Stoff mit der Welt und unterscheidet ihn gleichzeitig von ihr. Diese Dialektik von Selbst und Welt ist gesetzt in die von Können und Müssen. Indem der Organismus Stoff benötigt, greift er über ich selbst hinaus in die Welt: „ein Horizont, aufgetan durch die bloße Transzendenz des Mangels, die die Abgeschlossenheit innerer Identität in einen korrelativen Umkreis vitaler Beziehung ausweitet“[206]. In der Dimension des Etwas-Benötigens und der Bedürftigkeit des Stoffwechsels transzendiert sich das Leben in Richtung der Welt hin, es „hat“ Welt. Jonas definiert hierin die „Intentionalität“ als Wesen alles Lebens: „Die Bedürftigkeit des Lebens aber geht über den eigenen

203 Hans Jonas, Organismus und Freiheit, S. 128.
204 Ebd., S. 130.
205 Ebd., S. 132.
206 Ebd., S. 133.

stofflichen Bestand hinaus und bezieht sich auf fremden als potentiell eigenen, den eigenen als potentiell fremden nur bedingt besitzend. In dieser Selbsttranszendierung durch die Bedürftigkeit gründet die wesenhafte Transzendenz allen Lebens, die in den höheren Stufen dem Selbst eine immer weitere Welt eröffnet."[207] Die lebendige Form ist in ihrer Bedürftigkeit nach Stoff auf den Stoff hin gerichtet und damit auf die Welt. In ihrem Griff nach dem Stoff transzendiert sie sich selbst und tritt sozusagen aus sich selbst hinaus in Kontakt mit der Welt, nicht nur indem sie ihr Stoff entnimmt und wieder hinzufügt, sondern bereits in einer elementaren Intentionalität. Aus dieser Gerichtetheit heraus entsteht eine neue „Dimension der Innerlichkeit"[208], die sich aus diesem Ausgriff in die Welt ergibt. Indem die lebende Form hinausgreift, besteht simultan auch eine „Selbstheit": das, was hinausgreift, ist nicht das, wonach es greift, sondern das Gegenteil davon; nicht äußerlich, sondern innerlich; es hat sich selbst. Indem das Leben nach außen greift, verfügt es über eine „Empfindung für das von außen ankommende"[209]. „Nur dadurch, dass das Leben sensitiv ist, kann es aktiv sein", so Jonas. Es greift nicht einfach nur in die Welt, es „fühlt" diesen Griff als einen nach etwas Äußerem, das nicht mit ihm selbst identisch ist, und darin fühlt es sich selbst als Agierendes und Seiendes. Mit diesem „bewussten" Griff in die Welt erreicht der Stoffwechsel eine weitere Dimension, nämlich die der Zeitlichkeit. Die organische Form ist gerichtet, nicht nur zur Welt hin, sondern auch auf die Zukunft hin, „worin die organische Kontinuität in jedem Augenblick unterwegs ist zur Befriedigung des Mangels eben dieses Augenblicks."[210] Das Leben setzt sich selbst fort und verfügt damit nicht nur über den gegenwärtigen Moment, sondern auch über eine Zukunft, auf die es in seiner Bedürftigkeit gerichtet ist, sowie über eine Vergangenheit der „Erfüllung oder auch Enttäuschung". Der Organismus hat sowohl einen biologischen Raum als auch eine biologische Zeit, die sich in der Selbstfortsetzung des Lebewesens konstituiert. Das Leben ist gerichtet: auf die Welt und auf die Zukunft, in der die Möglichkeit der Selbstfortsetzung zur Realisierung gelangen kann. „Ja, es blickt nur auswärts, weil es durch die Notwendigkeit seiner Freiheit vorwärts blickt, so dass räumliche Gegenwart sozusagen aufleuchtet in der Belichtung durch zeitliches Bevorstehen"[211].

Der Organismus ist also frei, denn er hat eine Freiheit, die mehrfach dialektisch ist und in der Können und Müssen genauso vereint sind wie innen und

207 Hans Jonas, Organismus und Freiheit, S. 134.

208 Ebd.

209 Ebd., S. 135.

210 Ebd., S. 136.

211 Ebd.

außen, Selbst und Welt sowie Raum und Zeit. Der Stoffwechsel ist der Ort der Freiheit, gekennzeichnet als ein „Können", das „muss". Dies ist der Grundstein der Jonas'schen Freiheit, an dem alle Lebewesen Anteil haben. Das Auftreten dieser „Grundfreiheit mit den Anfängen des Lebens bedeutet eine ontologische Revolution in der Geschichte der ‚Materie'; und die Entwicklung und Steigerung dieser Selbstständigkeit oder Freiheit ist das Prinzip allen Fortschritts in der Entwicklungsgeschichte des Lebens, das in seinem Verlauf weitere Revolutionen tätigt, jede ein neuer Schritt in der eingeschlagenen Richtung, d. h. die Öffnung eines neuen Horizonts der Freiheit"[212]. Freiheit ist nach Jonas dem Leben unmittelbar inhärent, insofern das Leben der Definition nach organisch ist und die Essenz der organischen Existenz und Existenzfortsetzung im Zuge des Lebens im Stoffwechsel besteht. Da nun nach Jonas die Freiheit bereits in der simplen Basis des Stoffwechsels begründet liegt, kommt sie nicht nur den „höheren" Lebewesen, nicht nur dem Menschen, sondern vielmehr allem zu, das unter dem Begriff „Leben" spezifiziert werden kann. Leben, das heißt: Freiheit haben; am Leben sein, das heißt: frei sein.

Nun muss sich zwangsläufig eine Frage ins Bewusstsein drängen. Es ist ganz klar einsichtig, dass wir in unserer Konstitution als Menschen den Stoffwechsel mit den niedrigsten Wesen wie Bakterien und Amöben teilen. Doch fällt es schwer zu glauben, dass wir mit ihnen auf eine Stufe zu stellen wären, ist der Organismus der jüngeren Säugetiere doch so spezialisierter, ist das menschliche Gehirn doch unglaublich viel ausgereifter und weiter entwickelter als das Pantoffeltierchen. In der Evolution entwickelte sich das Leben von einfachen Basisformen zu extrem komplexen und differenzierten Bewohnern des ökologischen Raums weiter. Soll ihnen allen der gleiche Grad von Freiheit zukommen? Wenn doch diese Freiheit so fest im Leben verwurzelt ist, wie kann sie sich nicht mit dem Leben entwickelt haben?

Nun muss man sich noch einmal ins Gedächtnis rufen, dass „Freiheit" bei Jonas Selbstständigkeit bedeutet. Der Organismus ist er selbst, obwohl er seine Substanz im Stoffwechsel verändert. Er hat „Selbst" und indem er sich hat, hat er eine Welt. Das trifft in der Tat für alle Lebewesen zu. Und hier wird ganz klar ersichtlich, dass diese Freiheit, so elementar sie für das Leben sein mag, dennoch nicht immer gleichermaßen beschaffen ist. „Die Öffnung eines neuen Horizonts der Freiheit", von der Jonas spricht, ist im Zuge der Evolution einzusehen. Simultan zu ihrer Komplexität wächst die Freiheit des Lebewesens.

---

212 Hans Jonas, Philosophische Untersuchungen und metaphysische Vermutungen, S. 22.

Die vielfache Dualität der Freiheit, angefangen mit dem Gegensatz von Sein und Nichtsein, in den der Organismus zu jedem Zeitpunkt seines Lebens geworfen ist, ist der Ausgangspunkt der Selbstständigkeit des Organismus. „Dieses allem Leben gemeinsame Thema lässt sich in seiner Entwicklung durch die aufsteigende Ordnung organischer Vermögen und Funktionen verfolgen“[213]. Jonas entwirft hier ein Stufenbild, auf das sich die verschiedenen Formen der Organismen nach dem Grad der Entwicklung ihrer Freiheit verteilen lassen.

Im Stoffwechsel verfügt jedes Lebewesen über eine rudimentäre Beziehung zu sich und zur Welt, indem es zur Sicherung des eigenen Überlebens nach notwendigen Stoffen in der Welt hinausgreift. Dies lässt sich bereits bei der Pflanze festmachen, bei der man jedoch nicht von einer „Weltbeziehung“, sondern vielmehr von einer Beziehung zur Umgebung sprechen kann. Die Pflanze weist alle notwendigen Charakteristika von Freiheit im Jonas'schen Sinne auf, dennoch kann man ihr nicht den gleichen Grad von Freiheit wie einem höheren Säugetier zusprechen. Sie befindet sich auf einer niedrigeren Entwicklungsstufe und verfügt noch nicht über alle Charakteristika höherer Lebewesen. „Erst im Dasein des Tieres treten die [...] im Grundwesen des Organischen angelegten Züge ins volle Licht. Drei Merkmale unterscheiden das tierische vom pflanzlichen Leben: Bewegungsfreiheit, Wahrnehmung, Gefühl“[214]. Das Tier hat eine Welt anstatt lediglich einer Umgebung, die von den drei genannten Kriterien begründet wird und die dem Wesen einen Zugang zu ihr verschaffen. Die Pflanze hat keine Möglichkeit zur Bewegung, sie kann also ihre Umgebung nicht erweitern. Das Tier bewegt sich fort, es „entdeckt“ und vergrößert seine Welt. Dies ist ihm nur möglich durch die simultane Fähigkeit von Wahrnehmung, die der Pflanze ebenfalls verschlossen ist. Sie verfügt zwar, so wie andere einfachere Lebewesen, über eine gewisse passive „Empfindlichkeit für Reize“[215], Wahrnehmung aber bedeutet ein aktives In-Kontakt-treten mit der umgebenden Welt, das ihre Erschließung ermöglicht. Die Fähigkeit zum Gefühl schließlich ist die Fähigkeit zur Präferenz, die rudimentäre Möglichkeit des Abwägens auf unmittelbarer Ebene und das Bevorzugen oder Abstoßen von Teilen dieser Welt. Dadurch erfolgt ihre Erschließung nicht gleichmäßig, sondern gerichtet auf Vorteil und Besserstellung hin, was zusammen mit den beiden zuvor genannten Faktoren von Bewegungsfreiheit und Wahrnehmung eine „zunehmende Individuierung des Selbst“ zur Folge

213 Hans Jonas, Philosophische Untersuchungen und metaphysische Vermutungen, S. 12.

214 Ebd., S. 28.

215 Ebd., S. 28.

hat. „Wirklicher Weltbezug entsteht aber erst mit der Entwicklung spezifischer Sinne, definierter motorischer Strukturen und eines Zentralnervensystems“[216]. In der tierischen Evolution ist es erstmals möglich, durch den simultanen Gebrauch von Bewegungsfreiheit und Wahrnehmung den Raum, von dem die Existenz des Organismus zunächst abhängt, in eine „Dimension der Freiheit“ umzuwandeln und auszuweiten. Die Fähigkeit der Fortbewegung und der Wahrnehmung von Entfernungen trägt zur Erschließung des Raums bei, die Fähigkeit der Emotion dagegen zur Erschließung der Zeit: es wird eine zeitliche „Distanz zwischen dem Selbst und seinem Objekt“ erzeugt. Diese drei Faktoren wirken einander fördernd und verwendend zusammen. „Ortsbewegung beim Tier“, so Jonas, „ist Verfolgung oder Flucht. […] Das Auftreten gerichteter Beweglichkeit über lange Strecken bezeichnet daher den Aufgang emotionalen Lebens. Gier liegt an der Wurzel der Jagd, Furcht an der Wurzel der Flucht“[217]. So wird durch das Prinzip der Fortbewegung eine emotionale Fähigkeit aus der Taufe gehoben, nämlich die der „Einschaltung von Abstand zwischen Trieb und Erfüllung“, also der Zielsetzung, zu dessen Sichtung die Wahrnehmung notwendig, zu dessen Erkennen als Zielobjekt wiederum das Empfindungsvermögen, genauer: das Verlangen von Nöten ist. „Noch nicht greifbare Erfüllung ist die wesentliche Bedingung des Verlangens, und Verlangen seinerseits macht hinausgeschobene Erfüllung möglich. Derart repräsentiert das Verlangen den Zeitaspekt der gleichen Situation, deren Raumaspekt die Wahrnehmung darstellt“[218].

In diesem Zeitaspekt geht Unmittelbarkeit verloren, wodurch wiederum ein Spielraum entsteht, in dem die Individuierung des Lebewesens weiter fortschreitet. In den niederen Formen des Lebens war dieser Abstand, den die Fähigkeit zur Emotion nun schafft, nicht gegeben. Der Austausch des Stoffs im Stoffwechsel ist ein unmittelbarer, in dem „kein Raum für Verlangen“ liegt. Erst wenn die Einheit zwischen Selbst und Welt aufgehoben ist, entsteht die Notwendigkeit und Möglichkeit von Verlangen und Furcht. Diese Kluft weitet sich in der fortschreitenden Entwicklung des Lebens immer weiter aus. Während die Pflanze noch ihre Nahrung durch chemische Prozesse aus dem Boden, ihrer unmittelbaren Umgebung, gewinnt, wird die ökologische Nische des Tiers durch fortschreitende Entwicklung und damit Spezialisierung immer kleiner. Der Abstand zwischen Selbst und Welt wird größer und damit die Bedrohung des Nichtseins: Mit der Freiheit wächst das Risiko.

216 Hans Jonas, Philosophische Untersuchungen und metaphysische Vermutungen, S. 28.

217 Ebd., S. 29.

218 Ebd., S. 29f.

Risiko und Freiheit sind eine weitere Dialektik in Jonas' Argumentationsgerüst. Leben ist Risiko, denn im Gegensatz zur reinen anorganischen Existenz ist das Leben stetig bedroht durch die Möglichkeit und das Schicksal des Nichtseins, des Sterbens, des Vergehens. Dadurch bedeutet jede Spezifizierung des Lebewesens in der Welt gleichzeitig eine Chance im Fall von für die Spezifizierung günstigen Umständen als auch ein Risiko im nicht zutreffenden Fall der notwendigen Bedingungen. Der Anstieg der Selbstständigkeit in der Welt, den die Zunahme von Freiheit bedeutet, ist gleichzeitig ein gesteigertes Risiko: je höher der Einsatz, desto höher der mögliche Verlust.

Diese „Lücke in Raum und Zeit"[219], die das Risiko hervorbringt, kann durch Handeln geschlossen werden. Damit begibt sich Jonas auf die nächsthöhere Entwicklungsstufe, die er den höheren Tieren zuordnet. Das für diese Stufe charakteristische Handeln ist eine Tätigkeit im ganz besonderen Sinne, da seine Ausführung vom Zweck selbst unterschieden ist. Der Erfolg des Handelns ist nicht gesichert, seine Ausführung ist also gewissermaßen eine Investition in Zukünftiges, das durch das Handeln herbeigeführt werden soll, dessen Eintreten aber niemals mit hundertprozentiger Gewissheit sicher sein kann. Dieses Roulettespiel „ist der Sitz der Freiheit und des Risikos tierischen Lebens"[220]. Das Risiko ist Teil des Handelns, indem die Investition der Tätigkeit in Bezug auf das zu erreichende Ziel immer von der Möglichkeit des Scheiterns begleitet wird. Insofern dieses Risiko wächst, wächst auch der Grad der Freiheit, mit dem das Handeln versehen ist. „Organisches Funktionieren" ist nicht länger die Basis, auf der das (Über-) Leben stattfindet; vielmehr verlangt es nun „Wachheit und Bemühung" auf der Jagd nach dem, was zum Leben notwendig ist, und auf der Flucht vor dem, was das Überleben bedroht.

Mit fortschreitender Entwicklung distanziert sich also das tierische Subjekt von der Welt: Während die Pflanze in einem Austausch mit ihrer Umgebung steht, muss das Tier kraft seiner erweiterten Vermögen zu seinem Überleben tätig werden – die Grundlage der „Handlung" entsteht. Nicht nur die Welt des Lebewesens wächst mit seiner Entwicklungsstufe auf der Leiter der Evolution, sondern auch die Kluft zwischen ihm als Subjekt und der Welt als Objekt und damit verbunden Risiko und Freiheit.

Und doch findet sich hier noch immer das grundlegende Muster der Freiheit als ein „Können, das muss". Indem die Fähigkeiten des Tiers kumulieren, wächst auch die Notwendigkeit diese Fähigkeiten auszuüben. Motilität, Wahrnehmung

---

219 Hans Jonas, Philosophische Untersuchungen und metaphysische Vermutungen, S. 30.
220 Ebd., S. 32.

und Gefühl sind simultan Chance und Zwang, die Option des Handelns wird zur Notwendigkeit des Handelns. Indem die Kluft zwischen Wesen und Welt weiter wächst, muss jedes vorhandene Mittel genutzt werden, um sie zu überbrücken und das Risiko des Scheiterns des Lebens und die ständige Bedrohung der Nicht-Existenz nach Kräften zu minimieren.

Damit betritt Jonas die letzte und höchste Stufe seiner Untersuchung, die er dem Menschen allein zuweist. Die Pflanze hat eine Umwelt, das Tier hat eine Welt, der Mensch dagegen hebt sich von den Genannten in der Form ab, dass er nicht über eine Welt verfügt. Er verfügt vielmehr über das Ganze der Welt, über die Welt an sich. Das ist Jonas' Sicht auf den Menschen und er muss erläutern, wie er diese Ansicht vertreten kann.

Der Unterschied zwischen der Welt des Tiers und der Welt des Menschen besteht für Jonas darin, dass die Welt des Tiers immer soweit beschränkt bleibt, wie das Tier auf sie zugreifen kann. Zur tierischen Welt kann kein Ort gehören, an den es sich nicht bewegen kann oder auf den es mit Hilfe der ihm zur Verfügung stehenden Fähigkeiten anderweitig nicht zugreifen kann. Die Welt an sich aber ist so ungleich viel größer als der Bereich, auf den der Mensch physisch Zugriff hat, auch wenn seine Möglichkeiten durch technologische Entwicklungen wesentlich größer als die des Tiers sind.

Der Grund und die Legitimation für diese Weltzuordnung liegen in einer spezifischen Fähigkeit und Freiheit des Menschen, nämlich der Abstraktion.

Die im Tier bereits in Gestalt des Risikos zum Problem gewordene Kluft zwischen Subjekt und Welt weitet sich in der Natur des Menschen zu neuen Dimensionen aus. Man stelle sich vor, das Tier stünde auf der diesseitigen Seite eines tiefen Abgrundes, auf dessen jenseitiger Seite alles läge, das zu seinem Leben gehört: Nahrung, Partner der gleichen Spezies, Territorium und so weiter. Das Gegenüber auf der anderen Seite der Schlucht ist der Gegenstand der Existenz. Er ist das, was das Tier „hat". Es „hat" eine Welt, auf die es aber nicht in blindem Austausch Zugriff hat, sondern die es tätig besorgen muss. Die Kluft zwischen dem Subjekt und der ihm eigenen Welt gilt es unter Aufwand der dem Tier eigenen Fähigkeiten in jedem Moment zu überwinden, wenn sein Dasein gelingen soll. Je größer und vielfältiger diese Fähigkeiten ausfallen, desto breiter wird auch der Abgrund – je größer die Freiheit des Wesens, desto größer das Risiko seiner Existenz.

Diese Kluft gipfelt in der Konstitution des Menschen. Auf der ihm gegenüberliegenden Seite liegt nicht nur das ihm mögliche in der Gestalt des Konkreten, sondern auch das Abstrakte, auf das er auf Grund der ihm eigenen Geistesfähigkeiten Zugriff hat. Die Welt des Tieres ist immer eine Welt der

Erfahrung, die Welt des Menschen geht in der Abstraktion über die Erfahrung hinaus.

Die Entzweiung zwischen Subjekt und Welt geht im Fall des Menschen gar soweit, dass es zu einer „Entzweiung des Selbst“[221] kommt, in der der Mensch sich selbst auf gegenüberliegenden Seiten des Abgrunds gegenüber steht.

Dieses Bild erklärt sich in der Fähigkeit des Menschen zur Selbsterkenntnis. Er hat nicht nur die Welt, er hat auch sich selbst, indem er in der Lage ist, sich selbst und sein Handeln in der Welt zu erkennen und zu beurteilen. Diese Fähigkeit hebt ihm vom Tierischen ab, denn „er hat sich, während kein Tier sich selbst hat“[222]. Und er hat sich nur „über die unermessliche Distanz des Sichselbst-Gegenstandseins“ und damit über die Entfernung von sich selbst. Er sieht sich selbst im Ganzen der Welt, als ein seiendes, handelndes und verursachendes Wesen in Beziehung zu und mit der Welt als Ganzes.

Durch diese Distanz zwischen sich und der Welt steht der Mensch in der Gliederung der Stufen der Freiheit auf der höchsten uns bekannten Stufe. „Es entfaltet sich die neue Dimension der Reflexion, in der das Subjekt allen Objektivierens sich selbst als solches erscheint und seinerseits Objekt wird für eine neue und immer mehr selbstvermittelnde Art von Verhältnis. Mit dem ersten Fragen der Frage: Was ist des Menschen, was ist mein Platz und Teil im Plan der Dinge?“[223] stellt sich der Mensch in einen zeitlichen und ganzheitlichen Zusammenhang, der dem Tier nie möglich wäre. Der Mensch hat in seiner gesteigerten Freiheit einen neuen Zugang zur Welt, der Geschichtlichkeit und Bildfähigkeit mit einschließt. Als selbsterkennendes Subjekt hat der Mensch nicht nur den Moment, sondern auch eine Vergangenheit, einen Kontext und ein Bild von sich, in dem er sich sieht. Dieses Bild des Menschen ist immer ein Bild des Menschen im Kontext der Welt. Er kann sich nur über den Weg von sich selbst ein Bild von der Welt machen. Der Mensch ist also in der Lage, soweit zu abstrahieren, dass er sich selbst in der Welt betrachten kann, kann jedoch nicht von sich selbst absehen. Er hat zwar die Welt, hat damit aber immer auch sich selbst. Will er ein korrektes Bild von der Welt gewinnen, stehen ihm dazu nur zwei Wege zur Verfügung: das Weltbild vom Menschen aus oder das Weltbild vom Sein, nämlich dem Stoffwechsel aus. Beides bedeutet das Aufgliedern der Welt in die Stufen der Freiheit, wenn auch auf verschiedenen Wegen.

---

221 Hans Jonas, Organismus und Freiheit, S. 262.

222 Ebd.

223 Ebd., S. 260.

Das Bild der Welt vom Menschen aus ist der Versuch, das Leben vom Menschen her absteigend zu untergliedern. Dabei „nimmt man" sozusagen von der Menge dessen, was den Menschen ausmacht, immer weiter „etwas weg", um über die niederen Stufen des Lebens bis zur Basis des simplen Stoffwechselns im Einzeller zu gelangen.

Das Weltbild vom Sein aus dagegen schichtet sich von der Grundebene des Stoffwechsels immer weiter zu den Stufen der Freiheit auf, bis die höchste in der Form des Menschen erreicht ist. Beide Systeme aber sind letztendlich aus der Sicht des Menschen konstituiert und haben ohne ihn keinen Bestand – selbst in der höchsten bekannten Form der Freiheit greift das Basisprinzips des „Könnens, das muss": Der Mensch kann sich selbst haben, also hat er sich notwendig und er hat sich in einem zeitlichen und räumlichen Kontext einer ganzen Welt: „Das Bild des Menschen verlässt ihn nie"[224].

„Willig oder nicht, er „lebt" die Idee des Menschen" und findet sich selbst in dieser Idee: Das „Ich" wird geboren. Indem er sich als „ich" hat, steht er in einer „Konfrontierung des Selbst mit sich selbst", der tiefsten Kluft und größten Form der Einsamkeit, die vorstellbar ist. Indem er mit sich selbst konfrontiert ist, ist er niemals ein Ganzes und versucht sich doch stets zu vervollständigen. Dies ist der Ort, an dem zu allen Zeiten Religion, Ethik und Metaphysik eine Antwort auf die Frage nach dem Selbst und der Suche nach dem „Seinsganzen"[225] zu finden.

Jenseits des Lebens – die Verwirklichung der Tendenz des Seins im Menschen

Blickt man nun von dem Menschen als letzte Stufe der Evolution zurück auf das Sein, dann schließt sich in der spezifisch menschlichen Freiheit der Kreis, der durch die Auswirkung vom Sein her durch die Natur und die Entwicklung der Stufen des Lebens hin bis zum Menschen begann und in der Rückbezogenheit des Menschen auf das Sein seine Vollendung findet. Dabei ist die spezifische menschliche Freiheit der Schlüssel zur Aufdeckung der besonderen Bezogenheit auf das Sein, das sich in der Verantwortung äußert, die nur der Mensch haben kann. Mit der Verantwortung des Menschen sind wir am Anfang von „Das Prinzip Verantwortung" angekommen. Die Notwendigkeit einer Verantwortungsethik erkennt Jonas aus der neuen Situation des Menschen, in der er erstmals in der Lage ist, durch die neuen von ihm geschaffenen Technologien, allen voran die der Atombombe, das Fortbestehen seiner selbst zusammen mit

---

224 Hans Jonas, Organismus und Freiheit, S. 261.
225 Ebd., S. 262.

dem der gesamten Biosphäre aufs Spiel zu setzen. Schon in „Organismus und Freiheit“ sieht Jonas den Ansatzpunkt der Ethik in der Möglichkeit und dem Zwang des Menschen in seiner Entscheidung zum Rechten oder zum Falschen.

Der zentrale Punkt in der nun geforderten Ethik muss sein, das Rechte vom Falschen zu unterscheiden, es als solches zu wählen und das Schlechte zu vermeiden. Das Gute muss also dem Schlechten vorzuziehen sein – es muss einen Wert haben, der ausschlaggebend genug dafür ist, sich um seine Erreichung und Erhaltung selbst unter ungünstigen Bedingungen zu bemühen: „etwas, dessen Anwesenheit seiner Abwesenheit überlegen ist“[226]. Verantwortung kann nur zur ethischen Verpflichtung werden, wenn mit ihr ein Wert verbunden ist. Diesen aufzuweisen leistet Jonas in der Ontologie, die hier kurz aus der Sicht des Menschen nachvollzogen werden soll.

Die Freiheit des Menschen ist eine „sehende“[227], insofern der Mensch durch die Kraft seines Wissens in der Lage ist, sein Handeln zu antizipieren. Dazu befähigt kann er Werte erkennen und sein Handeln an sie anpassen: Was mir „wert-voll“ erscheint, das strebe ich an – der Wert ist zum Zweck des Handelns geworden und damit zu einem zu erreichenden Ziel.

Um einem Zweck aber tatsächlichen, ethisch relevanten Wert zusprechen zu können, darf es sich nicht um einen subjektiven Wert handeln, sondern muss der Zweck objektiv werthaltig sein: ein „Wert an sich“. Dazu muss erst einmal geklärt werden, ob „es überhaupt „Werte an sich“ gibt, die im Sein verankert sind“[228]. Die Intuition kann hier nicht als Beweis gelten; Jonas selbst gibt zu bedenken: „Jedem steht es frei, „Werte“ überhaupt als bloß subjektive, entweder biologisch oder umstandsbedingte Präferenzen anzusehen und im Besonderen das Verantwortungsgefühl als eine von der Evolution begünstigte, dem Gattungsleben förderliche Zweckausstattung“ zu betrachten[229].

Werte stehen immer in der Gefahr, durch den Anspruch der Subjektivität „Ent-Wertung“ zu erfahren. Und doch kann Jonas mit einem absoluten Wert aufwarten: „In der Zielstrebigkeit als solcher [...] können wir eine grundsätzliche Selbstbejahung des Seins sehen, die es absolut als das Bessere gegenüber dem Nichtsein setzt. In jedem Zweck erklärt sich das Sein für sich selbst und gegen das Nichts“, so Jonas. „Gegen diesen Spruch des Seins gibt es keinen

226 Hans Jonas, Philosophische Untersuchungen und metaphysische Vermutungen, S. 139.

227 Hans Jonas, Das Prinzip Verantwortung, S. 157.

228 Hans Jonas, Philosophische Untersuchungen und metaphysische Vermutungen, S. 139.

229 Ebd.

Gegenspruch, da selbst die Verneinung des Seins ein Interesse und ein Zweck verrät. Das heißt, die bloße Tatsache, dass das Sein nicht indifferent gegen sich selbst ist, macht seine Differenz vom Nichtsein zum Grundwert aller Werte, zum ersten Ja überhaupt"[230].

In diesem instinktiven Ja des Seins zu sich selbst findet sich also der Beweis einer tatsächlichen Werthaftigkeit der Wirklichkeit. Das Leben hat insofern einen Wert, als es dem Ja des Seins zu sich selbst und damit emphatisch dem Nein zum Nichtsein folgt. Auf das Sein hingerichtet ist es ihm gleichermaßen Wert und Zweck.

Und eigentlich sind wir der Zweckhaftigkeit bereits viel früher schon einmal begegnet. In ihr liegt ein Gerichtetsein, das aus dem Jetzt immer fortgreift in ein weiteres, ein äußeres und zukünftiges. Und dies ist bereits Grundbestandteil der Gerichtetheit des Stoffwechsels auf die Zukunft und die Welt. Hier treffen wir bereits eine Finalität an, die sich in der Zweckhaftigkeit und damit Werthaftigkeit der aktualen Wirklichkeit wiederspiegelt.

Das Sein ist elementar mit Wert verbunden und dieser Wert ist nicht nur ein „stummes" Vorhandensein, sondern ein Anspruch, den der Mensch erfahren kann. Insofern das Sein Wert hat und Wert ist, stellt es einen Anspruch auf Erfüllung an den Menschen, der mit der Fähigkeit ausgestattet ist, dem Sein seine Grundlage tätig zu entziehen oder zu erhalten. Darin ist das Sein ein Zweck: seine Erhaltung wird dem Menschen in seiner ihm durch die Freiheit eigenen Verantwortung zur Aufgabe und zum dringenden Bedürfnis: „Denken wir dabei zuerst, wie es sich aufdrängt, an das menschenbedingte Schicksal planetarischer Natur, das uns aus der Zukunft entgegen starrt, so ist das rechte Gefühl eine Mischung aus Furcht und Schuld: Furcht, weil der Vorblick uns eben Furchtbares zeigt; Schuld, weil wir uns unserer eigenen Ursächlichkeit in seiner Herbeiführung bewusst sind. [...] Vor Allem jedoch ihre Anklage, dass jene Künftigen unsere Opfer sind, macht uns die selbstische Distanzierung des Gefühls, die das weit Entfernte sonst wohl erlaubt, moralisch unmöglich. ‚Das darf nicht sein! Das dürfen wir nicht zulassen! Das dürfen wir nicht anrichten!' schreit uns das Erschrecken vor dem Erschauten in die Ohren. Selbstlose Furcht um das lange nach uns Kommende, ja, vorauseilende Reue seinethalben und Scham unserthalben befallen uns als purer Reflex des Anstands und der Gattungsgemeinschaft auch ohne jede metaphysische Sanktion"[231]. In der Einheit der Verantwortung mit

230 Hans Jonas, Das Prinzip Verantwortung, S. 155.

231 Hans Jonas, Philosophische Untersuchungen und metaphysische Vermutungen, S. 141.

dem Gefühl wird der „ontologische Imperativ vom Seinsollen des Menschen" klar ersichtlich aus dem Imperativ des Seins gegenüber dem Nichtsein. Die Menschheit an sich ist ein Wert, den es zu erhalten gilt im Risiko der Möglichkeit des Nichtseins.

Hier kehren wir zum Begriff des Risikos zurück, in dessen bedrohlichem Schatten die Ethik erst zur Notwendigkeit wird. Durch die stetige Bedrohung des Lebens durch die Möglichkeit seines Scheiterns wird die Frage nach dem seinserhaltenden Handeln erst laut. Durch die unendlich gestiegene Macht des Menschen ist auch das Risiko unendlich viel größer geworden. Um diesem Risiko mit einer zukunftssichernden Ethik zu begegnen, muss der Mensch sich als Subjekts des „Anrufs" des Seins verstehen. Der Mensch ist Teil des Seins insofern er selbst Naturwesen und Teil der Seinsordnung des Lebens ist. Als Teil der Ordnung des Seins kann er sich nicht gegen den Imperativ des Seins stellen – die unbedingte „Pflicht" zum Sein, die aus dem Wert des Seins entspringt, ist gleichermaßen der Wert seines eigenen Seins und damit seine ihm eigene Pflicht. Das Sein in all seiner Form, auch die der Menschheit, ist werthaft in einer solchen Form, dass ein Widerspruch von Seiten ihrer Vertreter nicht möglich ist. „Wo es sich um unser eigenes Sein handelt, da genügt das jederzeit verfügbare Wesenswissen vom Menschen, das uns sagt, was das menschliche Gute ist, gewiss, was ihm zuwiderläuft"[232]. Die Möglichkeit und damit die Pflicht der Entscheidung zum Guten oder Bösen ist Teil der menschlichen Freiheit und damit Teil seiner Werthaftigkeit. Die Möglichkeit des Guten des Menschen ist ein Wert, des es als Teil des Seins unbedingt erhalten bleiben soll. Kein Wert steht höher als der Wert des Seins in all seinen Formen, damit auch des Wirklichseins und Fortbestehens der verantwortenden Wesen, in deren Verantwortung kein Zweck höher steht als die Verfolgung und Sicherung eben dieses „ersten Ja überhaupt", dem Ja zum Sein.

Dieser Wert ist genauso unmittelbar wie die Verantwortung, sich zu ihm angemessen zu verhalten, da die Verantwortung kein dem Menschen zugesprochenes Attribut ist, sondern Teil seiner ihm als organisches Wesen ureigenen Freiheit; kein Prädikat einer Sonderstellung des Menschen außerhalb der biologischen Verkettung, sondern ein Resultat der Evolution und der Stellung des Menschen im gesamten biologischen Kontext, zu dem sich verantwortlich zu verhalten seine ihm ureigene Aufgabe ist, die ihn vom Sein her durch seine Verfassung als biologisches Wesen erreicht und ihn, einzig in der Natur, direkt auf

232 Hans Jonas, Philosophische Untersuchungen und metaphysische Vermutungen, S. 143.

das Sein zurückführt, das reicher geworden ist durch die Anwesenheit und das Wirken des Menschen im Kreis dessen, was ist.

Worum es geht: Menschenlos und Menschenbild

Jonas' Verantwortungsethik ist auf die Erhaltung dessen gerichtet, was der Anspruch des Seins im Menschen deutlich macht. Es geht darum, das zu erhalten, was im Interesse des Seins liegt, soweit man von so etwas sprechen kann. Im Zentrum dieses Interesses liegt der Mensch als Rezeptor und ausführende Kraft. Auf ihm muss, figurativ gesprochen, die Hoffnung des Seins liegen. Und gleichzeitig ist er doch auch Bedrohender dessen, was es zu erhalten gilt. In dieser einzigartigen Situation ist die Verantwortung der Schlüssel, um der Tendenz des Seins in ihrem Selbstvollzug in der Sphäre des Menschen zum Gelingen zu verhelfen. Zentral ist dabei das Gelingen des menschlichen Daseins, das sich mit Jonas in zwei Begriffen zusammenfassen lässt: Menschenlos und Menschenbild.

Die Schlüsselbedeutung des Menschenbildes im Kontext der Verantwortungsethik

Schon auf den ersten Seiten von „Das Prinzip Verantwortung" entwirft Jonas diese Begriffe als Bezeichnung für das, was in der Situation der Bedrohung „auf dem Spiele steht" und welche nach unbedingter Erhaltung verlangen[233]. Die Klärung des Begriffes des Menschenloses nimmt Jonas einfach vor. Es geht um das physische Überleben der Menschheit als Sicherung ihrer Anwesenheit in der Gegenwart und der Möglichkeit ihres Fortbestehens für die Zukunft. Doch dass dies alleine nicht genügen kann und dass der Mensch mehr ist als nur existierendes organisches Wesen, liegt auf der Hand und ist auch für Jonas ein wichtiges Thema. In „Organismus und Freiheit" legte er die Konstitution des Wesens Mensch dar. In seiner Selbsterkenntnis, seinem spezifischen Seins- und Weltbezug, seiner Weltgestaltung und seiner sehenden Freiheit hebt er sich von allen anderen bekannten Lebensformen ab. Dem entsprechend muss sich eine ihm gemäße Verantwortung nicht nur auf sein körperliches existieren, sondern auch auf die Art seines Daseins beziehen, nämlich ein menschliches und menschenwürdiges. Jonas bezeichnet dies mit dem Begriff der „Unversehrtheit des Wesens"[234]. Nur wenn beides gewahrt ist, ist die Verantwortung, die der Mensch

233 Hans Jonas, Das Prinzip Verantwortung, S. 8.

234 Ebd.

sich selbst aus der Folge seiner Verantwortung dem Sein gegenüber trägt, in notwendigem Maße erfüllt.

Allerdings ist der Begriff dieses Menschenbildes unklar. Jonas entwirft ihn nicht schlüssig und verwendet ihn mit größerer Selbstverständlichkeit, als ihm eigentlich zukäme. Um die Schlüsselrolle des Menschenbildes und seine volle Bedeutung für Jonas als zentraler Wert, den es in der Verantwortung zu wahren gilt, zu verstehen und akzeptieren zu können, muss man sich auf eine Spurensuche durch sein Werk begeben.

Seine wahrscheinliche Auffassung des Menschenbildes nachzuvollziehen, ist auf Grund der wenigen und verstreuten Stellen zu diesem Thema nicht ganz einfach, aber dennoch von zentraler Bedeutung, will man Jonas' „Menschenbild" nachvollziehen, das der Mensch sich durch seine ihm aus der Natur zugewachsenen Fähigkeiten, allen voran der Vernunft, aber auch dem menschlichen Auge, der Hand und dem aufrechten Gang, die alle gemeinsam seine Handlungs- und Orientierungsmöglichkeiten in der Natur bedingen und diese zu „seiner Welt" werden lassen, von sich macht. Es ist der Gedanke davon, was der Mensch eigentlich ist und damit auch sein beziehungsweise in der Zukunft bleiben soll. Was genau daran Wert besitzt, also welche Qualitäten Jonas dem Menschen zuweist, die wertvoll sind und die nicht aus dem Nachvollzug der Tendenz des Seins erklärbar sind, muss geklärt werden, wenn man Jonas' Wertesystem verstehen will. Im „Prinzip Verantwortung" geht es ihm um die Begründung eines ersten Wertes aus Sein und Natur und eine Legitimierung eines Anspruches der Natur an den Menschen. Auf weitere Werte geht er nicht ein, aber es hat sie merklich im Hintergrund. Im Folgenden soll versucht werden, die menschliche Wertewelt, wie Jonas sie im Sinn hat, in seinem Werk aufzudecken.

„Die ewige und unüberholbare Gegenwart des humanum"[235], also die Gegenwart des Menschenbildes in allem, was der Mensch zu jeder Zeit war, ist und sein wird, ist für Jonas eine Gegebenheit des Daseins der Menschheit. Dabei versteht er sie nicht als künstliches Konstrukt, sondern als dem Menschen durch seine Natur gegeben, die die „stoffliche Bedingung" des Menschseins ist und dieses damit bewirkt. Der Mensch kann nicht sein Kunstprodukt sein, weil er sein eigenes Produkt qua seiner Natürlichkeit ist. Er kann seinem eigenen Menschsein nicht entgehen. Damit legt Jonas dar, dass das, worin vorerst die spezifisch menschlichen Werte vermutet werden, besteht und nicht erst herbeigeführt werden muss. In diesem Fall kommt das, was Wert hat, dem Menschen wiederum aus der Natur zu. Er ist nicht Mensch, indem er dem Sein entspricht. Dieses

235 Hans Jonas, Das Prinzip Verantwortung, S. 326.

würde ihn allenfalls als lebendiges Wesen ausweisen. Der Mensch in seiner besonderen Form, begabt mit dem „humanum", ist das trotzdem durch seine Natur. Jeder Wert, der darin liegt, kann zumindest in nicht ganz anderer Form als der Wert des Seins verfasst sein.

Aus diesem ersten Wert folgt für den Menschen letztendlich die Verantwortung. Sie ist, so äußert sich Jonas, das „erste Gebot"[236], das in sich einschließt, dass es weitere gibt, welche auf der Basis der Verantwortung zu verstehen sind. Sie ruhen auf ihrem Prinzip auf, beinhalten aber mehr als „nur" die Forderung nach dem Erhalt dessen, was im Lebendigen als Entsprechung zum Seinsprinzip angelegt ist, in der Gegenwart und für die Zukunft. Dieses erste Gebot ist die (in allen Zeiten außer in der aktuellen Krise) stumme Grundlage, die alle anderen ethischen Forderungen erst umsetzbar macht[237]. Verantwortung hat sich damit zunächst selbst zum Gegenstand: der Mensch ist verantwortlich, die Verantwortlichkeit zu erhalten. Verantwortung ist „die Sache der Welt", aber nicht ihre einzige Sache, so Jonas. Damit könnte man annehmen, die Forderungen nach den einzelnen Tugenden seien von der Verantwortung an sich abgelöst. Allerdings sagt Jonas auch, dass die „partikularen Gebote menschlicher Tugend [den] weiteren Sinn [der Verantwortung] herausarbeiten". Damit ist die Verantwortung im Gebot zur Verantwortung nicht erschöpft und alle weiteren Gebote, die auf ihr aufruhen, ergänzen und erklären sie weiterhin. Sie können nicht als von ihr abgelöst gesehen werden, auch wenn man Jonas so lesen könnte. Verantwortung ist also das zentrale Prinzip aller Sittlichkeit. Es ist notwendig, ihre Verfassung und ihre Implikationen genauer zu untersuchen.

Die ontologisch begründete Verantwortung zeichnet sich mit Jonas durch Totalität aus[238]. Das bedeutet, dass von ihr nicht nur das menschliche Dasein, sondern die Gesamtheit seines Wesens umfasst sein muss, inklusive ihrer Möglichkeiten und ihrer zukünftigen Dimension. Was der Mensch zu verantworten hat, wenn er sein Schicksal verantwortet, ist also die gesamte Bandbreite dessen, was menschlich ist. Es steht ihm nicht zu, Abstriche zu machen oder eine Auswahl zu treffen. An dieser Stelle stellt sich wiederum die Frage, was diese Gesamtheit des Menschlichen beinhaltet. Von Jonas wissen wir nur: „Menschenlos und Menschenbild" in Aktualität und Potenzialität. Vielleicht lassen sich Schlüsse aus der Beschreibung der elterlichen Verantwortung ziehen, die zunächst nur für das Leibliche besteht, in der Folge aber die ganze „Erziehung": „Fähigkeiten,

---

236 Hans Jonas, Das Prinzip Verantwortung, S. 186f.

237 man muss als Mensch leben und leben können um der Aufforderung, moralisch zu sein, nachkommen zu können.

238 Hans Jonas, Das Prinzip Verantwortung, S. 189f.

Verhalten, Beziehung, Charakter, Wissen" und „Glück", genauso „Sprache [...] [und] gesellschaftliche Überzeugungen und Normen"[239]. Das ist wohl noch nicht das ganze Menschenbild, da die elterliche Verantwortung nur einen Teil des menschlichen Lebens umfasst. Sicher sind aber die Elemente der elterlichen Verantwortung im Menschenbild mit enthalten. Besonders problematisch weil missverständlich ist hier der Begriff des „Glückes". Jonas erklärt ihn nicht.

Die Schwierigkeit dieser Stelle wächst weiter, wenn man fragt, welche Dimension des Menschenbildes zudem durch eigenes Wirken der Person (im Sinne von „etwas aus sich machen"), nicht durch Einwirkung anderer entsteht und in welchem Maße das Menschenbild von außen erhalten und gebildet werden muss. Es wird nicht klar, wie viel davon und was dem Menschen sozusagen nicht verloren gehen kann und aus ihm heraus hervorkommt, wenn er einfach nur am Leben ist. Es bleibt ebenso offen, ob eine bestimmte Kultur mit Wertmaßstäben zwingend entsteht oder ob sie gestützt beziehungsweise von außen erhalten werden muss. Man bekommt in der Beschreibung der elterlichen Verantwortung nur eine ungefähre Ahnung davon, was Jonas in der Verantwortung an sich gelegen sieht.

In der Diskussion der Kontinuitätsdimension der Verantwortung sieht Jonas den Begriff der „Identität"[240], die es zu wahren gilt, als zentral. Dies kann man als Spezifikation des Menschenbildes sehen: eines, das besteht und den Menschen als solchen auszeichnet. Gleichermaßen beinhaltet der Begriff die Idee einer Vielzahl von bestehenden Eigenschaften, die, zum Gesamtbild gefasst, die Identität ergeben. Identität ist durch Ereignisse und Entwicklung zustande gekommen und besteht in der Gegenwart, für die Zukunft ist sie nun zu bewahren. Damit flechtet Jonas seinen Hinweis auf die Bedeutsamkeit der Geschichtlichkeit in der Verantwortung ein: „dass Verantwortung überhaupt nichts anderes ist als das moralische Komplement zur ontologischen Verfassung unseres Zeitlichseins"[241]. Ohne Zeitlichkeit kann es keine Verantwortung geben. Die menschliche Verfassung konstatiert also das Bestehen ihrer Verantwortung. Zeitlichkeit, also sterblich zu sein und sich in der Zeit vorwärts zu bewegen, ist ein Kennzeichen alles Lebendigen. Hier kommt dem Menschen nichts zu, in dem ein spezifisch menschlicher Wert liegen könnte. Geschichtlichkeit aber ist etwas, das nur der Mensch haben kann und in ihr allein kann das Konzept der Identität zur Entfaltung kommen. Wenn die Geschichtlichkeit des Menschen aus der Zeitlichkeit

239 Hans Jonas, Das Prinzip Verantwortung, S. 191.
240 Ebd., S. 197.
241 Ebd., S. 198.

des Lebendigen hervorgeht, indem die „sehende Freiheit“ die Zeitlichkeit begreift und aus ihr heraus identitätsstiftend wird, dann kann ein darin gelegener Wert auf die Tendenz des Seins zurückgeführt werden, die sich in der Zeitlichkeit als Entgegensetzung und schließlichen Übergang ins Nichtsein und in der Geschichtlichkeit als bewussten Umgang mit diesem Sachbestand zum Ausdruck bringt. Dieser Zusammenhang wäre mit Jonas nicht ganz unlogisch, er hätte ihn möglicherweise so ausführen können. Jonas selbst allerdings sagt dazu nichts. An dieser Stelle lassen sich deshalb nur Vermutungen anstellen. In jedem Fall aber stellt „Identität“ einen wesentlichen Bestandteil des Zu-Erhaltenden im Begriff des Menschenbildes dar und muss somit als etwas verstanden werden, dem in irgendeiner Form Wert zukommt.

Jonas vertritt die Auffassung, dass es eine „Idee des Menschen“[242] gibt, die Aussagen über das treffen kann, was im Menschen erhaltenswert ist. Wir lernen also, so Jonas, aus unserer eigenen Verfassung nicht nur etwas darüber, wer wir sind, sondern auch darüber, wer wir sein sollen und somit darüber, worauf sich unsere Verantwortung in Bezug auf uns selbst richtet. Die Einsicht vermittelt uns Verständnis über unsere Verursachung durch und Abhängigkeit vom Sein und seinen Tendenzen und damit, so meint Jonas, auch etwas über den Anspruch, den wir an uns selbst zu stellen haben. „Erst die Idee des Menschen, indem sie uns sagt, warum Menschen sein sollen, sagt uns damit auch, wie sie sein sollen.“ Diese Aussage verlangt nach Erläuterung. Die Idee des Menschen entsteht also aus der Begründung des Menschseins oder ist zumindest mit ihm verbunden und ermöglicht ihm gleichzeitig oder in der Folge Einsicht in das, was er sein soll. Damit „[...]sind wir [...] gar nicht den künftigen Menschen verantwortlich, sondern der Idee des Menschen, die eine solche ist, dass sie die Anwesenheit ihrer Verkörperungen in der Welt fordert.“[243]

Diese Aussage macht deutlich, dass die Ontologie die Idee des Menschen nicht in vollem Maße abdeckt. Ontologie und Anthropologie sind sicherlich verbunden, aber nicht gleichzusetzen. Man muss sich bemühen, an dieser Stelle Jonas nicht falsch zu verstehen. Wir müssen dafür sorgen, dass der Mensch als der ist, der sein soll. Damit kommt dem Menschen in dieser Verfassung eine Berechtigung, ein Wert zu. Die „Idee des Menschen“ ist mit einem Anspruch an uns versehen, der sich in der menschlichen Verantwortung in sein Handeln niederschlagen muss. Die Idee des Menschen nimmt uns in die Pflicht, ihr gerecht zu werden und dem Menschen um dieser Idee willen das zukünftige Sein zu

242 Hans Jonas, Das Prinzip Verantwortung, S. 91.
243 Ebd., S. 91f.

ermöglichen. Ist aber das Sein-sollen alles, was den Menschen ausmacht? Das kann nicht sein. Jonas sieht mehr im Wert des Menschen als nur seine Existenz und Potenzialität zu zukünftiger weiterer Existenz, das haben wir schon gesehen. Es lässt sich annehmen, dass das Sein-sollen die Basis, als der erste Schritt des Menschseins verstanden werden muss und alles andere darauf aufbaut. Was nun aber all das andere ist, das Jonas mit Wert versieht, ist in seiner Fülle noch immer nicht klar. Man kommt dem Wert beiziehungsweise den Werten im Menschen in ihrem Umfang und ihrer Verfassung nur schrittweise näher. Jonas stellt das Menschenbild mit seinen Wertimplikationen selbst als nicht letztgültig klärbar (zumindest nicht für ihn selbst) dar: „Seine Gegenwart [...] ist jeweils vollgültig als die fragwürdige, die sie ist. Eben diese Fragwürdigkeit, die keinem anderen Sein eignet, mit ihrer ständig innenwohnenden Transzendenz, ihrem offenen Entweder-Oder, das doch nie dem Sowohl-Als Auch entrinnt, ihrem unbeantwortbaren Warum? Und Wozu? ist ein Grenzphänomen der Natur, das als solches – nach menschlichem Wissen – nicht zu überbieten ist“[244]. Als solches nötigt es dem Menschen in seiner Betrachtung als etwas Wertvolles legitim „Ehrfurcht“ ab[245].

Jonas nimmt also begründet mehr Werthaftes im Bereich des Menschen an, als nur die Erhaltung seines aktuellen und potenziellen Existierens. Das „Menschenbild“, das in gleichem Maße erhaltenswert ist wie das bloße menschliche Dasein, beinhaltet Attribute, die den Menschen in seiner Lebensführung wertvoll machen und damit selbst Wertanspruch an den Menschen stellen. Dazu zählen unter anderem die Begriffe der „Identität“ und „Fähigkeiten, Verhalten, Beziehung, Charakter, Wissen“, „Glück“, „Sprache [und] gesellschaftliche Überzeugungen und Normen“[246]. Die Errungenschaften, die dem Menschen aus Evolution und Zivilisation zugewachsen sind und die er sich im Laufe seiner Entwicklung erworben hat, stellen also für Jonas etwas dar, das Wert enthält und Anspruch auf Erhaltung im Rahmen der Verantwortung hat, die uns vom Sein her zugewachsen ist. Das bedeutet, dass all diese wertvollen Elemente auf eine Weise mit dem Wert des Seins verbunden sind. Wie genau und welche menschlichen Attribute diese Form von Wert beinhalten, teilt uns Jonas nicht mit.

Besonders interessant ist in diesem Zusammenhang für uns der Bereich der „gesellschaftlichen Überzeugungen und Normen“[247]. Hier kommen wir zurück auf die traditionellen sittlichen Werte wie Gerechtigkeit, Treue, Solidarität und

---

244 Hans Jonas, Das Prinzip Verantwortung, S. 383.
245 Ebd., S. 393.
246 Ebd., S. 191.
247 Ebd.

derartige. Es wird immer klarer, dass Jonas diese nicht in ihrem Wert und ihrer Bedeutung herabstufen will. Vielmehr bemüht er sich, ihren Anspruch an den Menschen vom Sein her zu begründen und zu festigen. Die Form von Wert, die ihnen zukommt, ist nicht in der menschlichen Sphäre durch Diskurs oder Gesetz, sondern im Sein als solchem angelegt und verankert, fußt auf den Tendenzen der Bedingung des Lebens und wirkt sich im Menschen schließlich in der Form aus, in der wir ihr im täglichen Leben begegnen. Jonas führt diesen Zusammenhang so nicht klar aus, es ist aber ersichtlich, dass er ihn so auffasst und ihm so zu einer tieferen Begründung verhelfen kann als es vielen anderen Konzepten der Wertbegründung möglich ist.

Der Mensch muss die „Zweckarbeit der Natur, ihr allgemeines Ja in sein Wollen übernehmen und das Nein zum Nichtsein seinem Können auferlegen“[248]. Wenn er die Tendenz des Seins durchschaut und begreift, dass sie auch in ihm wirksam ist und damit ihre Gesetze von Natur wegen auch seine eigenen sind und sein müssen, hat er eine Orientierung auf die Pflicht gewonnen. Das, so Jonas, „ist erst der Anfang der Moral und natürlich unzureichend für eine positive Pflichtenlehre“[249]. Das bestärkt die Verantwortung als Grundlage einer Tugendlehre und kann als ein Hinweis auf weitere Werte gesehen werden[250]. Der Mensch ist zu einer „Erkenntnis seines Wesens“[251] genötigt, die ihn zu einer Theorie des „besten Menschen“[252] hinführen kann. Jonas gibt sich in Bezug auf das Menschenbild an dieser Stelle wieder vage: „von der immer offenen Frage, was der Mensch sein soll, dessen Antwort wandelbar ist“[253].

Der „gute“ Mensch beinhaltet dabei zwei mögliche Kategorien: die „moralische Qualität“ als Güte von Charakter und Verhalten und die „kulturelle Qualität“[254] im Sinne der Güte der Produktivität.

Was auch immer der Mensch ist, muss in der Krise bewahrt werden, inklusive dem, was in Zukunft daraus werden kann (das sich mit der „Theorie des ‚besten Menschen‘“ deckt, wie man annehmen muss, denn ob alles, was aus dem Menschen werden kann, zu retten ist, eingeschlossen seine schlechtesten Formen und seine Möglichkeit, eine weitere, vielleicht noch schlimmere Krise zu verursachen, muss man sich fragen). Der Mensch ist zu bewahren, „allerdings als

---

248 Hans Jonas, Das Prinzip Verantwortung, S. 249.
249 Ebd., S. 249.
250 vgl. Ebd., S. 186f.
251 Ebd., S. 249.
252 Ebd.
253 Ebd., siehe auch: S. 267: die „Unergründlichkeit des Mysteriums ‚Mensch‘“.
254 Ebd., S. 282.

Mensch“[255]: „Dies ‚als‘ bringt das Wesen, soviel wir davon wissen oder ahnen, in den Imperativ des „dass“ als den letzten Grund seiner Unbedingtheit mit hinein und muss seine Befolgung davor hüten, dass der Abgrund ihrer Opfer die ontologische Sanktionierung mitverschlinge – also die ontisch gerettete Existenz eine nicht mehr menschliche sein wird“[256]. Dabei hat das Menschenbild etwas mit der menschlichen Geschichtlichkeit zu tun, denn in Bezug auf seine Wahrung weist Jonas auf das hin, „was der Mensch in Jahrtausenden der Kulturbemühung aus sich gemacht hat“[257]. Jonas sagt aber auch eindeutig, dass es in der Situation der Krise nicht darum geht, „ein bestimmtes Menschenbild zu perpetuieren oder herbeizuführen“[258] (obwohl letzteres sowieso nicht von ihm vertreten werden kann), sondern seine Möglichkeit für die Zukunft zu bewahren, was den Menschen bereits vor die große Herausforderung stellt, zwei Abgründe zu vermeiden: in der Erhaltungsbemühung von Menschenlos und Menschenbild nicht eines um des jeweils anderen Willen zu verlieren. Das Nein zum Nichtsein geht dem Ja zum Sein in der aktuellen Situation als erste Aufgabenstellung zuvor.

„Die eingeborene Güte des Menschen“ ist „ein sittlicher Wert an sich“[259], also ein weiterer Wert, der dem Menschen, so muss man annehmen, vom Sein her zugekommen ist (außer die menschliche Kultur ist in der Lage, selbst Werte an sich hervorzubringen) und in irgendeiner Weise auf der Verantwortung aufruhend. Ein weiterer Wert ist seine Freiheit und ein ihr gemäßes System, das freies Handeln fördert, fördert die Tugenden, weil diese nur in Freiheit gedeihen können. All diese Facetten sind Teil des Menschenbildes und müssen wohl als ihm gemäß an seinem Wert teilhaftig und ihn mit bedingend angesehen werden. Keine dieser werthaften Qualitäten ist als unverbunden mit dem Grundwert zu verstehen, wenn sie auch auf Grund der Bedingung durch diesen Wert an sich als unbedingt wertvoll angesehen müssen. Der Mensch ist wertvoll auf Grund dessen, was er ist und auf dieser Basis für sich selbst erwirbt, so Jonas auch in Rückschau auf die Antike: „der Mensch ist der Schöpfer seines Lebens als eines menschlichen; er fügt die Umstände seinem Willen und Bedürfen, und außer gegen den Tod ist er niemals ratlos“[260]. Hier wird auf den Stellenwert der Kreativität als Bestandteil und Werkzeug des Menschenbildes hingewiesen, die für Jonas

255 Hans Jonas, Das Prinzip Verantwortung, S. 250.
256 Ebd.
257 Ebd.
258 Ebd.
259 Ebd., S. 304.
260 Ebd., S. 18.

ebenfalls eine große Rolle in seiner Herausarbeitung des wertvollen Menschlichen spielt.

Letztendlich sind also die sittlichen Qualitäten des Menschen und seines sozialen Lebenskreises bei Jonas auf den ersten Wert in der Selbstbejahung des Lebens zurückzuführen und damit aus dem Sein her durch das Leben hindurch bestimmt und in gewissem Maße vorgefestigt. Dem Menschen obliegt es, durch seine spezifischen Fähigkeiten, darin insbesondere die der Kreativität, nach dem Erfassen des ontologischen Anspruches des Seins an den Menschen Wert an sich zu verstehen und in sein Handeln zu übernehmen. In den menschlichen Fähigkeiten, durch die sich der Mensch sein Bild von sich selbst konstituiert und seine eigene Lebenswelt in Gemeinschaft und Zivilisation kreiert, erwirbt er sich weitere Werte hinzu, die man bei Jonas als vorgebildet im Kontext des Wertbegriffs und des Menschenbildes verstehen muss. Jonas selbst geht auf die Art, wie man die sittlichen Qualitäten des Menschen konstituiert verstehen soll, nicht ein. Dennoch lassen sich durch eine genaue Betrachtung seines Werkes Aussagen zu dem machen, was er hätte sagen können und müssen, hätte er ein umfassendes Wertekonzept ausgearbeitet.

Der Hintergrund des Menschenbildes bei Jonas – Individualethik und Verantwortungsethik

Beachtet man nun Jonas' Absicht in seiner Unternehmung des Entwurfes einer Verantwortungsethik, dann wird offenbar, welche Bedeutung dem Konzept des Menschenbildes in dieser Ethik zukommt. Jonas ist der begründeten Auffassung, dass es im Angesicht der menschgemachten Bedrohung weniger auf ein individuelles als um ein gesamtmenschliches Handeln gehen muss. „Es ist der kollektive Täter und die kollektive Tat, nicht der individuelle Täter und die individuelle Tat, die hier eine Rolle spielen; und es ist die unbestimmte Zukunft viel mehr als der zeitgenössische Raum der Handlung, die den relevanten Horizont der Verantwortung abgibt," so Jonas. „Dies erfordert Imperative neuer Art"[261]. Teil dieses Imperativs ist aber auch das Gebot der Erhaltung des Menschenbildes. Ein solches Gebot kann jedoch seinerseits nur Teil einer Kollektivethik sein. Das ist die Besonderheit der Jonas'schen Ethik.

Ausschlaggebend ist für ihn die gemeinsame Verursachung der Krise durch die Menschheit als solche, nicht durch Einzeltäter. Jonas würde nicht abstreiten, dass die individuellen Handlungen Ursprung der Situation sind. Allerdings behandelt er sie nicht als solche, sondern als Einzelausprägungen eines

261 Hans Jonas, Das Prinzip Verantwortung, S. 32.

kollektiven Phänomens, das als Ursache bezeichnet werden muss. Die übermäßige Ausbeutung der Natur rechnet er nicht den Handlungen der einzelnen Menschen, sondernd denen der Menschheit zu. Dementsprechend können Handlungen in Beziehung auf diese Verursachung und jede Anstrengung, ihr beizukommen, nicht von Einzelnen ausgehen, sollen sie wirksam sein, sondern müssen von der Gesamtheit der Menschheit kollektiv angegangen werden. Damit weist er der Menschheit als solcher die Rolle eines kollektiven Akteurs zu und überspannt die Ebene einer Gesamtheit von Individuen mit einer weiteren Handlungsebene, die direkte Folge des gesammelten Handelns Einzelner zu einer Gesamtgewalt ist, die von der Gesamtmenschheit nicht bewusst entschieden und gelenkt wird, für die Zukunft aber unter eine Kontrolle gebracht werden muss. Moralisch motivierte Bestrebungen Einzelner, der Krise beizukommen, würde Jonas sicherlich als sittlich wertvoll, allerdings nicht als hinreichend in der von ihm diagnostizierten Situation bewerten. Jonas' Konzept muss den Menschen notwendig auch als Kollektivwesen begreifen, wenn die Ethik in der Lage sein soll, ein Handeln zu begründen, das die Krise tatsächlich auflösen kann. Die Verantwortungsethik ist eine Ethik, die den Raum der Individualethik durchdringt, ihn aber überspannt und ihn durch eine kollektive Sphäre ergänzt, in der letztendlich die Verantwortung ihren Platz hat. Ohne beim Individuum anzusetzen, kann sie nicht in Gang kommen, aber dort darf sie nicht zum Abschluss kommen. Dabei muss sie die Tendenzen, die im Menschen an sich sowie in der Gesellschaft wirksam sind, im Auge behalten. Was der Umsetzung des Imperativs der Verantwortung entgegensteht, sind die menschliche Willkür im Einzelnen sowie der gesellschaftliche Standpunkt der Menschheit an sich, die durch Ressourcenknappheit, ungleichmäßige Verteilung, dem Streben nach Verbesserung der eigenen Situation und partikulare gesellschaftliche Ideale ungünstig geprägt ist. Die soziale Situation der Menschheit ist im Allgemeinen eine, die eine Verschärfung der Krise begünstigt. Maßgeblicher Motor dabei ist die Nutzung der Technik und das ungebremste Vorantreiben ihrer Weiterentwicklung, die in keinem Verhältnis zu Notwendigkeit und rationaler Verbesserung des gesamtmenschlichen Lebens steht. Der Verantwortung obliegt es, hier die rechte Bahn in Hinblick auf alle beteiligten Faktoren (Mensch und Natur im Kreis des Lebendigen) zu weisen und Stütze zu bieten, diese Bahn im konkreten Handeln einzuhalten. Deshalb muss sie den Menschen als Individual- und zugleich als Kollektivwesen begreifen und diesem Begriff einen festen Rahmen zuweisen, innerhalb dessen das Gesetz der Verantwortungsethik sinnvoll seinen Ansatz zur Rezeption und zur Wirksamkeit finden kann. Dieser Rahmen ist das Menschenbild in Einheit mit dem physischen Fortbestehen der organischen Spezies

Mensch. Es charakterisiert ihn für sich selbst in seinem Selbstverständnis, seinen Motiven und Anlagen, um ihm zu deutlich zu machen, worum es ihm gehen muss, wenn es ihm um ihn selbst geht.

Eine Individualethik benötigt kein umfassendes Menschenbild. Der Mensch, um den es ihr geht, ist der Einzelne selbst. Seine Verantwortung hat er nur für seine eigenen Taten und für sein eigenes Fortbestehen als moralisches Subjekt, zum Guten oder zum Bösen, seine Verpflichtung ist ihm einsichtig als unmittelbar verbindlich. Geht es aber um die Menschheit als Ganze, so greifen die Mechanismen, die für die Individualethik selbstverständlich sind, nicht mehr. Der Einzelne im Individuum kann geneigt sein, seinen Teil der Verantwortung zu veräußern oder zu ignorieren, mit dem Wissen, dass seine Stimme so gering ist, dass sie im Kreis der ganzen Menschheit keinen Ausschlag gibt. Der Verantwortung könnte so Genüge getan sein, ohne dass der Einzelne ihrem Gesetz nach tätig geworden ist. Im Sinne von „wenn sich alle an die Regeln halten, brauche ich das nicht unbedingt auch noch zu tun" kann der Einzelne die Kollektivethik für sich ignorieren. Doch mit dem Herausfallen des Einzelnen scheitert auch die kollektive Bemühung. Jonas weiß, dass er den Einzelnen verpflichten muss, um das Kollektiv zu verpflichten. Die Herleitung der Bedeutung des Einzelnen hat er in seiner Ontologie in der Steigerung der Differenz vom Nichtsein in der Intensivierung der Zweckhaftigkeit durch die Mannigfaltigkeit der Einzelindividuen vorgenommen. Jeder Einzelne muss in der Verantwortungsethik einsehen, dass es dem Sein auf ihn als solchen und auf sein Handeln ankommt – gerade auch insofern es ein Glied im Ganzen des Menschseins ist. Sieht er dies ein, so wird er mit Jonas eine motivierende Antwort darauf im Gefühl der Ehrfurcht vor dem finden, was Verantwortung einfordert.

Insofern dieser Anspruch jeden Menschen qua seiner menschlichen Verfassung erreichen kann, ist die Ethik zur Verantwortung, die durch diesen Anspruch begründet ist, eine kollektive Ethik. Sie verlangt von der Menschheit als solcher, bedingt durch die Zugehörigkeit jedes Einzelnen zum Ganzen, ein verantwortliches Handeln. Insofern sich dieses Handeln auf die Menschheit als solche beizieht, muss jeder Einzelne, der anteilig ist am verantwortlichen Handeln, sich nicht nur seiner eigenen Zukunft und Integrität schützend annehmen, sondern auch der all seiner Artgenossen. Verantwortlich wird der Einzelne zu einem Anteil der Form und Potenzialität des zukünftigen Daseins der gesamten Menschheit. Eine solche Verantwortlichkeit hat ein anderes Gewicht als die der Individualethik, in der es um eine weit nähere, direkt beeinflussbare Handlungssphäre geht. Jonas' Ethik verlangt mehr Abwägen, Weitsicht und praktische Strategie als jede Individualethik. Die Wahrscheinlichkeit des Scheiterns durch den Selbstentzug der Einzelnen oder Kapitulation vor der Größe der Aufgabe ist ungleich höher. Deshalb, so sieht er ein, müssen ihre Imperative so bindend wie möglich zur Darstellung kommen. Das Menschenbild kann als Wegweiser in der Bewusstwerdung der richtigen Handlungsweise gelten. Eine lebenswerte menschliche Zukunft ist ein fast größtmögliches Abstraktum als Handlungsziel und ein ihr gemäßes Handeln damit schwer festzulegen. Je ungenauer die Zielvorgaben für die Ethik sind, desto wahrscheinlicher muss auch ihr Scheitern sein. Deshalb kommt dem Menschenbild und der ihm innewohnenden Evidenz eine Schlüsselfunktion im Gelingen der Praxis der Verantwortungsethik zu. So muss man es Jonas auch als Manko zurechnen, dass er der Definition des Begriffes so wenig Aufmerksamkeit zukommen lässt. „Wir wissen erst, was auf dem Spiele steht, wenn wir wissen, dass es auf dem Spiele steht", so Jonas[262]. Dass das Menschenbild und damit die Integrität der menschlichen Gemeinschaft bedroht sind, ist durch die Diagnose der Krise offenbar geworden. Wir wollen in Zukunft sein, was wir heute sein können. Aber was das ist, was davon erhaltenswert ist und was wir notwendig ablegen müssen, um die Krise meistern zu können, bleibt zu einem großen Teil verschwommen oder nur angedeutet. Das Menschenbild bildet hier eine noch schwach artikulierte Orientierung.

Diese Grobkörnigkeit mag ein Schwachpunkt Jonas' sein, kann seinem Konzept aber genauso zum Vorteil gereichen, betrachtet man die praktischen Implikationen eines solchen Begriffes. Ein fest umrissenes Menschenbild dürfte zu Missbrauch verleiten. Was nicht Teil des Menschenbildes ist, ist freigegeben als „artfremdes" oder „deviantes" Verhalten, führt zu legitimierter Ausgrenzung und gesellschaftlichen Konflikten. Es kann nicht in Jonas' Sinne gewesen sein, ein solches Verhalten zu begründen. Jonas war immer motiviert, die Gemeinschaft der Menschen auf der Basis ihrer gemeinsamen organischen Verfassung und ihres Standpunktes in der Natur zu stärken. „Das Einschwenken" seines Lehrers Heideggers „in die [...] braunen Bataillone" war für Jonas eine der großen Enttäuschungen seines Lebens[263]. Es kann ihm nicht gelegen gewesen sein, eine Ethik zu begründen, die zu einer solche Ideologie hätte betragen können. Der Begriff des Menschenbildes muss bei ihm vielmehr als ein positives Argument zum Zusammenhalt der gesamten Menschheit gewertet werden. Das, was den Mensch zum Menschen macht, sind seine Anlagen, die ihm vom Sein her durch seine organische Verfassung zukommen, mitsamt aller Verstandesgaben, und diese Gemeinsamkeiten müssen bei rechter Betrachtung die Menschheit auch

262 Hans Jonas, Das Prinzip Verantwortung, S. 8.
263 Hans Jonas, Erinnerungen, S. 299.

zueinander bringen. Es geht darum, ein gemeinsames Ziel in einer Situation der Notwendigkeit ins Auge zu fassen und zum Gelingen zu bringen. Dabei geht es Jonas nicht so sehr darum, von seiner Auffassung zu überzeugen, als den Menschen dorthin zu bringen, die Imperative, die in seiner eigenen Verfassung festgesetzt sind, einzusehen. Diese werden ihn dann von selbst binden. Gelingt dies für die Gesamtheit der Menschheit, kann die Kollektivethik ihrem Anspruch gerecht werden.

Dies führt die Schwere dieses Unterfangens und die besondere Notwendigkeit der Verantwortungsethik, eine ontologische Unterfütterung zu haben, vor Augen. Der Begriff des Menschenbildes ist dabei die letzte und womöglich wichtigste Folge von Jonas' Theorie für die Praxis dieser Ethik. Jonas setzt es bereits zu Anfang seines Programms fest[264]. Die mangelnde Ausführung dessen, was damit gemeint ist, kann also nicht in einer ungenügenden Bedeutungsbeimessung begründet sein. Vielmehr ist dies wohl Jonas' Behutsamkeit in seiner Vorgehensweise geschuldet, die für ihn charakteristisch ist. Jonas stellt sich selbst stets in der Bescheidenheit seines Denkens dar. Er bezichtigt seinen Entwurf der „logischen Gebrechlichkeit"[265] und sieht sich weniger als Propheten, sondern vielmehr als Stimme, die etwas zur Aufmerksamkeit verhelfen will, das schon lange überfällig war. Auch in Bezug auf den Begriff des Menschenbildes hoffte er vielleicht, dass in einer weiteren Entwicklung seines Ansatzes durch Nachfolger ein klarerer Umriss herausgearbeitet werden könnte. Er selbst schuf in vielem nur einen Wegweiser auf Weiteres, das noch kommen sollte. In der Beurteilung seines Werkes muss dieser Sachbestand immer Berücksichtigung finden, will man ihn nicht fehl interpretieren oder Potentiale, für die er einen Raum geöffnet hat, verloren gehen.

Die Untersuchung der Bedeutung des Menschenbildes für die Sphäre des Menschen ist damit abgeschlossen. Es muss festgehalten werden, dass Jonas' Begriff für das Selbstverständnis der Menschheit und die Verantwortungsethik von großer Bedeutsamkeit ist und die Kollektivethik, wie sie die Verantwortung notwendig macht, nur durch ihn zu Gelingen kommen kann.

Dass aber für Jonas das Menschenbild auch außerhalb des menschlichen Bereiches in der Welt Bedeutung zukommt und wie diese zu verstehen ist, soll im abschließenden Abschnitt der Untersuchung der Bedeutung und Implikationen von Menschenlos und Menschenbild dargelegt werden.

---

264 Hans Jonas. Das Prinzip Verantwortung, S. 8.
265 Ebd., S. 237.

Die Bedeutung des Menschenbildes für die Sphäre des Lebendigen

Bewegt man sich in der aus anthropologischer Sicht beschriebenen Welt und betrachtet man das Konzept der Ontologie, in der sich das Sein durch das Leben hindurch zum Menschen hin auswirkt und sich in diesem auf sich selbst zurückbezieht, so muss man jedem Segment dieses Zirkels eine Bedeutung für alle anderen Teile zubilligen, da er nur geschlossen werden kann, wenn alle Teile in der gegebenen Form zusammenwirken. Die lebendige Natur, obwohl Auswirkung des Seins, hat Bedeutung für das Sein, weil sich in ihr sein Spruch vollzieht. Nach demselben Prinzip muss man nicht nur der Natur ihre offensichtliche essenzielle bedingende Bedeutung für den Menschen zuweisen, sondern auch dem Menschen rückwirkend eine für die Natur, der er entstammt.

Im Konzept der Moderne, in dem die Evolution jeden Schöpfungsmythos entwertet und die Elemente des Lebens in einen Zusammenhang zu einander setzt, „[...] so bleibt der mehr philosophische Schock, dass mit dieser immanenten Herkunftserklärung nach rein biologischen Spielregeln, die keiner Intervention eines neuen Prinzips bedurften, die letzte irdische Heimstätte aller vormals vermeinten Transzendenz vom allmächtigen Monismus einer absichtslos-mechanischen Natur verschlungen wurde. Die Weise seines Werdens definierte das Gewordene. Diese letzte Entzauberung, nach aller vorangegangenen der übrigen Welt, schien das bisherige Menschenbild von der Wurzel her zu widerlegen“[266]. Jonas kann eine ganz andere Art von durchaus kompositorischer Originalität propagieren: Eine, welche die Natur überragt, und sich zugleich auf sie als ihre Wurzel bezogen hält.

So ist für Jonas die Moderne zunächst eine Chance, den Menschen in seinem Verursacht-sein aus der Natur heraus angemessener zu begreifen als es im Schöpfungsmythos je möglich wäre. Gleichzeitig aber birgt die moderne Sichtweise die Gefahren, aus denen die Krise der Gegenwart entwuchs. Die Natur ist dem Menschen zur Ressource geworden. Damit missversteht er sich auf eine neue Art: er verleugnet seine Wurzeln in der Welt, die ihn umgibt. Dabei birgt die Besinnung auf das Menschenbild und darin der Pflicht, die ihm aus der Betrachtung dessen einsichtig werden kann, den Schlüssel zur Herstellung eines angemessenen Verhältnisses zwischen Mensch und Natur.

Es muss auch Pflicht des Menschen sein, sich als Chance der gesamten belebten Welt zu begreifen. Indem der Mensch die Fähigkeit hat, sich auf das Sein und seine „Interessen“ zu beziehen, ist dieser Bezug für das Leben an sich

266 Hans Jonas, Philosophische Untersuchungen und metaphysische Vermutungen, S. 35.

hergestellt, dem der Mensch teilhaftig ist. So, wie sich der Mensch nicht abgelöst von der Natur verstehen darf, ist auch die Natur nicht vom Menschen ablösbar. Das Schicksal der Menschheit berührt die Natur und, gäbe es eine Form der Verantwortungsfähigkeit außerhalb des Menschen, bestünde sie auch für die Erhaltung des Menschen im Ausgang von der Natur. Unterstellt man dem Sein ein Interesse am Bestehen des Menschen, so muss man es auch der Natur als Folge des Seins zuweisen. Sieht der Mensch diese gegenseitige Form der Dependenz ein, so muss es ihm leichter fallen, sich in der Natur beheimatet zu fühlen. Dieses Gefühl spielt ja auch für Jonas selbst eine große Rolle und stieß seine langjährige Beschäftigung mit einer Lebensphilosophie an. Die Natur hat, anthropologisch ausgedrückt, ein Interesse am Entstehen, Bestehen und Fortbestehen des Menschen. Dieses Interesse gipfelt bei dem Begriff des Menschenbildes, welches den Menschen selbst, seine Welt und seinen Bezug zu Leben und Sein ermöglicht und beinhaltet. Das Menschenbild ist die Chance der Natur, sich selbst in seiner Ausprägung „Mensch" auf das Sein zurück zu beziehen und damit den Kreis zu schließen, der vom Sein aus gezogen wird und welches sich in der Selbstbezüglichkeit des „Spruch des Seins" auf sich selbst durch das ganze Feld der Wirklichkeit des organischen Lebens hindurch zurück bezieht.

Jonas diagnostizierte, es sei „[...] an der Zeit, [...] sich auf das wesenhafte Transanimalische im Menschen zu besinnen, ohne das Animalische in ihm zu verleugnen"[267]. Damit leitete er eine Untersuchung zur Besonderheit des Menschen an. Genauso ist aber herauszulesen, dass Jonas dem Teil des Menschen, der ihn mit dem Tierischen und seinen Wurzeln in der außermenschlichen Natur verbindet, nicht weniger Wichtigkeit beimisst. Der Mensch ist etwas, das über das Tier hinausgeht, aber er ist trotzdem noch dem Tierischen in seiner organischen Verfasstheit, seinen Bedürfnissen und seinen rudimentären Instinkten nahe und zugehörig. Der Mensch ist auch Teil des Kreises der Natur und damit sind seine Interessen Teil des Interessenskreises der Natur, insofern man von so etwas sprechen kann. Was menschlich ist, ist nicht nur zunächst immer auch natürlich. Es kann sich auch dort, wo es die Natur übersteigt, in einem Verhältnis zu ihr wissen und seine Erzeugnisse in ein Verhältnis zu ihrem Anderen setzen, ohne das es doch nicht sein könnte, was es ist.

Das bringt die Argumentation in den Kreis des Künstlichen, der Technik und der Dinge, die den Menschen heute zur Gefahr für die Natur werden lassen. All diese Dinge erwachsen aus dem Transanimalischen des Menschen, in dem er sich

267 Hans Jonas, Philosophische Untersuchungen und metaphysische Vermutungen, S. 36.

von der Natur abhebt. Für Jonas bewirken diese Anlagen, wie die Fähigkeiten des Bildens und des Abstrahierens, die vielbedachte menschliche „Herrschaft“[268] über das, wovon sich der homo pictor ein Bild machen und es so auf neue, eigene Art in seiner reinen Form und in Ablösung von seinem Stoff verstehen kann. Der Mensch erhebt sich in diesen Fähigkeiten über die Natur und kann sie sich zum Mittel machen, wie es in der Moderne der Fall ist. Dennoch kommen diese Fähigkeiten aus der Natur in ihn. Kultur ist kein Gegenteil, sondern eine Folge von Natur. Und so muss die Natur auch nicht ihr bloßes Lieferungs- und Verbrauchsmittel bleiben. Bändigt der moderne Mensch die von ihm erzeugten Risiken, so erschließen sich damit auch für die Natur Chancen – nicht nur des Überlebens, sondern eines Bestehens im Einklang mit den Schöpfungen des Menschen, in dem sich Natur aus ihr selbst heraus transzendiert. Dieser Einklang kann zu etwas ganz anderem werden als das, was die Revolte gegen die Technik als das „einfache“ Leben ganz innerhalb der Natur bewirken will.

Der Mensch ist also gleichzeitig Chance und Risiko für die Welt und spiegelt darin das Konzept des Lebens als ein ständiges Tätig-sein in einem Kontext von Chancen und Risiken wieder. Die Natur ist ein Konzept, in dem alle an ihr teilhaftigen Individuen zu jeder Zeit in Frage stehen. In der Entwicklung des Menschen hat die Natur ihre innere Tendenz selbst überboten und ein Wesen aus sich hervorgehen lassen, das nicht nur einzelne Teile, sondern auch die Natur selbst in den Kontext von Risiko und Chance stellt. Die Gegebenheit des Menschen birgt das Risiko seiner eigenen Vernichtung und der seiner Heimat, der Natur, aber zugleich die Chance auf den Zirkelschluss des Seins, an dessen Vollendung die Natur Anteil und Interesse hat, insofern das Sein Interessen vertritt, dessen Manifestation die Welt und insbesondere die Natur darstellt.

Das Menschenbild liefert die Grundlage für das Begreifen dieses Bezugsgeflechts und damit eines Handelns, das ihm gerecht wird. Damit ist es nicht nur für das menschliche Leben, sondern für alles Leben von Bedeutsamkeit. Jonas hat diesen Zusammenhang selbst so nicht dargestellt, hätte aber eine solche Begründung führen können, um die Beheimatung des Menschen in der Welt innerhalb seiner Ontologie anschaulicher gestalten zu können. Er selbst hat auf eine Betrachtung der inneren Tendenzen der Natur außer der Evolution verzichtet. In seiner Lebensphilosophie, in der er sich mit der Verbindung von Mensch und Natur intensiv befasste, ging es ihm nicht um die Herleitung einer Ontologie. In seiner Ontologie wiederum beschäftigt er sich mit dem Verhältnis von Sein und Mensch und klammert die Natur dabei weitgehend aus. In diesem Kontext

268 Hans Jonas, Philosophische Untersuchungen und metaphysische Vermutungen, S. 42.

hat er sie nur als Verbindungsglied zwischen Mensch und Sein und als Träger der Tendenzen der Seins, die im Menschen zur Entfaltung kommen. Es wäre eine Bereicherung seines ontologischen Konzeptes gewesen, hätte er in diesem Kontext noch einmal seine Implikationen für den Naturbegriff behandelt. In diesem Absatz wurde deshalb versucht, diesen Mangel auf der Basis von Jonas' Aussagen zu beheben und damit abschließend zur Untersuchung des Menschenbildes die Tragweite dieses Begriffes für Jonas' Ontologie sowie der auf ihr fußenden Ethik für die Gesamtheit der Welt, nicht nur für den Bereich des Menschen deutlich werden zu lassen.

Die Rolle des Menschen für Sein, Leben und Verantwortung

Zusammenfassend und ordnend wird in diesem Abschnitt der Untersuchung die Rolle des Menschen für das Sein und den Bereich des Lebendigen behandelt werden. Der Mensch ist nicht eine bloße weitere Entwicklungsform des organischen Existierens in der Welt, sondern auch eine neue Stufe des Lebens, mit dem etwas in die Welt kommt, das zuvor ungekannt war. Im Menschen kommt mit der Vernunft und dem Begreifen nicht nur eines Teils der Natur und des eigenen Lebensraumes, sondern die Welt an sich zu Bewusstsein. In dieser neuen globalen Sicht entsteht als eine Reaktion ein Phänomen, das nur aus der Rückbezüglichkeit auf sich selbst und im Verstehen dessen, was außerhalb und innerhalb des Menschen selbst gelegen ist. Im Menschen ereignet sich die Bewusstwerdung von Pflicht, die in Bezug auf das, womit er verbunden ist und über das er im Handeln Macht gewonnen hat, Verantwortung darstellt. Dieses Ereignis ist zweifellos neu in der der Geschichte der Welt.

Der Mensch ist ein grundwegs zwiespältiges Wesen. Als Teil der Natur ist er ein weiteres Lebewesen, das seinen Platz im Kreis der Natur hat, ihren Gesetzmäßigkeiten unterworfen und an ihre Gegebenheiten gebunden ist. Als neuer Schritt auf den Stufen des Lebens ist er erstmals transanimalisch, über die Natur herausgehoben und in seinen neuen, nur ihm eigenen Fähigkeiten einzig in der Welt. Diese Widersprüchlichkeit war zu allen Zeiten Gegenstand der menschlichen Überlegungen. In seiner Fähigkeit zu wissen und sich selbst zu betrachten, sinnt der Mensch zu allererst über sich selbst nach. „In der Kluft, die in dieser Konfrontation des Selbst mit sich selbst aufgetan wurde, haben die höchsten Erhebungen und tiefsten Niedergeschlagenheiten menschlichen Erlebens ihren

Platz. [...] Ich bin mir selbst zur Frage geworden"[269]. Dieser Frage auf der Basis der vorangegangenen Untersuchungen im Kontext der Ontologie und Anthropologie von Jonas noch einmal nachzugehen, soll Inhalt dieses Abschnittes sein.

Der Mensch als „Krone der Schöpfung"

Die traditionelle Philosophie behandelt den Menschen als ein Wesen, das der Natur andersartig gegenüber steht. Sie wertet seine Leiblichkeit ab und spricht ihm qua seiner Verstandesfähigkeit eine erhobene Rolle über den Rest der belebten Welt zu. Zugespitzt findet sich diese Position im cartesianischen Gedanken des Leib-Seele-Dualismus, in dem das Organische nicht mehr ist als ein Gefängnis für die Seele, die das Wahre und einzig Werthafte darstellt, das der Mensch ist. Descartes spricht nur dem Menschen allein eine Seele zu, das Tier ist lediglich funktionierender Körper. Jahrhundertelang haben diese Positionen die Philosophiegeschichte geprägt.

Jonas verwehrt sich gegen diese klassischen Ansichten und begründet den Menschen nicht gegen, sondern aus der Natur, doch auch er sieht ihn nicht dem Tier gleichgestellt. Der Mensch ist als Wesen organisch aus tierischen Formen hervorgegangen, hat sie aber überkommen und ihre Grenzen ausgeweitet. Als transanimalisches Lebewesen ist seine Welt eine andere als die des Tieres oder aller anderer Organismen. Wie bereits erläutert, *hat* er eine Welt anstatt sich nur in ihr zu bewegen. Nur der Mensch allein handelt. Er ist befähigt, die Gesetzmäßigkeiten der Welt einzusehen, sie in sein Handeln zu übernehmen und die Welt zu gestalten weil er sie versteht. Er kann den Anspruch des Seins an ihn einsehen, ihn umsetzen oder sich sogar dagegen entscheiden, diesem gerecht zu werden. Er verfügt über die höchste Form der Freiheit, die einem Lebewesen dieser Welt eigen ist.

Dabei will Jonas jedoch keine Herrschaftslegitimation für den Menschen über „seine" Welt leisten. Im Gegenteil dazu ist ihm daran gelegen, solche Positionen zu entkräften, da sie zur Krisensituation beitragen, anstatt ihr entgegen zu wirken. Dem Menschen als „Krone der Schöpfung" sieht er nicht als ein Wesen, das der Welt entrückt und ganz über sie erhaben ist, sondern als Höchste ihrer organischen Entwicklungsfolgen und damit als Teil der Welt. Er soll sich nicht als der Natur entzogen und über sie nach Belieben verfügend verstehen, sondern sein Eingebettet-sein und Beheimatet-sein in der Natur einsehen und (zurück-)erlangen. Seine Position auf der Erde ist nicht die eines Herrschers,

269 Hans Jonas, Philosophische Untersuchungen und metaphysische Vermutungen, S. 47.

sondern eines „Treuhänders“[270]. Indem er befähigt ist, das Ganze des Lebendigen durch sein Handeln zu beeinflussen und im schlimmsten Fall in seinem Dasein zu gefährden, wird ihm zur Aufgabe, was das Leben an sich schon für sich besorgt: das am-Leben-sein wird zum Anspruch, am Leben erhalten zu werden. Der Mensch muss der Natur, aus der er entstammt, ihren angemessenen Platz überlassen. Er darf sich nicht unverhältnismäßig an ihr bedienen. Natur darf der Mensch, wie schon gesehen, nicht als Ressource, sondern als Heimat verstehen. Den Schlüssel dazu bietet der Begriff der Verantwortung. Mensch zu sein heißt, dem Anspruch der Verhältnismäßigkeit verpflichtet zu sein. Der Mensch darf und soll sein, aber auch alles andere Leben darf und soll sein, in dem Maße, wie es das Leben an sich bereits vollzieht. Die Faktizität des Lebens ist der Maßstab, den der Mensch an sein Handeln anlegen muss. Es darf nur so ausfallen, dass er eine Situation der Bedrohung nach bestem Wissen und Vermögen vermeidet. Er muss einsehen, dass seine Position als „Krone der Schöpfung“ keine Legitimation zur Maßlosigkeit, sondern eine Verpflichtung zu dem ist, wozu ihn seine Anlagen befähigen. Gelingt ihm diese Einsicht und ein ihr gemäßes Handeln, wird er seiner Treuhänderrolle gerecht.

Der Mensch als Zwischenstation in der Evolution

Zwar ist es notwendig, dass der Mensch sich seiner besonderen Position im Kreis des Lebendigen bewusst ist, wesentlich entscheidender aber findet Jonas die Einsicht der Zugehörigkeit des Menschen zur Natur und die Erkenntnis, dass er nicht die endgültig letzte Folge der Evolution ist, für die es eine Zukunft gibt und geben muss und in deren Möglichkeit die Entwicklung eines Wesens liegt, das den Menschen in seinen Veranlagungen und Fähigkeiten übertreffen kann. Die Spezies Mensch ist eingepflegt in den Prozess der organischen Entwicklung, in deren Fortgang sich beständig Veränderungen und Weiterentwicklungen aller Lebewesen vollziehen. Mutationen stellen zunächst Devianz dar, in weiterer Sicht aber die Fortentwicklung einer Spezies. Der Mensch ist hier keine Ausnahme. Er kann die Tendenzen und Gesetze des Lebens einsehen, genetische Entwicklungen jedoch bestenfalls abschätzen. Er verfügt heute, trotz seiner immensen Kenntnisse, nicht über das notwendige Wissen, die Mechanismen der Genetik in ausreichendem Rahmen zu verstehen. Auf Genaueres zu diesem Themenfeld wird in Kapitel VIII noch einmal einzugehen sein.

Hier soll festgehalten werden, dass ein überhöhtes Selbstbewusstsein und der Egoismus der menschlichen Spezies im Angesicht dieser Zusammenhänge

---

270 Hans Jonas, Das Prinzip Verantwortung, S. 29.

als unangebracht erscheinen muss. In den prägenden Entwicklungen des letzten Jahrhunderts überwogen diese Tendenzen und führten zur Situation der Krise. Der Gedanke, dass der Mensch die höchste Form des Lebens sei, ohne Rücksicht auf eine Offenhaltung zukünftiger Entwicklungsmöglichkeiten und in Ausbeutung der natürlichen Ressourcen ohne Behutsamkeit in Hinblick auf zukünftige Generationen, gereicht auch der heute lebenden Menschheit und dem Gelingen ihrer eigenen Zukunft zum Schaden. Im Kern dieses Gedankens liegt ein falsch verstandenes Verhältnis von Mensch und Natur. Jonas geht es schon in seiner Lebensphilosophie um eine Reform des Naturbegriffs und seiner Auswirkung auf den Menschen. In der Natur muss sich der Mensch auch als sittliches Wesen in seiner Verpflichtung verstehen. Zu diesem Zweck entwickelte Jonas später seine Ontologie. Gemeinsam ist seiner Anthropologie und Ontologie, dass der Ehrfurchtsgedanke vor dem Leben für eine bedeutende Rolle spielen muss. Das Gefühl, das in der Verantwortlichkeit affiziert wird, ist das der Ehrfurcht vor dem, das den Menschen bedingt, umfängt und erhält. Er ist der Natur zu keiner Zeit wirklich entfremdet. In Situationen der Not und des Mangels wird ihm schnell offenbar, wie groß seine Abhängigkeit von äußeren Gegebenheiten und wie gering seine körperliche Stärke gegenüber den Kräften der Natur ist. Genauso aber, und das ist für Jonas von größerer Wichtigkeit, hat die Natur den Menschen nicht nur hervorgebracht, sondern erhält sie ihn auch. Die Ressource Natur ist ein Teil des Menschen und untrennbar mit ihm verbunden. Das Prinzip allen Lebens, auch des menschlichen, ist es, an morgen denkend zu handeln um im Heute bestehen zu können. Trotz der Risiken, die Teil des organischen Funktionierens sind, darf der Mensch sich in der Natur aufgehoben fühlen. So war es auch Jonas' persönliche Überzeugung als er sagte: „Die Welt ist für mich niemals ein feindlicher Ort gewesen"[271].

Diese Sicht auf den Menschen und seinen Platz im Ganzen der Welt war für Jonas Grund für seine Beschäftigung mit einer Philosophie des Lebens. Die Notwendigkeit dieser Sichtweise, auch in Hinblick auf das Sittliche, ist letztlich aber auch die Folge seiner Verantwortungsethik. Versteht sich der Mensch richtig, hat er einen Wegweiser auf das richtige Handeln gewonnen. Deshalb muss man Jonas' Biophilosophie und Ethik so eng verbunden sehen. Grundlegend für beides ist dabei sein ontologischer Ansatz.

Damit soll in der Folge noch einmal auf Jonas' Ontologie als Ganze eingegangen werden. Es wurde behandelt, welcher Art das Selbstverständnis des Menschen ist, das es in seiner Ethik für die Zukunft zu bewahren gilt, und welche

271 Hans Jonas, Erinnerungen, S. 387.

Implikationen darin für das Begriffsverständnis und für die Welt des Menschen außerhalb seiner gelegen sind.

Nun ist zu sehen, welche Rolle die Ontologie selbst für das Selbstverständnis des Menschen spielt. Insofern der Mensch ein Bild von sich und seiner Welt hat und insofern er dadurch zur Ontologie geleitet wird und seine Rolle in der Gesamtheit des Seins und die daraus für ihn resultierende Pflicht einsieht, hat diese Einsicht Folgen für ihn. Was die Ontologie, wie Jonas sie entwirft, für das menschliche Selbstverständnis bedeutet, soll zum Abschluss der Betrachtung von Ontologie und Anthropologie untersucht werden.

Die Bedeutung der ontologischen Sichtweise für das menschliche Selbstverständnis

Kommt dem Menschen die ontologische Grundlage der Wirklichkeit, wie Jonas sie entwirft, zu Bewusstsein, so kann er sich nicht gegen das verwehren, was an Anspruch in ihr gelegen ist. Er muss anerkennen, dass ihm aus der Welt außerhalb seiner Gesetze zukommen, auf die der zwischenmenschliche Diskurs keinen Einfluss haben kann. Er muss sich sowohl als Einzelner als auch als Zugehöriger seiner Art der Gesamtheit dessen verpflichtet fühlen, was er selbst als Einzelner und als Teil der Menschheit zu beeinflussen in der Lage ist. Seine Situation in der Welt wird um einiges schwieriger.

War der Mensch bislang nur seinen Artgenossen verantwortlich und hatte darüber hinaus nur ein mehr oder minder vages Verbundenheitsgefühl mit Teilen des Lebendigen (mit dem Elefanten sicher mehr als mit dem Pantoffeltierchen, mit der Hauskatze sicher mehr als mit einem seltenen Moos), so erreicht ihn nun ein Gesetz, das ihn der Aktualität und Potenzialität alles Lebendigen, das menschlichem Einfluss auf der Welt unterworfen ist, gleichermaßen verbunden und verantwortlich zeigt. Seine Handlungen erscheinen nun vor dem Hintergrund ihrer unermesslichen möglichen Folgen und werden zu nicht mehr abschätzbaren Risikoträgern. Verzweiflung im Angesicht der möglichen und vielleicht unausweichlichen Folgen des reinen Daseins des Menschen in seiner im Einzelnen für ihn nun unausweichlichen modernen Existenzform wird zu einer nicht unwahrscheinlichen Reaktion.

Dabei will Jonas den Menschen nicht ent-, sondern vielmehr ermutigen. Er soll als Treuhänder der Erde, die er bewohnt und der er entstammt, sein Zuhause in ihr finden und seine ihm gegebenen Anlagen klug und behutsam verwenden um das richtige Handeln in der jeweiligen Situation ermitteln und umsetzen zu können. Versteht man Jonas' Ontologie richtig, so muss dies die notwendige Folge sein. Eine Sicht auf den Menschen als zu jeder Tat legitimierte

Krone der Schöpfung oder als durch seinen Verstand über die bewusstseinslose Natur erhobener Herrscher muss dann als überkommen erkannt werden.

Darüber hinaus wird die Individualebene überspannt auf eine Gemeinschaft hin, die den Menschen aus ihrer gemeinsamen Aufgabe her zuwachsen kann. Sicher ist diese Gemeinschaft keine Notwendigkeit, nicht einmal eine Wahrscheinlichkeit, aber dennoch kann ein Verständnis der Aufgabe des Menschen gegenüber Sein und Welt möglicherweise zusammenführend wirken. In jedem Fall aber muss das menschliche Selbstverständnis der Moderne eine Anpassung an das, was ihr aus der Ontologie erwächst, durchleben. Der homo faber wird mit Jonas' Theorie zum überkommenen Konstrukt. Die Verantwortung für die belebte Welt ist unveräußerlich, ebenso aber auch die Verantwortung für die Zukunft der eigenen Art. Der Mensch darf guten Gewissens auf das Gelingen seines eigenen Lebens sehen. Er darf sich sogar darin bestärkt sehen weil er nun weiß, dass das Wirken der Natur gemäß dem Spruch des Seins auch sein eigenes Leben durchdringt und er im Leben „gewollt" ist. Folgt man der ontologischen Sichtweise, so wird eine nihilistische Position haltlos. Eine Sinnsuche für das eigene Leben wird überflüssig, da mit der Ontologie bereits ein Sinn im akuten und einzelnen menschlichen Leben ausgewiesen ist. Es kann eine gewisse Hoffnung und Sicherheit darin liegen, zu wissen, die Tendenz der tiefsten Wurzel aller Dinge in seiner eigenen Person widerzuspiegeln und zu intensivieren. Die Verbundenheit mit dem Ganzen der Welt wird von einem unbestimmten Gefühl zur Gewissheit. Für Jonas ist der einzelne Mensch ein Teil der Chance des Gelingens der Welt und des Ganzen des Seins. So ist die ontologische Sichtweise, trotz ihrer problematischen Implikationen für die Zukunft des menschlichen Handelns, eine Chance auf eine Versöhnung des menschlichen Selbstverständnisses mit seinem Verständnis der Welt.

VI. Materie, Leben und Geist

Mit dem Leben kommt erstmals etwas Neues, fundamental Anderes in die Welt, als es je zuvor geschehen ist. Dieses Zustandekommen erfüllt Jonas mit Staunen. Aus dem Anorganischen geht etwas anderes als Anorganisches hervor, das mit ganz anderen Tendenzen, Gesetzen und Kategorien erscheint als die bloße Materie. Trotzdem bleibt auch der Status des Materialen erhalten. Leben existiert nicht einfach nur. Ihm ist vielmehr eine inhärente Richtung gegeben, die beständig auf eine Zielstrebigkeit hinweist, die zum entscheidenden Unterschied zwischen Materie und Leben wird. Die Materie als solche kennt nur Umwandlung, das Leben hat Finalität. Es muss sich beständig behaupten, um das eigene Ende hinaus zu zögern. Darin besteht seine spezifische Tätigkeit. Es widersetzt sich dem Risiko des Scheiterns in der Tätigkeit des am-Leben-seins. Der Beginn des Übertritts vom Materialen ins Lebendige ist nicht nachverfolgbar, die Differenzierung des Lebendigen hin zu immer größerer Komplexität und größerer Differenz gegenüber anorganischen Strukturen hingegen ist die Wirklichkeit der Natur auf dieser Welt.

Materie ist der Stoff, aus dem die Formen des Lebens zu einem Zeitpunkt hervorgingen. Das Leben wiederum ist der Ursprung von Geist und Geist kann nur durch die Betrachtung des Lebens richtig verstanden werden, so sieht es Jonas. Materie, Leben und Geist bilden eine nicht jeweils voneinander ablösbare Einheit in seiner Theorie. Form und Stoff sind die Kennzeichen des Lebens, Leben und Freiheit die Kennzeichen des mit Geist begabten Lebewesens.

Jonas würde jedoch nicht jeder Lebensform an sich schon Geist zusprechen. Mit den Stufen des Lebens und der Freiheit differenzieren sich höhere Wesen heraus, die zunehmend über Anlagen verfügen, welche die Voraussetzung für das Erscheinen von Geist im Lebendigen darstellen. Dieses Erscheinen verortet Jonas in der Sphäre des Menschen. Der Geist, in seiner Möglichkeit schon angelegt in den einfachsten Formen des Lebens, tritt aus der aufsteigenden Ordnung organischer Funktionen hervor: „durch Stoffwechsel, Bewegung und Begehren, Fühlen und Wahrnehmen, Einbildung, Kunst und Begriff – eine fortschreitende Stufenleiter von Freiheit und Gefahr, gipfelnd im Menschen, der seine Einzigkeit vielleicht neu verstehen kann, wenn er sich nicht länger in metaphysischer Abgetrenntheit sieht“[272]. Diese Abgetrenntheit ist für Jonas ein Anlass, die traditionelle dualistische Position noch einmal aufzurollen, um sie in diesem

272 Hans Jonas, Organismus und Freiheit, S. 4.

Zuge entkräften zu können. Er sieht den Dualismus nicht nur als Irrtum an, sondern auch als Gefahr. Eine Entwertung des Körpers ist für ihn ein Missverstehen des Lebens, das letztlich zur Haltung der modernen Naturwissenschaften führte, die Lebendiges nur als Materie betrachten. Im Dualismus ist es die Seele, die die Geist-Körper-Verbindung zu etwas werthaftem macht. Spricht man dem Körper seinen Wert ab, spricht man ihn auch dem Leben ab. Mit Jonas wäre das ein fataler Fehlgang. Deshalb ist es von großer Wichtigkeit in Bezug auf seine Theorie, seine Sicht auf das Verhältnis von Leben und Geist richtig zu verstehen. Nur so gewinnt seine Ontologie an Plastizität. Deshalb befasst sich dieses Kapitel mit dem Jonas'schen Geistbegriff und einer Analyse seiner theologischen Position, insofern sie die Verantwortungsethik und die Philosophie des Lebens betrifft.

Zum Verhältnis von Leben und Geist

Jonas zeichnet in seiner Biophilosophie ein Bild des Lebens, das mit Wirksamkeit zu tun hat. Er nimmt an, dass sich Physisches nicht nur in Psychischem niederschlägt, sondern dass auch Psychisches Folgen in der physischen Welt nach sich ziehen kann. Nur unter dieser Voraussetzung kann Jonas' Ethikkonzept wirksam werden: der Mensch kann die Welt nur verändern, wenn er dazu tatsächlich in der Lage ist. Die Natur ist ein wirkendes Ganzes, so Jonas, der Mensch ist ein Teil davon und nimmt teil an ihren Prinzipien.

Das Primat des Lebens

Das Kapitel „Das Problem des Lebens und des Leibes in der Lehre vom Sein" in „Organismus und Freiheit" stellt Jonas betont an den Anfang seines Buches. Es ist ihm daran gelegen, dass der Leser zunächst versteht, weshalb die klassischen Positionen zur Betrachtung und Beurteilung von Leben die eigentliche Charakteristik des Lebens verfehlen. Erst wenn sie überkommen sind, kann er seine Biophilosophie sinnvoll entfalten. Jonas schreibt dieses Kapitel 1965 als letzten der Aufsätze des Buches. Obwohl es ein Einleitungskapitel darstellt, ist es nicht zuletzt Ergebnis dessen, was Jonas in „Organismus und Freiheit" erarbeitet hat. In ihm kommt mit besonderer Deutlichkeit zum Ausdruck, wie Jonas das Prinzip des Lebens betrachtet.

Er beginnt mit seiner Erläuterung beim klassischen Konzept des Animismus, der in Reinform bei den alten indigenen Volksstämmen verbreitet war. Dieser bezeichnet die Auffassung, dass alles in der Welt belebt ist. Die Begrifflichkeit toter oder indifferenter Materie ist diesem Weltbild fremd. Der Mensch erfuhr sich in seiner Lebenswelt, der Natur, allerorts von Leben umgeben und wusste die Phänomene seiner Erfahrung nur durch eine Projektion von Lebendigkeit in diese Dinge zu erklären.

In diesem Konzept ist das Phänomen des Todes gänzlich unerklärbar, wenn auch dennoch ein unentgehbares Faktum. In seiner Rätselhaftigkeit liegt der erste Anstoß zu nachdenkender Suche, die ihre Antwort in vielartigen Mythen und Religionen gefunden hat. In eine Welt, die sich durch Lebendigkeit auszeichnet, muss der Tod eingegliedert werden. Am Ehesten gelingt das, indem man ihn dem Leben auf irgendeine Art zuordnet und ihn damit letztendlich verneint.

Hier tritt das Problem auf, mit dem Jonas sich in diesem Kapitel auseinander setzt: „die Kollision zwischen einer umfassenden Anschauung [...] und einer partikularen Tatsache, die sich ihr nicht fügt"[273]. Im Allumfassenden des Lebens wird das Besondere des Todes zum Problem, zum großen Thema, das in der Folge zum Umschlag der Anschauung führt.

Mit Eintreten der Moderne und dem Primat der naturwissenschaftlichen Weltsicht befindet sich das Denken in umgekehrter Situation. Durch die zunehmenden Möglichkeiten der Erklärung der natürlichen Abläufe wird vormals als lebendig Angesehenes zu mechanischem, chemischem und allgemein extern bestimmtem Ablauf. Materie ist tote Masse, die durch Kräfte in Bewegung versetzt und zusammengesetzt ist, anthropomorphe Sichtweisen gelten als mindestens verdächtig. Die Natur ist im Sinne ihres Begriffes, wie er von den modernen Naturwissenschaften vertreten wird, mechanisch verfasst, der Tod in ihr selbsterklärend und das ihm vorhergehende Leben tritt in der Folge als Anomalie auf. Die Kollision zwischen dem allgemeinen Erklärungskonzept mit einem Teilaspekt, der sich dieser Erklärung entzieht, ist die gleiche geblieben, doch ihre Inhalte haben sich verkehrt. Der Ort des Lebens ist lediglich der Organismus in einer mechanischen Welt, in ihm treffen res cogitans und res extensa als faktische Wirklichkeit in der Welt aufeinander und scheinen doch qua der Theorie miteinander unvereinbar. Das Leben muss unter dem Gesichtspunkt des Panmechanismus auf eine Art auf Lebloses reduzierbar und damit auflösbar sein. Das ist heute die Sichtweise der Naturwissenschaft, für die der Leichnam die verständlichste Form der organischen Existenz darstellt.

Dabei bemerkt Jonas, dass Tod nur sein kann, wo einmal Leben war. Bloße („tote") Materie ist indifferente Materie, die der Mensch anfänglich einmal für belebt hielt. Auf dem Weg vom Panvitalismus bis in die Moderne ist historisch der Dualismus zu verorten, der als scheinbare Lösung zwischen den Extremen der Weltanschauung von lebendigem und indifferentem Gesamtsein vermittelte.

273 Hans Jonas, Organismus und Freiheit, S. 21.

Jonas misst dem Aufkommen des Dualismus besondere Bedeutung zu, weil er erstmals, unter anderem aus dem Todesthema hervorgehend die Unterschiedlichkeit von Innerlichkeit und Äußerlichkeit in der Leiblichkeit zum zentralen Bestandteil einer Theorie macht.

Dies bezeichnet Jonas unter dem Stichwort „der Leib – ein Grab". Der Dualismus sieht die Seele als etwas, das in den toten Körper gelegt ist und ihn „belebt". Damit sind zwei völlig unterschiedliche Entitäten, das Selbst der „unweltlichen Innerlichkeit"[274] und das unbeseelte Äußere zu einer Einheit verwachsen. Die Trennung und Unterscheidung ging im Laufe der Theoriegeschichte soweit, dass den beiden Teilen nichts gemeinsames mehr blieb. Wert wurde lediglich der Innerlichkeit zugewiesen, die Welt selbst blieb gegen jede Wertfrage indifferent.

In der Überhöhung des Dualismus wurde letztlich die Unterscheidung von Äußerlichkeit und Innerlichkeit über den Leib hin auf die Gesamtheit des Seins erweitert. In der Entwicklung auf die Moderne hin konkretisierte sich diese Haltung in der Überwindung des Konzepts der Seele: „das Grab ist inzwischen leer geworden"[275]. Das zunächst hochgehaltene Innerliche wurde abgewertet, die Welt blieb weiterhin sinn- und wertentleert. Der in der Moderne verbliebene materialistische Monismus ist damit der Triumph des Todes über das Lebenskonzept. Die moderne Lebenstheorie wird erst vor dem Hintergrund der Ontologie des Todes verständlich: das Leben als Zufälligkeit und kurzfristige Erscheinung in der Gleichgültigkeit des Universums. Für Jonas scheiterte der Dualismus, weil er das Phänomen der Evolution ausblendete und seine Botschaft übersah[276]. Dennoch leistete er theoriehistorisch einen Beitrag, der für die Genese einer angemessenen Position zu den Phänomenen von Körper und Geist förderlich war.

Jonas wollte keine Rückkehr zu älteren Überzeugungen wie dem Panvitalismus anregen. Der Dualismus, in all seiner Fehlsichtigkeit, erwies sich für ihn als wertvoll, weil er die Unterschiedlichkeit von Innerlichkeit und Äußerlichkeit in den Blick brachte. Jede postdualisitische Seinsbetrachtung muss sich mit dieser Doppelseitigkeit befassen. Monistisch kann sie nur sein, wenn sie für eine der beiden Seiten Partei ergreift und sich um eine Bewältigung der Polarität bemüht, die der Dualismus aufgeworfen hat.

Der Dualismus hat das Problem der „Existenz fühlenden Lebens in einer unfühlenden Stoffwelt, die im Tode über es triumphiert"[277], nicht überwinden

274 Hans Jonas, Organismus und Freiheit, S. 26.

275 Ebd., S. 28.

276 Hans Jonas, Philosophische Untersuchungen und metaphysische Vermutungen, S. 236.

277 Hans Jonas, Organismus und Freiheit, S. 31.

können. In seiner Folge treten Materialismus mit seinen Zentralbegriffen von Substanz und Funktion, und Idealismus, bei dem Bewusstsein und Erscheinung im Zentrum stehen, als partikulare Monismen in der Vertretung der zwei Seiten des Dualismus auf, die jeweils eines von zwei separaten Stücken der Wirklichkeit vertreten. Ihre ganz und gar unterschiedlichen Auffassungen sind nicht miteinander zu einem einheitlichen Weltbild vereinbar. Die Erfahrung der Leiblichkeit, in der nun Bewusstsein und Körper zu tatsächlicher Einheit kommen, passt in keinen der Ansätze und zeigt ihr jeweiliges Ungenügen in besonderer Form auf: „Keine der beiden Beschreibungen kann ohne Grenzüberschreitung in die andere und ohne sie zu präjudizieren zu Ende geführt werden“[278]. Nur wenn man sich der Begrenztheit der beiden Ansätze bewusst bleibt und sie nicht zu Total-Ontologien gedeihen lässt, behalten sie die Fähigkeit, Aussagen über das Sein treffen zu können, die nicht in der Sphäre des Leibes notwendig hinfällig werden. Im Leib aber werden sowohl Materialismus als auch Idealismus genötigt, Erklärung für sein Prinzip zu finden und damit über sich hinaus zu gehen. Der Leib als Einheit von Innerlichkeit und Äußerlichkeit muss also in einer Ontologie Erklärung finden, wenn diese zutreffende Aussagen über das Ganze des Seins zu treffen in der Lage sein soll. Blickt man auf den Leib, sind Materialismus und Idealismus dazu nicht in der Lage. Die Ontologie, die Jonas später entwerfen wird, ist damit vorgezeichnet als eine, die den Leib zum Ausgangspunkt und zentralen Moment haben muss.

In der Folge des Dualismus und der Herausbildung der materialistischen und idealistischen Position verschwindet das Leben zwischen zwei Extremen von Äußerlichkeit und Innerlichkeit. Der Idealismus weicht dem Phänomen des Lebens völlig aus, indem er es als Idee abhandelt; der Materialismus, so erkennt Jonas an, behält es zumindest als eine Form der äußeren Erscheinung. Sein inneres Prinzip aber bleibt von ihm unberührt. Echte Kausalität, so wie Jonas sie auffasst, ist in einer materialistischen Weltsicht nicht denkbar, weil die Argumentationsgrundlage der Erfahrung ausgeschlossen ist. Das Leben, dessen Zentrum die Leiblichkeit ist, bleibt unerklärbar, weil die von ihm vereinten Bestandteile durch die zwei Standpunkte auseinander gerissen und isoliert sind.

Der Materialismus verneint gewissermaßen das Leben, indem er es in Anhäufung indifferenter Materie zerschlägt, zumindest aber kommt es in ihm überhaupt als Phänomen zu Bewusstsein. In der Ablösung der reinen unbelebten Materie wird das Lebendige, Bewusste sichtbar. Bewusstsein allein ist aber ebenso wenig lebendig wie reine Materie. Nur in der Konkretion der beiden ist

278 Hans Jonas, Organismus und Freiheit, S. 33.

Leben möglich und die Welt, ausgehend von diesem zentralen Moment, erklärbar. Ohne den Ausgang vom Leben bleibt auch die Gesamtheit der Welt für uns undurchsichtig.

Jonas grenzt sich von der Kantischen Tradition ab, die Kausalität als reine Verstandesfunktion auffasst. Wenn man sie als maßgeblich versteht, kann die Wirklichkeit nicht letzte Orientierung der Philosophie sein. Jonas aber will seine Ontologie als eine in Erfahrung und Natur verwurzelte begründen. Kausalität muss also so gefasst werden, dass sie mit diesem Ansatz kompatibel ist. Er sieht den Ursprung der Kausalitätsvorstellung als etwas, das mit Kraft und Widerstand verbunden ist. Seinen Begriff der Kraft kann der Mensch nicht aus der Verfassung der Zelle ableiten, ihn erfährt er in seiner höchst eigenen Verfassung der Leiblichkeit. Wir können also nicht nur in uns selbst Kräfte bemerken, unser ganzer Begriff von Kausalität selbst ist von unserer leiblichen Erfahrung abhängig. Nur äußere Erfahrung kennt Ursache und Wirkung in der Tätigkeit, der Verstand nur Anschauung von Grund und Folge. In der menschlichen Anstrengung des „Be-Greifens" der Natur wird aus und durch Erfahrungen ein inneres Weltbild aufgebaut. Der Ort, an dem Innerlichkeit und Äußerlichkeit aufeinander treffen, ist der Leib. Er muss mit Jonas das zentrale Moment des Kausalitätsverständnisses sein, wir als Menschen sind Wesen einer Leibeswelt.

Diese Annahme erlaubt es Jonas, eine Ontologie aufzubauen, die auf leiblicher Erfahrung fußt und deren Grundbegriffe zur Erkenntnis dieser Ontologie ebenfalls aus der leiblichen Erfahrung stammen. Deshalb auch ist eine anthropologische Sichtweise auf das Sein keine Schwäche, sondern notwendige Folge dieser Verfassung. Nur aus der menschlichen Erfahrung heraus, in der der Leib als Erfahrungsquelle, nicht nur als Erfahrungsobjekt besteht, kann die Natur verstanden werden.

Wenn das Leben unverständlich bleibt, dann bleibt es auch die Welt – das ist also Jonas' Auffassung. Ein einseitiger Ansatz, der die Eigenheit des Lebens als Leiblichkeit, als organisches Sein nicht beachtet, kann keine Erklärung über das Sein liefern. Keine der bisherigen ontologischen Herangehensweisen war in der Lage zu leisten, was ureigen von ihr verlangt sein muss. Besonders der Dualismus, in seiner grundlegenden Verfehlung der richtigen Auffassung des Lebens, stellte einen bedeutenden Schritt auf das Ziel hin dar. Trotzdem war jede dieser Theorien in sich ein notwendiger Schritt auf die Möglichkeit einer Herausarbeitung einer Ontologie hin, welche die zentrale Rolle des Organismus erfasst und ihr gerecht zu werden anstrebt.

Jonas hat sich so also zu Beginn von „Organismus und Freiheit" schon selbst sein Programm zu einer späteren Erarbeitung einer Ontologie gesetzt. Die

Ontologie benötigt eine naturhafte Basis, ist aber nicht einfach Naturbeschreibung. Sonst könnten sich aus ihr auch keine Werte für eine spätere Ethik ergeben. Die Naturbeschreibung der Ontologie ist eine anthropologische (anders als die der Naturwissenschaften), die bestimmt ist durch Kausalität, in der äußere Kräfte auf Innerliches wirken und Innerliches auf Äußeres. Daraus folgt später Jonas' Ethik, für die er in „Organismus und Freiheit" die Vorarbeit unternimmt.

Sein, Geist und Wertbezug

Im ersten Kapitel von „Organismus und Freiheit" weist Jonas seiner noch ausstehenden Ontologie des Lebens eine Stellung in der Geschichte der großen Weltbilder zu: Panvitalismus, Pandeterminismus und Dualismus in dieser Folge. Sie haben für ihn alle gemeinsam, neben ihren je besonderen Schwachstellen, dass sie ein Groß-Konzept anstreben, das alles in letztlich einem Zuge erklären kann. Jonas' Ontologie geht wie sie auf ein Gesamtbild von allem hinaus, das aber vorsichtiger angelegt ist. Es geht vom Menschen aus, dabei aber sogleich auch von dem offenbaren und wesentlichen Zug seiner Körperlichkeit. So wird zum lebendigen Körper übergeleitet und der Versuch unternommen, ihn in der Natur, dabei durchaus mit seiner Hilfe des Ausgangs vom Menschen aus angemessen zu verstehen, um von da dann Hinweise für einen Aufschluss für den einen Grund zu gewinnen, unter dem man letztendlich alles betrachten muss. In der Darlegung und Begründung der Ontologie-Konzeption muss man also vom Sein, der Grundlage von allem, ausgehen. Aber die Weise, wie man von ihm ausgeht, ist immer von den Quellen des Überzeugendwerdens für den Menschen her zu verstehen. So bleibt die Ontologie verbindlich, aber doch tastend; es gibt „Sprüche" des Seins in ihr, die doch Evidenzen für das menschliche Wissen sind. Auf der einen Seite wird über den Menschen hinaus gedacht, er wird zunächst als belebten Körper gesehen und im Leben wird das Sein selbst erschlossen gefunden. Auf der anderen Seite steht der Hervorgang und das Verwurzeltsein der Konzeption in einer angemessenen Selbstverständigung des Menschen, der sich im Ganzen der Natur verstehen muss. Jonas erscheint dies Weltbild, das sich in zwei Richtungen zugleich aufbaut und das die „Rätsel" des Seins respektiert und kraft seiner Anlage auch respektieren *kann*, als ein auch methodisch zeitgemäßes und den vorausgehenden großen Konzeptionen, trotz seiner „Gebrechlichkeit"[279], überlegenes Gesamtbild.

Darin nimmt der Geist eine besondere Schlüsselposition ein. Der Mensch ist Körper, Organismus, Form und Stoff, Natur, Teil des Seins, aber genauso ist er

279 Hans Jonas, Das Prinzip Verantwortung, S. 237.

Geist. Dabei ist er nicht sowohl das eine als auch das andere, sondern insofern er das eine darstellt, ist er auch das andere. Jonas will schließlich den Menschen als eine Einheit wissen. Für ihn ist vor dem Hintergrund des Dualismus klar geworden, dass eine Spaltung des Menschen nur zu seinem Missverstehen führen kann. Der Mensch ist ein Wesen, das Geist hat und zu einem gewissen Grad Geist ist, das aber auch Körper hat und ist und das ohne eine angemessene Anerkennung eines dieser Teile unvollständig bleiben muss. Dabei sind Körper und Geist mehr als Aspekte eines Ganzen denn als zwei Teile zu verstehen, die zusammengesetzt den Menschen ergeben. Das Lebewesen Mensch ist organisch so verfasst, dass es auch Geist ist und hat und durch diesen Geist zurückfinden kann zu den Wurzeln seiner Bedingtheit aus den Grundanlagen des Organischen. Wäre Geist etwas ganz anderes als Körper, dann könnte er den Körper nicht richtig verstehen. So muss es Jonas sehen.

Indem der Geist als Verstand in der Lage ist, Körperliches zu begreifen (weil er eine körperliche Seite in seiner organischen Ausprägung als Gesamtheit des Wesens Mensch hat), ist er das Element des Menschen, das den Kreis auf das Sein zurück tätig schließt. So wie der Mensch der Teil der Natur ist, der die Tendenz des Seins zu erfüllen im Stande ist, so ist der Geist derjenige Teil des Menschen, der ihn erst dazu befähigt, diese Rolle in der Gesamtheit des Lebens zu erfüllen. Ohne den Geist ist der Mensch nicht Mensch. Und ohne den Geist bleibt der Spruch der Seins ungehört und ein ihm gemäßes Handeln bleibt aus oder geschieht lediglich aus einer zufälligen Konstellation heraus. Mehr noch: Handeln ist ein Begriff, der Geist erfordert. Die Tendenz des Seins muss in ihrer Auswirkung im Leben unerfüllt und leer bleiben, wenn nicht Geist irgendwann in ihm auftritt.

Der Wertbezug im Menschen findet im Verstand seinen Ausgang. Wert ist etwas, das mit Jonas auch außerhalb des Menschen gelegen ist. Davon gibt seine Ontologie Zeugnis. Er kann aber nicht ohne den menschlichen Geist stattfinden, da im Wert die Aufforderung zu einem ihm gemäßen Handeln gelegen ist. Ohne den Wertrezeptor im Menschen bleibt er gewissermaßen ungehört. Im Sinne von Sender und Empfänger geht vom Sein ein Wertanspruch aus, der nur im menschlichen Geist Aufnahme und den Anstoß zur Umsetzung erfahren kann. Damit ist dieser Geist nicht nur einzigartig in der Welt, sondern auch von besonderer Wichtigkeit. In seinem Bestehen wird der Spruch des Seins nicht nur emphatisch verstärkt, sondern gewissermaßen erst tatsächlich. Er kommt mit ihm in die Welt der Tatsachen hinein. Durch die Bild- und Begriffsfähigkeit des Verstandes wird aus dem immanenten Spruch des Seins eine greifbare Verpflichtung, die in der konkreten Situation Inhalte erhält und bestimmte

Handlungsmuster anregt. Nur im zu abstraktem Denken begabten Geist kann aus dem Abstraktum ein weltlicher Bestand erwachsen. Im Geist gelangt der sittliche Anspruch von der Immanenz zur Wirklichkeit und seine Folge im Handeln zu körperlicher Faktizität.

So ist der Geist in seinem Eingebettet-sein in die organische Konstellation der Schlüssel zum Wirklich-werden von Wert in der vom Sein bedingten Welt und ein angemessenes Verständnis von ihm die Grundlage, um die Konstitution der Sittlichkeit einsichtig werden zu lassen. Sie ist vom Sein her in der Welt angelegt, wird vom Geist aufgenommen und von ihm angeregt in der Sphäre des Körperlichen faktisch umgesetzt. Wen man Verantwortung verstehen will, muss man nachvollziehen, wie sie im Geist begriffen wird und von ihm aus in körperliches Handeln umgesetzt werden kann. Gleichzeitig ist der Geist auch der Ort, an dem Missverstehen, gegenläufige Tendenzen wie Willkür und Zweifel und andere Einflüsse die Aufnahme und Translation des Wertanspruches an den Menschen vernebeln oder verhindern können. Er ist genauso wie der organische Körper nicht vor Fehlfunktionen und obstruierenden äußeren Einflüssen gefeit. Man muss ihn unter denselben Kategorien begreifen, die auch Menschen in der Natur bedingen. Er ist anfällig für Irrläufe und muss einen Weg finden, mit seiner Unvollkommenheit sinnvoll umgehen zu können, um seiner Schlüsselrolle in der Konstellation, in die er gesetzt ist, gerecht zu werden. Die Verantwortung für das, auf das sich die eigenen Fähigkeiten erstreckt, erreicht den Menschen allein im Geist. Er ist sein Arm, der ihn über die Zeitlichkeit und Vergänglichkeit seines eigenen Daseins auf das Sein hin fühlen lässt, das ihm auf jedem anderen Weg unerreichbar bleibt. Gleichzeitig muss er einen Weg finden, mit dieser so vermittelten Einsicht umzugehen. Was bedeutet das jenseitig von Zerfall und Umwandlung gelegene für ihn und wie kann er damit Umgang finden? Das führt über das hinaus, was Kant die „Grenzen möglicher Erfahrung“[280] nennt. Das ewige Rätsel der Frage nach der Bedeutung der eigenen Existenz hat hier seinen Ursprung der in der Begegnung des sterblichen Menschen mit seiner Sterblichkeit und dem unsterblichen Sein, von dem er im Geist eine Ahnung erhält, selbst diese Frage stellen muss: „Wo komm ich her, wo geh ich hin?, und letztlich die: Was bin ich – jenseits dessen, was ich jeweils tue und erfahre? [...] Vom einzelnen Ich erweitert sie [die Spekulation] sich notwendig ins Seinsganze, in das es sich gestellt sieht. So erhebt sich aus den Gräbern die Metaphysik“[281].

280 Immanuel Kant, AA III, Kritik der reinen Vernunft, S. 428.

281 Hans Jonas, Philosophische Untersuchungen und metaphysische Vermutungen, S. 46.

Jonas ist der Auffassung, dass die Metaphysik in der jüngeren Philosophie zu Unrecht abgewiesen wird. Mit seiner Ontologie will er dazu beitragen, dem Missstand des Mangels an metaphysischer Begründung, der letztlich mit in die Krise führte, nach seinen Möglichkeiten beizukommen. Im Menschen sind zu allen Zeiten seines Daseins in der Welt Fragen immanent, deren Beantwortungsversuche in seiner Kultur und seiner Ritualen, besonders im Gräberkult, bezeugt sind. Der Mensch hat das Bedürfnis, seinem Leben einen Sinn zuzuweisen. Eine bloße Existenz kann ihm nicht genügen. Er ist beständig suchend und fragend und seine geistige Verfassung, über sich selbst hinaus zu gehen und seinem Grund jenseits seiner eigenen Lebensspanne nachzuspüren, gibt ihm dazu sowohl Anlass als auch Befähigung. Die Jonas'sche Ontologie ist auch ein Versuch, eine Antwort nach der drängenden Frage des „wozu" zu geben. Verantwortung hat nicht nur um dessen willen Bedeutung, wofür wir verantwortlich sind, sondern wirkt auch sinnstiftend für den Verantwortlichen selbst.

Das führt in eine Sphäre, die bisher noch nicht behandelt werden konnte und die ein mögliches Gesicht der Verantwortungsethik und ihrer Grundlagen darstellt. Die Suche nach der Instanz, vor der die menschliche Verantwortung besteht und die Jonas ontologisch ausweist, kann auch um eine theologische Komponente ergänzt werden. Wie diese mit Jonas aussieht und welche Implikationen sie für den Menschen in der Folge birgt, ist das Thema der folgenden Untersuchung.

Verantwortung vor etwas – Ontologie oder Theologie als Grundlehre, der Ort Gottes und Jonas' theologisches Verständnis

Die Rolle der Theologie für Jonas' Ethik

Der Mensch, mit dem die Verantwortungsethik in der Moderne zu tun hat, ist sich selbst entfremdet, so Jonas' Auffassung. Die wissenschaftliche und technische Macht des Menschen ist seiner Freiheit entwachsen und Ausdruck dieser, gleichzeitig aber hat sie eine solche Übersteigerung gefunden, die den Menschen selbst erfasst und sein Bild von sich selbst verändert hat. Das, was ihm von Natur aus zukommt, ist nicht länger selbstverständliche Eigenschaft, sondern in Frage gestellt. Die Umstände von Geburt und Tod sind variabel, die genetische Grundverfassung ist Objekt von Umstrukturierung und ihre Ausprägungen in den Kontext von Erwünschtheit gerückt geworden. Wer und was der Mensch ist, ist nicht länger Gegebenheit, sondern Objekt technologischer Beeinflussbarkeit. Das Unveräußerliche hat den Kreis des Beliebigen erreicht. Diese entgrenzten und unberechenbaren Folgen der Übersteigerung der menschlichen Macht sind für Jonas Anstoß zu seiner Mission: ein rechtes Maß und einen Umgang mit dem zu finden, das wir geworden sind, und einen Weg aufzuzeigen, eine angemessene Sicht auf sich selbst und die eigenen Fähigkeiten zu gewinnen. Die Bewahrung der persönlichen Würde und Integrität des Menschen als der, der er von Natur aus ist, ist das, was es zu erlangen gilt in einer Situation, in der all dieses auf dem Spiel steht. Diese Würde zu begreifen, erfordert ein bestimmtes Gefühl. Dieses bezieht Jonas auch in seine Ontologie mit ein. Die Möglichkeit des Verlustes dieser zentralen Güter des menschlichen Daseins muss Angst schüren, das Begreifen ihrer Bedeutsamkeit Ehrfurcht. Das Leben, wie es ist, ist ein Wert an sich; es hat für Jonas Züge von etwas Heiligem.

Dennoch will Jonas für seine Verantwortungsethik keine Theologie begründen. In seiner Ethiktheorie räumt er einer solchen Dimension keinen Platz ein. Er will keinen Gottesbeweis leisten, da er Gott für unbeweisbar hält. Dennoch fügte er seiner ontologischen Konzeption in einigen Essays einen theologischen Zusatz hinzu, der eine Erweiterung, gleichzeitig aber auch einen Fremdkörper im Gesamttheoriekonstrukt darstellt. Woran ihm in diesem gelegen ist, ist das Aufstellen einer Gottesidee, die mit seinem Bild des Lebens und dem Ziel seines ethischen Entwurfes vereinbar ist. Er selbst nennt sie eher ein „intellektuelles Kuriosum“[282], das ihn nicht losließ, als eine tatsächliche ergänzende Dimension zu seiner Ontologie.

Dennoch stellt Jonas’ theologische Idee einen Gedanken dar, der aus seiner persönlichen Schaffensgeschichte heraus geprägt ist und zu dessen Ausarbeitung er sich schließlich in Aufsätzen entschied, obwohl ihm bewusst war, dass der in ihnen enthaltene Gedanke nicht im Eigentlichen dem Anspruch einer immanenten Wertbegründung in und aus dem Sein in seiner Ethik entspricht und ihn auch nicht begünstigt. Dennoch räumte er ihm auch einen Platz im letzten Kapitel von „Organismus und Freiheit“ ein, obwohl er in der Folge schon die Perspektive auf eine Ethikbegründung aus dem Sein zog und sich auch darauf hin bereits orientiert sah: „Unsterblichkeit und heutige Existenz“. In ihm erwägt Jonas das Wirken des menschlichen Lebens über seine zeitliche Begrenztheit hinaus in einer Dimension des Ewigen. Menschliches Handeln hinterlässt Spuren, wenn die Gegenwart des Handelns zur Vergangenheit wird. Jonas vergleicht diese Vergangenheit mit einem „Buch des Lebens“[283], das geprägt wird durch das

282 Hans Jonas, Philosophische Untersuchungen und metaphysische Vermutungen, S. 174.

283 Hans Jonas, Organismus und Freiheit, S. 324.

Förderliche und Destruktive, das aus dem jeweiligen Handeln erwächst. Dieses gemeinsame menschliche Vermächtnis hat für Jonas einen göttlichen Charakter. Seine Idee von Gott ist die eines leidenden, erduldenden Gottes, dessen Antlitz durch die Taten der Menschen geprägt wird. Die Dimension der Heiligkeit im Kontext des Lebendigen ist dadurch in anderer Weise tangiert als durch die von ihm entworfene Ontologie, die letztendlich auf das gleiche Ziel hinführt, ihre Wertbegründung aber anders wählt.

Mit dieser Gottesvorstellung gewinnt die von Jonas als so bedeutsam erachtete ontologisch begründete Ehrfurcht von dem Sein eine neue Tiefe. Kommt dem Menschen zu Bewusstsein, dass sein Handeln heute nicht nur die weitere Zukunft der Wirklichkeit, sondern auch eine Dimension göttlicher Ewigkeit prägt, erhält es eine neue Gewichtigkeit: das, was ich tue, betrifft alles, was ist, Gegenwart und Zukunft. Nichts anderes will Jonas auch mit seiner Ontologie begründen. Das Sein setzt eine Aufgabe in die Welt, die der Mensch erfüllen muss. Das ist seine Verantwortung. Damit ist seine Verantwortung bereits eine, welche die Wirklichkeit überspannt und die Basis alles Möglichen und Wirklichen durchdringt. Ob man diese Sein oder Gott nennt, stellt in diesem Sinne zunächst keinen großen Unterschied dar.

Aber Jonas muss mit seinem Gottesgedanken noch etwas anderes meinen. Der Gottesbegriff hat eine andere Konnotation als der des Seins. Jonas Seinsgedanke trägt viele Eigenschaften des klassischen Gottesbildes: Ursprung, Verursachung und Teleologie. Letztere bleibt im Kontext des Seins aus. Ein Heilsversprechen kann darin nicht geleistet sein, aber auch Jonas' Gottesidee kennt keinen Heilsgedanken. Und doch klammert er „Gott" aus seiner Theorie aus und ersetzt eine theologische Begründung durch eine Ontologie. Die theologische Komponente bleibt nur Beiwerk in seinem Gesamtkonzept.

Es lässt sich nicht letztgültig sagen, ob sein Gottesansatz nicht einfach eine theologische Deutungsform seines Seinsbegriffes darstellt. Dass er ihn überhaupt entwarf und dann doch nur als eine Art Randbemerkung stehen ließ, ist an sich bereits interessant und lässt die Frage nach einer Begründung für dieses Vorgehen laut werden. Es soll deshalb betrachtet werden, warum die Theologie an sich schon keinen Eingang in „Das Prinzip Verantwortung" finden konnte und welche Bedeutung sie doch für Jonas' Gesamtwerk hat.

(K)Ein Platz für die Theologie in der Ethik für die technologische Gesellschaft

Jonas' ethisches Konzept in „Das Prinzip Verantwortung" kommt ohne eine theologische Komponente aus. Und das muss es auch. Für Jonas ist Religiosität eine

Gefahr für das Gelingen der von ihm ausgewiesenen Unternehmung. Er lehnt sie als eine möglicherweise kontraproduktive und abstrakte Heilsvorstellung ab, die der notwendigen Mobilisierung der angemessenen Anstrengungen zur Auflösung der Krise entgegensteht. Jonas verwehrt sich gegen den Hoffnungsgedanken, weshalb er auch Ernst Blochs Ansatz in seinem Werk ablehnen muss. Die Heuristik der Furcht ist das Moment, das ihm am besten geeignet erscheint, die angemessene Grundhaltung für das notwendige Handeln herzustellen. In der Krise ist eine pessimistische Sichtweise das sicherste Instrument. Nur in der Umsicht und Behutsamkeit kann ein angemessenes Handeln in Hinblick auf die Zukunft am Ehesten gefunden werden.

Dementsprechend entwirft er seine Ontologie ohne ein Gottesbild. Er formuliert auf diese Art modern und dem Zeitgeist der Gesellschaft der Krise gemäß. Aber dabei vertritt er nicht nur eine Strategie, sondern auch eine persönliche Überzeugung. Jonas hält Gott an sich für nicht beweisbar und jeden Gottesbeweis damit für hinfällig.

Dennoch entwickelte er eine theologische Position, die mit seiner Verantwortungsethik und Naturphilosophie vereinbar ist und in ihrem Kontext von ihm ausgearbeitet wurde. Sie stellt gewissermaßen eine theologische Komponente der Überlegungen zur menschlichen Verantwortung da, die wie eine optionale Sphäre wirkt, die man an Jonas' Theorie angefügt verstehen kann. Sie ist allerdings nicht Teil seiner Ethik im eigentlichen Sinne. In seinen ethischen Texten kommt er nie auf seinen theologischen Ansatz zu sprechen, seine Aufsätze zum Gottesthema aber greifen die Naturphilosophie und Verantwortungsethik auf.

Befasst man sich nun mit diesen wenigen Texten, so stellt sich zuallererst die Frage, wie man ihre Bedeutung verstehen darf. Hat Jonas sie tatsächlich seiner Verantwortungsethik zugedacht oder sind sie nur ein Gedankenspiel, von dem er nicht wirklich ausgeht? Schrieb er sie auf eine Anregung hin oder entstammen sie einer inneren Überzeugung?

In mancherlei Hinsicht fügt Jonas' theologischer Gedanke seinem Verantwortungsbegriff eine neue Tiefe hinzu. Dennoch verzichtet er darauf, diesen in „Das Prinzip Verantwortung" einzubringen, obwohl er als Aufsatzkapitel bereits Teil von „Organismus und Freiheit" war.

Er bleibt ein Fremdkörper in Jonas' Gesamttheorie. Deshalb ist es sinnvoll, vor seiner eigentlichen Untersuchung zunächst einmal Jonas' persönlicher Motivation zu diesem Thema nachzuspüren.

Jonas äußerte sich selbst als unsicher, „ob wir ohne die Wiederherstellung der Kategorie des Heiligen, die am gründlichsten durch die wissenschaftliche Aufklärung zerstört wurde, eine Ethik haben können, die die extremen Kräfte zügeln kann, die wir heute besitzen"[284]. Jonas machte schon in „Organismus und Freiheit" eine Grundhaltung der Ehrfurcht vor der Besonderheit des Lebens in der Gesamtheit des Seins deutlich, durch die er ergriffen und motiviert war. Das, was in dieser Ehrfurcht bezeichnet ist, ist das Werthafte der Ontologie, mit einem unbedingten Anspruch versehen, und so auf gewisse Weise „heilig", ohne diesen Begriff zu verwenden. Noch ohne die Annahme der Existenz einer Gottheit birgt dieses Wort durch seine eindeutig religiös-theologische Konnotation bereits ein Risikopotenzial, von dem sich Jonas in der Herleitung seiner Ontologie distanzieren wollte. Er will keine Heilsversprechung leisten, keine Hoffnung auf Jenseitiges begründen, sondern das Augenmerk auf die Konstitution und Handlungsverantwortung des Menschen in der Gegenwart legen. Wäre er hier konsequent gewesen, hätte er auf einen theologischen Ansatz ganz verzichtet.

Aber das Konzept des Heiligen in dem, was seine Ontologie als unbedingt werthaft ausweisen kann, bringt für ihn trotz allem die Perspektive auf ein Göttliches in den Blick. Man muss annehmen, dass Jonas ein göttliches Konzept nicht zur Verstärkung seiner Ontologie aufgrund einer ihr möglicherweise anzulastenden theoretischen Unzulänglichkeit einbringt. Er ist zwar der Auffassung, dass sie unter einer „logischen Gebrechlichkeit" leidet, die in der Begrenztheit seiner Fähigkeit zur allumfassenden Aufstellung eines derart weit- und tiefgreifenden Konzeptes begründet sieht. Dennoch hält er seine Ontologie im Kern für schlüssig. Er braucht Gott nicht als zusätzliche Kategorie, aber er will ihn als einen Seitenblick in seine Theorie einbezogen haben.

Jonas' jüdischer Hintergrund und sein Verständnis einer „Mission"

Um die Gründe für Jonas' argumentatives Vorgehen zu determinieren, muss dem Einfluss des Jüdischen in seiner Naturphilosophie und Verantwortungsethik und darin dem Umgang mit dem jüdisch-säkularen Gegensatzverhältnis nachgegangen werden.

Hans Jonas war Jude, familiär dem norddeutschen Judentum sehr verbunden, geprägt durch eine Jugend im antisemitischen Deutschland, Zionist, wanderte nach Israel aus, war später Mitglied eines israelischen Korps der englischen Armee und kämpfte schließlich auch in Israel für die jüdische Sache. Dennoch fühlte er mit der religiösen Komponente des Judentums nicht besonders verbunden. Damit steht er ganz in der Tendenz eines Jahrhunderts, in dem das Vertrauen in religiöse Begründungen und Evidenzen im Kontext von Sinnfindung und Leben immer mehr abnahm. Auch in ethischen Fragen verlor das Religiöse seine

284 Hans Jonas, Das Prinzip Verantwortung, S. 57.

Verbindlichkeit. Ein Vakuum entstand, dessen Füllung mit einer neuen, universal plausiblen Ethik für die Gesamtmenschheit für Jonas eine Notwendigkeit angesichts der Entwicklungen der Zeit darstellte.

Dabei sah er nicht nur diese Notwendigkeit, sondern fühlte sich auch veranlasst, der Forderung nach einer Begründung dieser neuen Orientierung, die den veränderten Lebensverhältnissen und der Selbstempfindung des Menschen Rechnung trägt, selbst nachzukommen. Jonas empfindet das als eine Mission[285].

Das von ihm so bezeichnete Prinzip eines „dream of glory“[286] zog sich durch sein ganzes frühes Leben. In seiner Kindheit begann dies mit dem Traum einer Zukunft als Kosmonaut an der Seite seines Bruders, der früh krankheitsbedingt verstarb, und zeigte sich beim heranwachsenden Jonas in seiner Hinwendung zum Zionismus, bedingt durch die zunehmende Bedrängnis aus der Gesellschaft des Deutschlands an der Schwelle zum zweiten Weltkrieg. Er erlebte sich, vielleicht auch rückblickend, in dieser Zeit als vorausschauend, indem er für sich erkannte, dass die Situation der Juden in Deutschland unhaltbar werden würde. Deshalb sah er eine jüdische Zukunft einzig in einer israelischen Staatengründung zur Schaffung einer echten Heimat begründet. Dies war Jonas’ erster wirklicher Missionsgedanke. Er verschrieb sich dieser Aufgabe und wanderte deshalb als erstes Mitglied seiner Familie 1933 über Umwege nach Palästina aus, wo er sich in den folgenden Jahren immer wieder für die jüdische Sache einsetzte.

Auch seine Beschäftigung mit der Verantwortungsethik muss man vor diesem Hintergrund sehen. Jonas war ein Mensch, der sich von Umständen, durch die er sich betroffen sah, persönlich angesprochen und aufgefordert fühlte. Der Eindruck im Sinne von „da müsse man doch etwas machen“ bewegte ihn Zeit seines Lebens immer wieder. Deshalb kann auch davon ausgegangen werden, dass er im Angesicht der Bedrohung durch die nukleare Aufrüstung und vor dem Hintergrund der Erfahrung der Grausamkeiten des zweiten Weltkrieges, durch die er auch seine Mutter verlor, der Überzeugung war, selbst tätig werden zu müssen. Seine Ethik spiegelt diese Haltung wieder. In ihr ist der Mensch aufgefordert, dem Anspruch des Seins, das ihn nicht selbst zur Vollendung führen kann, handelnd gerecht zu werden und den Wert, der bereits in allem Seienden angelegt ist, zur Umsetzung zu bringen. Der Mensch ist darin angesprochen, wie Jonas sich selbst angesprochen fühlte. Seine Mission sieht er als die Mission aller Menschen. Es muss aufgedeckt werden, was eigentlich schon immer

285 Hans Jonas, Erinnerungen, S. 322.
286 Ebd., S. 76.

verpflichtend war, und dieser Verpflichtung nachgekommen werden. So ist Jonas' persönliche Biographie auch mit seiner Theorie verbunden.

Als Jude ist es für ihn dabei notwendig, auch über Gott nachzudenken. Selbst wenn es notwendig macht, die Idee Gottes am Ende aus der Theorie zu streichen, ist doch zunächst einmal der Gottesgedanke einer, der in der Idee des Menschen eine Rolle spielen muss. Schon in frühen Jahren seiner Beschäftigung mit Ethik überhaupt diskutierte Jonas sie unter Berücksichtigung von Elementen der jüdischen Perspektive und vor jüdischen Zuhörern. In diesem Sinne kann man auch seine Grundhaltung dem Leben gegenüber als klar jüdisch geprägt einordnen. Das, was ist, und ganz besonders das Lebendige, vertritt für ihn eine Form der Würde, insofern es ist. Das entspricht dem Gedanken der göttlichen Schöpfung und dem Biblischen: „siehe, es war sehr gut". Die Achtung dieses Ausspruches schließt in sich die Würde des Geschaffenen und damit die Forderung nach seiner Achtung ein. Was Schöpfung ist, verlangt nach dem Respekt seiner Würde, Freiheit und Integrität und dem Verbot seiner Missachtung. Eine solche würde Jonas der modernen naturwissenschaftlichen Haltung, die Natur vor Allem als Ressource behandelt, anlasten. Leben ist, was es ist, und indem es das ist, ist es in der besten Form, die es erreichen kann, so sieht es Jonas in Übereinstimmung mit der jüdischen Tradition. Diese Ansicht ist für Jonas aber Anlass zur Formulierung einer Ethik, die den Schöpfungsgedanken abweist und das Göttliche durch eine Ontologie ersetzt. Der Anlass dazu ist die Hoffnung auf und die Notwendigkeit zu einem Gelingen einer tätigen Umsetzung dieser Ethik für eben eine Menschheit, der das Göttliche fremd geworden ist und der ein Verlass auf etwas außerhalb ihrer selbst in der komplexen Lage, in die sie sich selbst manövriert hat, nur zum Nachteil gereichen kann. Deshalb bringt Jonas religiös konnotierte Begriffe wie die Schöpfung erst später und nur in Essays in den Kontext seiner Ethik hinein.

Man darf auch nicht annehmen, dass dieses Vorgehen von Jonas von Vornherein so geplant war. Mit der jahrelangen Entwicklung seiner Biophilosophie bis hin zur vollen Ausarbeitung seiner Verantwortungsethik machte Jonas' Sicht- und Argumentationsweise selbst eine Entwicklung durch. Jonas' Missionsempfinden stand zu Anfang wohl im Vordergrund. Er wollte der Erkenntnis einer Heiligkeit, die er dem Leben zumaß, eine entsprechende Haltung in der Ethik zuweisen, das in der Konsequenz in umsichtigem Handeln und Verzicht Entsprechung finden müsste. Später erwuchs dieser Zusammenhang zu einem Gesamtweltbild, in dem sich Biophilosophie und Ethik als einzelne Elemente zusammenfügten und in dem auch die theologische Komponente wieder einen Platz fand. Das jüdisch-traditionelle Schöpfungskonzept findet also in Jonas' Ontologie und ihrer Achtung einer teleologischen Evolution eine Entsprechung. Wenn man dies annimmt, wovon hier ausgegangen werden soll, dann kommt dem jüdischen Hintergrund Jonas' eine nicht zu vernachlässigende Bedeutung in seiner Theoriegenese zu. Davon kann sein Theologiekonzept in besonderer Weise Zeugnis geben. Deshalb soll in der Folge untersucht werden, was es beinhaltet, welche Elemente ihm von der jüdischen Tradition aus zugewachsen sein könnten und in welchen Bezug es vor Jonas' Hintergrund zu seiner Verantwortungsethik gebracht werden kann, um letztendlich seine Bedeutung für sie beurteilen zu können.

Wer ist Gott?

Jonas entwirft Gott neu, indem er die Theodizeefrage neu stellt und beantwortet. Anlass bietet ihm dabei zunächst die Katastrophe des Holocausts und die dadurch aufgekommene Suche nach einem neuen jüdischen Gottesverständnis. Später in seiner Biophilosophie entwickelt sich dieses neue Bild weiter, hin zu einem Teil der neuen Jonas'schen Gesamttheorie, in der schließlich auch die Theologie auf besondere Art einen Platz finden kann.

Das klassische Bild Gottes, das mit Leibniz in „unbedingt vollkommener Macht, Weisheit und Güte" liegt[287] und sich damit von allem anderen tiefgreifend unterscheidet, findet bei Jonas keinen Platz. Die unendliche Macht Gottes ist etwas, das er nicht denken kann, wenn dieser Gott ein Gott der Welt sein soll, wie er sie sieht und versteht.

Allgemein weicht Jonas' Position zur Theodizeefrage vom klassischen Verständnis bereits in Grundfragen ab. Ersichtlich wird dies in der Kritik am Versuch einer Theodizee überhaupt, die besagt, dass eine Allwissenheit Gottes nicht postuliert werden kann, weil sie für die begrenzte intellektuelle Fähigkeit des Menschen unverstehbar bleiben muss. Der Mensch kann Gott das Konzept der „Allwissenheit" zurechnen, die Bedeutung dieses Begriffes aber nicht wirklich verstehen. Genauso verhält es sich mit der unbedingten Liebe Gottes. Auch Kant vertrat diese Ansicht, denn „von der Einheit in der Zusammenstimmung jener Kunstweisheit mit der moralischen Weisheit in einer Sinnenwelt haben wir keinen Begriff"[288]. Eine Theodizee ist damit also im Eigentlichen nicht denkbar. Ein Glaube an Gott kann nur sinnvoll sein, wenn er essenziell die Unverstehbarkeit

287 G. W. Leibniz, Die Theodizee, Nr. 7, Hamburg 1986, S. 100.

288 Immanuel Kant, Über das Misslingen aller philosophischen Versuche einer Theodizee, AA VIII, S. 253ff.

Gottes und seiner Verfassung beinhaltet und berücksichtigt[289]. Ein göttlicher Plan muss darin ein Konzept bleiben, das vom Menschen nicht verstanden werden kann, und alle Versuche dahingehend müssen fruchtlos bleiben.

Der deus absconditus[290] ist für Jonas hingegen ein unhaltbares Konzept. Er lehnt eine vollständige Unverstehbarkeit Gottes ab, für ihn ist „ein gänzlich verborgener, unverständlicher Gott ein unannehmbarer Begriff"[291]. In dieser Position sieht sich Jonas mit der jüdischen Tradition verbunden, genauso aber ist sie auch ein Fingerzeig auf seine ontologische Position hin, in der das Sein für den Menschen ebenfalls nicht völlig entzogen, sondern durch die Teilhaftigkeit des Menschen an ihm einsehbar ist. Er will die Theologie nicht als Ersatz oder Alternative für eine Ontologie, aber genauso will er Gott nicht durch die Ontologie von der Tagesordnung ganz vertrieben wissen: „Vielmehr erscheint mir, dass die philosophische Seinslehre zumindest einen Raum für das Göttliche offenlassen darf"[292]. Jonas nimmt an, dass es, wenn es das Göttliche gibt, auch eine Verbindung zwischen Mensch und Gott geben muss. In einem angemessenen Gottesbild kann er nicht völlig fremd und damit auch nicht letztgültig unverständlich sein.

Jonas distanziert sich in seiner Gottesidee von der jüdischen und christlichen Tradition, die Gott vor allem als Erlöser und Befreier versteht, dessen aktives Wirken in der Welt Spuren hinterlässt und Veränderungen herbeizuführen bemächtigt ist. Ein Gott, wie Jonas ihn denkt, der seine Macht veräußert und dem Menschen in die Hände gelegt hat, steht im krassen Gegenteil zur biblischen Vorstellung.

Dennoch gibt es bei Jonas auch Motive, die seinen Gott als eine andere Art, den christlich-jüdischen zu denken, erscheinen lässt. Er vertritt ein ähnliches Schöpfungsbild wie die biblische Genesis, die Gott als den Schöpfer von allem setzt. Jonas formuliert ähnlich: „Im Anfang, aus unerkennbarer Wahl, entschied der göttliche Grund des Seins [...]"[293]. Damit ist Gott für ihn genauso Verursachung und Bedingung von allem, das ist, und sein Schöpfungsgedanke dem biblischen am nächsten. Davon abweichende klassische Schöpfungsmythen anderer

---

289 M. Striet, Versuch über die Auflehnung. Philosophisch-theologische Überlegungen zur Theodizeefrage, In: H. Wagner (Hrsg.), Mit Gott streiten. Neue Zugänge zum Theodizee-Problem, Freiburg 1998, S. 76ff.

290 Jesaja 45,15.

291 Hans Jonas, Der Gottesbegriff nach Auschwitz. Eine jüdische Stimme, Frankfurt am Main 1987, S. 39.

292 Hans Jonas, Erinnerungen, S. 345.

293 Hans Jonas, Der Gottesbegriff nach Auschwitz, S. 15.

Kulturen und Religionen finden bei ihm keinen Eingang. In der Schöpfung aber findet für ihn die Freimachung des Lebens und schließlich des Menschen ihren Ursprung und damit Begründung der Freiheit, die sich im Menschen zur sehenden Freiheit auswirkt. Gott schuf alles, gab es aber aus der Hand. Das sieht der jüdische Glaube nicht vor. In diesem Schöpfungsprozess, der sich bei Jonas bis heute und in Zukunft weiter auswirkt, steckt auch eine darwinistische Idee, die sein Konzept als ein Amalgam aus biblischen und naturwissenschaftlichen Tendenzen erscheinen lässt. Wieder wird so ersichtlich, wie Jonas bemüht ist, einen Brückenschlag zwischen Naturwissenschaft und Philosophie zu leisten.

So wie die Bibel sieht auch Jonas in seinem Gottesmythos teleologische Strukturen innerhalb der Welt, die in der Stufenordnung des Lebens heraustreten. Eine Form „göttlichen Heils" will und kann er nicht versprechen. Dennoch gibt es eine Art nicht genau bestimmter weltimmanenter Zielführung, die Jonas als telos-ähnlich in seiner Argumentation auftreten lässt, indem er sagt, der „Ausgang [der Welt] schwankt in der Waage"[294]. Insofern muss es eine Form eines solchen „Ausgangs" geben. Auf eine derartige Idee hin ausgerichtet kann man auch die Tendenz des Seins in seiner Ontologie sehen. Das Sein vertritt darin ein Interesse, das in der Wirklichkeit Umsetzung erfahren muss. Darin liegt eine Teleologie, die man dem biblischen Erlösungsgedanken verwandt finden kann[295].

Trotz dieser Verwandtschaft ist Jonas' göttlicher Mythos in erster Linie vom jüdischen und christlichen abgehoben durch das Primat eines ohnmächtigen Gottes, der dem Leid der Welt nichts entgegensetzen kann und der im Umkehrprinzip vom menschlichen Handeln geprägt und im schlimmsten Fall entstellt wird. Eine solche Idee muss im klassischen jüdischen Verständnis als unwürdig wirken. Dagegen würde Jonas sich allerdings erwehren. Sein Gott hat sich dagegen entschieden, eingreifen zu können, und hat seine Macht willentlich entäußert, um der Freiheit einen Platz zu geben. Das ist kein Negativum, sondern ein Gewinn für diese göttlich verursachte Welt.

Unter diesem Gesichtspunkt kann man schlussfolgern, dass Jonas Gott von einem christlich-jüdischen Standpunkt aus versteht und von hier aus ein Umdenken leisten will. Er hat keinen Gott konzipiert, der ganz ohne religiöse Prämissen auskommt, sondern von ihnen ausgeht und eine neue Idee schafft, die auf alten fußt und ihre Farben verwendet, um ein neues Bild zu schaffen, das an den Anspruch angepasst ist, dem Jonas begegnen möchte. Schließlich darf man

294 Hans Jonas, Der Gottesbegriff nach Auschwitz, S. 23.

295 dazu: Wolfgang Baum, Gott nach Auschwitz. Reflexionen zum Theodizeeproblem im Anschluss an Hans Jonas, Paderborn 2004.

nicht vergessen, dass Jonas mit seinem Mythos etwas erreichen will. Er ist ein Werkzeug zur Interpretation und Anleitung auf ein ontologisch-ethisches Ziel hin. Jonas' Gotteskonzept ist selbst in einen teleologischen Kontext eingebettet und muss innerhalb diesem verstanden werden.

Erinnerungen an die Gnosis

Schon in Jonas' früher Beschäftigung mit der Gnosis finden sich retrospektiv Anklänge seines späteren Gottesmythos. Das Bild Gottes, welches durch das menschliche Handeln in der Zeit herausgebildet wird, stellt ein gnostisches Motiv dar, in dem die Bildsymbolik in umgekehrter Weise – der Zerfall der Welt ist hier der Ansatzpunkt des Bildniswerdens im Sinne eines „letzten Bildes" – Verwendung findet. Damit ist das bedeutendste Umdenken in Jonas' Theoriegeschichte angesprochen. Von seiner erfolgreichen Arbeit zu „Gnosis und spätantiker Geist", die sich mit der Kultur einer Verneinung der Welt und sittlicher Verpflichtung befasst, wendet er sich hin zu einem Weltbild, in welchem der Mensch den Schlüssel zum Gelingen einer Tendenz des Seins darstellt, die ethische Verantwortung im Menschen begründet und sein Handeln zum entscheidenden Moment in der Wirklichwerdung eines Weltziels erklärt. Jegliche Indifferenz wird aufgehoben in der neuen Mission des Menschen, sich und sein Wirken richtig zu verstehen und darin „die transzendente Wichtigkeit unseres Tuns, der Art, wie wir unser Leben leben" zu begreifen[296]. Das stellt einen immensen Gegensatz zum Weltverständnis der Gnosis dar, mit dem Jonas sich in früheren Jahren auch persönlich auf eine Art identifiziert haben muss.

Den Punkt der Umkehr markiert Jonas' Entdeckung des Lebensphänomens und damit seine neue Überzeugung, dass im Leben ein Hinweis auf etwas liegt, das Bedeutung für den Menschen hat. Diese Einsicht, die ihn im Laufe seiner Rückkehr nach Europa als Soldat wohl zunehmend beschäftigt hat, bedingte seine gesamte spätere intellektuelle Karriere.

Dennoch sah er die Zeit, die er auf die Gnosis verwandt, nicht als verschwendet an. In dieser Hinsicht äußerte sich Jonas nie. Züge seiner gnostischen Forschungen übertrugen sich sicherlich auch in das ganz neue Arbeitsfeld. In seinem theologischen Konzept werden sie ansatzweise offenbar.

Jonas' Gnosisdeutung kommt nicht zuletzt wegen seiner Entdeckung der Selbstobjektivation Bedeutung zu. Mit seiner Interpretation des Neuen Testaments bewegte er sich aber auch in den Bereich der christlichen Theologie hinein. Diese

296 Hans Jonas, Zwischen Nichts und Ewigkeit. Drei Aufsätze zur Lehre vom Menschen, Göttingen 1963, S. 59.

stellt einen direkten Brückenschlag zu seinen frühen naturphilosophischen Arbeiten mit ihren Überlegungen zur Freiheit dar. Freiheit ist bei Jonas das Reflexionsverhältnis des Wesens zu seiner Umwelt, der Grad seiner Freiheit der Umfang, in dem diese Reflexion stattfindet. Der Mensch allein verfügt über eine sehende Freiheit, das nimmt Jonas in „Organismus und Freiheit" an und geht damit auf seine Religionsforschung zurück, besonders dabei auf seinen Aufsatz „Philosophische Meditation über Paulus, Römerbrief, Kapitel 7"[297], der in Jonas' religionsphilosophischem Werk eine Schlüsselrolle einnimmt. Jonas weist darin dem Menschen die Fähigkeit und Möglichkeit zu, sein Leben und Handeln in seiner existenziellen Weise zu durchschauen. Anschauung und Erkenntnis seiner selbst sind hier für Jonas Teil seiner Verfassung. Er besteht notwendig im Abstand zu sich selbst und objektiviert sich in der Welt. Das ist, im Sinne von Jonas' Naturphilosophie, genauso der Status der sehenden Freiheit. Im gnostischen Kontext liegt darin aber noch eine andere Konsequenz. In ihm sieht Jonas noch die eigene Freiheit des Menschen in der Selbstobjektivation verloren, indem sich die Perspektive einer offenen Zukunft in der objektiven Sicht auf die eigene Existenz auflöst. Dieses Schicksal des Menschen hat etwas Tragisches, insofern es notwendig ist. Der Mensch kann seine eigene Verfassung nicht verlieren, die Selbstobjektivation ist sein Schicksal und seine eigene Freiheit damit unerreichbar. Das ist die gnostische Sichtweise, die sich in dieser Tragödie wiederfindet, und auch hier spielt die angesprochene Bildnisidee wieder eine Rolle, indem sich der Mensch ein Bild von sich selbst macht.

Dieses Dilemma löst Jonas später auf, indem er eine neue Freiheit in der Fähigkeit, sich selbst zu erkennen, einsieht. Selbsterkenntnis und Selbstobjektivation sind nicht länger Mechanismus der Verdammnis, sondern die Chance, die ontologische Struktur der Welt zu durchschauen und den Anspruch einzusehen, der in den Menschen gesetzt ist, und ihm gemäß tätig zu werden. Nur freie Wesen sind in der Lage, dem Spruch des Seins zu entsprechen, und ihre Freiheit erwächst ihnen durch das Sein zu. Sie ist ihnen nicht durch ihre Verfassung entrissen, sondern im Gegenzug dazu erst gegeben. Diese Position drückt eine neue, positive Haltung aus, die dem nihilistischen Gedanken der Gnosis auffällig entgegensteht. In der Betrachtung des Lebens muss Jonas nicht nur eine neue Theorie, sondern auch eine neue Haltung zur Weltverfassung aufgegangen sein. Im Leben hat ihn etwas angesprochen, das in seiner Naturphilosophie und auch seiner späteren Theologie Übersetzung findet. Die Rolle der Freiheit im

---

297 in: Erich Dinkler (Hrsg.), Zeit und Geschichte. Dankesgabe an Rudolf Bultmann zum 80. Geburtstag, Tübingen 1964, S. 550–570.

Umgang mit einem erduldenden Gott ist dabei ein Paradebeispiel. Ohne diese neue Freiheitsidee wäre ein solches neues Gottesbild nicht möglich geworden. Aus der Selbstobjektivierung, die den Menschen seiner Freiheit beraubt, entsteht ein Mythos, der, obwohl er dieselben Maßstäbe beibehält, aus ihnen ein neues Ergebnis zieht und der Objektivierungsfähigkeit des Menschen die Handlungsgewalt über das Schicksal der Welt und ihres Gottes zuordnet. Das muss man als eine Revolution innerhalb von Jonas' Denken erkennen.

Dazu kommt die Überwindung des essenziellen gnostischen Gedankens der Fremdheit des Menschen in der Welt zu Gunsten einer Haltung, die ihm eine Heimat im Leben zuweist und ihn als zugehörigen Teil eines Systems versteht, das ihn bedingt und erhält. Trotz der Katastrophe des zweiten Weltkrieges und der damit verbundenen vernichtenden persönlichen Erfahrungen wandte sich Jonas' Weltbild hin zu einer positiveren und offeneren Sichtweise auf die Welt über die Betrachtung des Lebensprinzips. Für Jonas muss darin eine Überzeugungskraft gelegen haben, die seine Wirklichkeitserfahrungen in dieser Zeit übertraf. Der Mensch hat ein Zuhause und die Kraft, es zu bestimmen. Gleichzeitig ist er dem Anspruch unterworfen, den es an ihn setzt. Dies ist Jonas' Naturphilosophie und späterer theologischer Theorie gemeinsam. Zurück auf die Gnosisphase seines Arbeitens weisen beide in einem Nachdenken über die Rolle des Menschen in der Welt und die existenziellen Zusammenhänge, in die er eingepflegt ist. Die Beschäftigung mit solchen Fragen zählt für Jonas zu den essenziellen Aufgaben der Philosophie. Er wählt dabei, auch stellenweise in der Naturphilosophie, eine mythologische Darstellungsweise, weil er die Schwierigkeit anerkennt, über letzte Dinge in angemessener Weise zu sprechen. Gott und das Ganze der Welt können nicht in Definitionen von Daseinserfahrungen gepresst werden. Dort, so Jonas, „hört die Zuständigkeit des Begriffs auf und muss symbolische Rede beginnen"[298]. In seiner Gnosis war Jonas noch der Ansicht, dass derartige mythologische Sprechweisen eine Rückübersetzung in menschliche Erfahrungswerte erhalten muss. In seinem Gottesmythos nimmt er eine solche nicht mehr vor, eine Entmythologisierung ist keine notwendige Kategorie mehr, wird nicht einmal mehr angesprochen[299]. In seinen Antwortbriefen auf Jonas' Aufsatz „Unsterblichkeit und heutige Existenz", auf den in der Folge noch detailliert einzugehen sein wird, versuchte sein Lehrer Bultmann eine derartige Übersetzung und

298 Hans Jonas, Heidegger und die Theologie, in: Zeitschrift für Evangelische Theologie, Bd.24, 1964, S. 641.

299 dazu: Hans Jonas, Im Kampf um die Möglichkeit des Glaubens. Erinnerungen an Rudolf Bultmann und Betrachtungen zum philosophischen Aspekt seines Werkes, In: Otto Kaiser (Hrsg.), Gedenken an Rudolf Bultmann, Tübingen 1977.

Entmythologisierung, Jonas selbst tat dies jedoch nicht[300]. Auf diese Art verwendet er das gnostische Erbe zur Formulierung einer theologischen Perspektive auf ein angemessenes modernes Selbstverständnis des Menschen und verbindet so drei verschiedene Theorien zu einer Perspektive auf ein allgemeines Welt- und Seinsverständnis. Im Zentrum davon steht ein Anspruch an den Menschen, den Jonas zu vermitteln sucht, und für dessen Zweck er einen Gott braucht, der zu der Zeit von Jonas' theoretischem Arbeiten einem wandelnden Verständnis unterworfen war. Auch in diesem Kontext ist eine Betrachtung seines göttlichen Mythos sinnvoll.

Der Gottesbegriff nach Auschwitz

„Kein rettendes Wunder geschah; durch die Jahre des Auschwitz-Wütens schwieg Gott"[301]: Das ist das Entsetzen, mit dem sich die jüdische Theologie nach dem Holocaust auseinandersetzen muss und das auch Jonas bewegte, sich erstmals von seiner Philosophie des Lebens zu einem Exkurs zu bewegen, der zu dieser Zeit breiter Kanon in den jüdischen Geisteswissenschaften war und für ihn eine „Ausschweifung" darstellte, zu der er sich im Sinne der Zeit und der eigenen Erfahrung genötigt sah[302].

Kants Sichtweise auf die Unverstehbarkeit Gottes für den Menschen findet sich durch den Holocaust bestätigt. Vor dem Hintergrund dieser Erfahrung und der Katastrophe für das jüdische Volk werden die Begriffe von göttlicher Allmacht und Liebe und damit ein sich durch sie auszeichnender Gott unverständlich. Der Gottesbegriff, wie er bis dahin gedacht wurde, müsste in der Konsequenz aufgegeben werden. Das ist der Kern der „Gott-ist-tot-Theologie" in der Folge des zweiten Weltkriegs[303].

Das allerdings lehnt Jonas ab. Er sieht ein, dass die Vorstellung von Gott nicht mehr die gleiche bleiben kann. Er fragt nicht nach dem Sinn des Leidens, das der Holocaust repräsentiert und auf die Spitze treibt, sondern nach Gott im Angesicht dieses Leids. Um diesen als Konzept nicht völlig aufgeben zu müssen, sieht er es als notwendig, Modifikationen an seinem Bild von ihm vorzunehmen. Er legt sich dabei auf einen Mythos fest, der ein „Mittel bildlicher, doch glaublicher

300 Hans Jonas, Zwischen Nichts und Ewigkeit, S. 63–67.

301 Hans Jonas, Der Gottesbegriff nach Auschwitz, S. 41.

302 Hans Jonas, Erinnerungen, S. 43.

303 John K. Roth (Hrsg.), The Death of God Movement and the Holocaust, London 1999; Out of the Whirlwind. A Reader of Holocaust Literature, New York 1968, Darin auch: Hans Jonas, The Concept of God after Auschwitz, S. 465–476.

Vermutung, das Plato für die Sphäre jenseits des Wissbaren erlaubte" darstellt[304]. Gottes Allmacht ist für Jonas keine Kategorie mehr. Wichtiger noch als das ist die Wirkung dieser Macht auf das Schicksal der Welt, welche er ebenfalls in Frage stellt. Jonas entwirft ein Konzept, in dem sich Gottes Wirken nach der Schöpfung aus der Wirklichkeit zurückgezogen und sie sich selbst überlassen hat. Es kommt nicht länger darauf an, einen göttlichen Plan verstehen zu lernen, da ein solcher von vornherein abgelehnt werden muss. In diesem Mythos deckt sich Gott auffällig mit dem Seinsbegriff der Jonas'schen Ontologie. Gott als Grund allen Daseins und damit Schöpfer der Welt „entschied [...], sich dem Zufall, dem Wagnis und der endlosen Mannigfaltigkeit des Werdens anheimzugeben. Und zwar gänzlich: Da sie einging in das Abenteuer von Raum und Zeit, hielt die Gottheit nichts von sich zurück; kein unergriffener und immuner Teil von ihr blieb, um die umwegige Ausformung ihres Schicksals in der Schöpfung von jenseits her zu lenken, zu berichtigen und letztlich zu garantieren"[305].

Dieser Mythos ist für Jonas dabei tief persönlich und die Beschäftigung mit der Frage Gottes in dem geschehenen Leid auch die Auseinandersetzung mit der privaten Frage. Die Ermordung seiner Mutter im nationalsozialistischen Deutschland war für ihn eine lebenslange tiefe Wunde, der er in dem Aufsatz „Der Gottesbegriff nach Auschwitz" zu begegnen suchte. Sein Gottesbild gibt Zeugnis von der Schwierigkeit dieses Weges, aber auch von der Überzeugung davon, dass es für Gott in dieser neuen Welt immer noch einen Platz geben könne und müsse: „Es ist ein fragwürdig tastender Versuch, für den ich nie einen Wahrheitsanspruch gestellt habe und der für mich seine Gültigkeit nur dadurch besitzt, dass er es nicht einfach abstreitet, was einmal so ungeheuer in die Menschheitsgeschichte hineingewirkt hat und worin, etwa in den Worten der Propheten, eben doch die Inspiration aus einer Quelle zum Ausdruck kam, die mehr ist als bloß Welt und Natur. Der Mythos versucht zudem, einen Gottesbegriff zu entwickeln, mit dem zu ertragen ist, was sonst unerträglich wäre"[306]. Darin besinnt sich Jonas auch auf seinen Lehrer Bultmann, der bereits ebenfalls versuchte einen Weg aufzuzeigen, um die Evidenzen, die durch die Naturwissenschaften erlangt wurden, mit dem Gottesglauben auf eine Art zu vereinbaren. Dabei entwickelt er Gott als ein erleidendes Wesen, das dem Menschen in der Schöpfung der Freiheit die Welt anheim gegeben hat und nun den menschlichen Taten selbst ausgeliefert ist, auf Gedeih und Verderb. Die Wirkung des Göttlichen ist in der Welt sichtbar

304 Hans Jonas, Der Gottesbegriff nach Auschwitz, S. 15.
305 Ebd., S. 15f.
306 Hans Jonas, Erinnerungen, S. 345.

als das, was aus der Schöpfung hervor ging, also im Leben, seiner Fortsetzung und seiner Tendenzen, die sich im Verlauf der Evolution herausdifferenzieren. Dem Menschen obliegt es, sie zu erkennen und sich nach ihren Hinweisen auf das hin zu orientieren, das im Werden sichtbar ist. Dabei tritt im Verlauf allen Handelns unter dem Prinzip der Freiheit Gottes Gesicht als Ergebnis dieses Handelns heraus: „Nicht die Handelnden, die stets vergehen, sondern ihre Handlungen gehen ein in die werdende Gottheit und formen unauslöschlich ihr nimmer entschiedenes Bild“[307]. So gehen die Gräueltaten von Auschwitz ein in das Antlitz eines erduldenden Gottes. Und so kann Jonas umgekehrt der Sittlichkeit eine Bedeutung verleihen, die über die Begegnung mit der Menschheit auf ein Jenseitiges hin geht. Verantwortung ist etwas, das der Mensch sogar vor Gott hat, so Jonas. Umso entscheidender wird es, Gottes Botschaft, die mit der Welt selbst in die Welt kommt, zu verstehen um ein Handeln zum Guten möglich zu machen. Denn dass es eine solche Botschaft gibt, davon ist Jonas überzeugt.

Er kam über die Erinnerung an das Studium der Propheten in jüngeren Jahren zu der Auffassung, dass Gott den Menschen nicht über sein Handeln, sondern über seine Botschaft erreichen könne. Er würde damit nicht in der materiellen Wirklichkeit, sondern in der menschlichen Seele ansetzen, in der die Botschaft Gottes spürbar wird. Das findet sich auch in seiner Ontologie wieder, in der das Gefühl den Spruch des Seins aufnimmt und in einen Drang, ihm gemäß zu handeln, umsetzt. Die Theologie Jonas' zeigt sich an dieser Stelle wieder als eine andere Sichtweise auf seine Überzeugung von der Beanspruchung des Menschen durch sittlichen Wert aus dem Ursprung der Dinge heraus. Jonas selbst hat seine Idee Gottes als eine Allegorie zu einem Weltverständnis, das ihn die zweite Hälfte seines Lebens über begleitete und prägte. Seinen „Mythos“ hat er „erdichtet“[308] und er will ihn nicht als wörtlich genommen verstanden wissen: „Ich bin nicht einmal sicher, ob ich mich selbst überzeugt habe“, sagte Jonas im Anschluss an den Vortrag des Aufsatzes in Tübingen 1984. Vielmehr gibt er ein Bild für eine Haltung an, die den Menschen in die Pflicht nimmt und ihm vor Augen führt, nicht auf Jenseitiges zu vertrauen sondern sich selbst als Gestalter und Treuhänder des Schicksals anzunehmen. „Gott könne sich hörbar machen in der Welt“, das ist Teil dieses Verständnisses. „Das ist etwas anderes, als die Welt zu bewegen“[309]. Gottes Wille braucht bei Jonas den Menschen, um zu gelingen. Das lässt ihm die Möglichkeit des Scheiterns offen. Seine Botschaft kann nicht gehört

307 Hans Jonas, Zwischen Nichts und Ewigkeit, S. 53.
308 Hans Jonas, Erinnerungen, S. 342.
309 Ebd., S. 346.

oder nicht verstanden werden, der Mensch kann sich gegen sie verwehren, irren oder aus eigenen Interessen mutwillig gegen sie handeln. So gibt Jonas auch der Realität des Bösen seinen Platz, wobei hier die Urheberschaft dem Menschen und nicht Gott zugewiesen und so die Frage nach einer sinnvollen Begründung der Untätigkeit Gottes im Angesicht der Katastrophe aufgelöst wird.

Dennoch weist all dies die Existenz des Göttlichen nicht ab. „Das", so Jonas, „ist vielleicht der einzige Weg, der uns noch offensteht, uns über diese Dinge zu äußern – andeutend, ohne Wahrheitsanspruch, und doch dem Überweltlichen in der Welt Raum lassend. Denn dass es ein Überweltliches im Weltgetriebe gibt, dafür scheint mir der Menschengeist ein Zeugnis zu sein"[310]. Diese Aussage zeugt von Jonas' grundsätzlicher positiver Sicht auf die Welt, in der die Holocaust-Katastrophe möglich und wirklich werden konnte. Er lehnt Gott nicht ab, weil Entsetzliches gegen ihn spricht, sondern nimmt ihn an, weil es Phänomene gibt, die für ihn das Wirken von etwas Gutem evident werden lassen. Damit ist sein Gottesbild kein notwendiges, aber die Idee dahinter, die er in seiner Ontologie vertritt, ist es durchaus. Jonas weist eine nihilistische Weltsicht ab. Ob der Verursacher des Wertvollen nun ein Göttliches oder etwas anderes ist, spielt dabei keine große Rolle. Wichtig ist die Faktizität des sittlichen Anspruches in der Welt. Den konnte und wollte Jonas Zeit seines Lebens nicht leugnen.

Die Bedeutung des Gottesbegriffes für die Ethik

Jonas kritisiert in seiner Gesamttheorie die moderne Haltung einer wert- und sinnentleerten Welt, die einzig die darwinistische Position als Weltgesetz annimmt und dem jede Form von Ehrfurcht vor dem Lebendigen entzogen ist. Die Entzauberung der Welt zieht für Jonas eine andere Form des „Glaubens" nach sich, nämlich den an ein Weltbild, dem jede Form von Geschöpflichkeit fremd ist[311]. Diese Ansicht ist die der Naturwissenschaften, deren Primat ein ethisches und metaphysisches Vakuum nach sich zog, welches die Philosophie bis dahin zu füllen nicht leisten konnte. Der Mensch ist mangels einer Verankerung in Konzepten wie der Gottesebenbildlichkeit und einer Transzendenz, die eine Verantwortlichkeit ihr gegenüber nach sich ziehen würde, seiner Würde beraubt, in der er sich in früheren Zeiten sehen konnte, und steht seiner eigenen neuen und unkontrollierten Macht hilflos gegenüber, die nicht nur seine Welt, sondern auch ihn selbst essenziell gefährdet. Er droht gewissermaßen Opfer seiner selbst

---

310 Hans Jonas, Erinnerungen, S. 346f.

311 Hans Jonas, Aktuelle ethische Probleme aus jüdischer Sicht, In: Scheidewege 24, 1994/95, S. 3–15.

zu werden während er sich seiner eigenen Waffen gegen diese Übermacht beraubt hat. Gewiss will Jonas keine Rückkehr zu „alten Werten", sondern vielmehr eine Bewusstwerdung von Werten und Ansprüchen, die zu allen Zeiten bereits galten und nun in der neuen Machtposition neue Bewusstwerdung und ein Umdenken und Handeln in ihrem Sinne notwendig werden lassen. Der Mensch muss gewissermaßen lernen, die Waffe nicht mehr gegen sich selbst zu richten, indem er einsieht, wer er selbst in der Welt eigentlich ist. Dieser Fehlgang der Menschheit, die sich in ihrer ihr nahezu unermesslich erscheinenden neuen Macht an die Stelle Gottes enthebt und jeden anderen Gott entwertet, handelt mit Jonas nicht deshalb falsch, weil sie gegen diesen Gott handelt, sondern weil dies entgegen ihrer eigenen natürlichen Verfassung geschieht. Sie missversteht und entwertet sich selbst indem sie das entwertet, was ihr Halt und Gesetz gibt. Für Jonas ist die neue Findung der Ehrfurcht und die Einnahme des Platzes, der schon immer der des Menschen in der Welt war, die bedeutendste philosophische Aufgabe der Gegenwart, zu der „das Judentum nicht schweigen darf"[312].

Jonas wandte sich der jüdischen Tradition zu, um diesem Missstand etwas entgegenzusetzen, das er im Judentum gegeben fand. Der Mensch als „Bild Gottes" war etwas, das ihn in gewisser Weise bewegt haben muss. Die bloße Vernunfterklärung war für ihn nicht ausreichend, um alles zu begründen, was der Mensch ist. Das metaphysische Vakuum war für ihn nicht haltbar. Da gab es etwas, das den Menschen voller und besser erklären konnte als das nihilistische Menschenbild der Moderne, und er fand das wohl in seinem jüdischen Hintergrund. Jonas äußerte sich über die jüdische Tradition als Hilfsmittel zum Überkommen der ethischen Lücke „nicht in dem Sinne, dass man alle ihre Aussagen als absolut und für alle Zeit bindend betrachten muss, doch – allgemein gesprochen – kann uns das Judentum, so wie es dazu beiträgt, das Gefühl der Ehrfurcht vor der Natur und des tiefsten Wesens unserer selbst wiederzugewinnen, helfen, eine neue Ehrfurcht und Demut gegenüber der Tradition zu entwickeln"[313]. Integrität und Würde, Geheimnis und Freiheit allen Lebens sind Werte, die im Judentum durch den Bund von Gott und den Menschen und die Gottesebenbildlichkeit gefestigt sind und Beachtung fordern. Die nihilistische Position legt diese Werte ab, indem sie den Bund und das Ebenbild leugnet und den Menschen in eine Situation der Wertarmut stürzt. Diese will Jonas durch eine Rückbesinnung auflösen.

312 Hans Jonas, Aktuelle ethische Probleme aus jüdischer Sicht, In: Scheidewege 24, 1994/95, S. 8.

313 Hans Jonas, Contemporary Problems in Ethics from a Jewish Perspective, In: Daniel J. Silver (Hrsg.), CCAR Journal Anthology on Judaism and Ethics, New York 1970, S. 37.

Allerdings ist es für ihn mit einer solchen nicht getan. Es kommt darauf an, die rechten Kräfte zu mobilisieren, die einen Ausweg aus dem Nihilismus leisten können, nicht einfach nur zurückzugehen. Es muss eine Lehre aus der Situation gezogen werden: ein Umdenken, kein Zurückdenken. Jonas propagiert kein „zurück zur Natur", sondern vielmehr ein neues, angemessenes Erkennen der natürlichen Zusammenhänge, in dem Bewährtes seinen Platz hat, aber auch das Neue. Jonas will keine Neugier und Forschung bremsen, er mahnt lediglich zur Umsicht und Behutsamkeit. Genauso muss man ihn theologisch verstehen. Jonas' Gottesbild ist nicht das traditionell jüdische. Es ist als eines gedacht, das geeignet ist, sein ethisches Projekt zu unterstützen, zu untermauern und auch zu erweitern. Gott in Jonas' Sinne ist kein Weltbeweger und -regent, sondern eine Macht, der wir in unserem Handeln verpflichtet sind, nicht nur, weil wir durch sie bedingt sind, sondern auch weil wir unsererseits Macht über sie und ihre Zukunft haben. Wenn der Mensch einsieht, dass sein Handeln im Hier und Jetzt Einfluss auf das Ewige hat, kann er eine Kraft mobilisieren, die ihm vielleicht die Anschauung des Lebens und seine Macht darüber schon nicht mehr vermittelt: die Ehrfurcht vor dem Sein und all seinen Formen. Für Jonas muss die Theologie eine Chance sein, der ontologischen Begründung zu noch stärkerer Zugkraft zu verhelfen. Sie muss als ihr Unterstützer verstanden werden. Die Ethik benötigt Gott nicht, aber insofern eine Idee von ihm in sie aufgenommen wird, kommt sie als ein verstärkendes Moment zur Konstitution des „angemessenen Gefühls", das Jonas als notwendig ansieht, um den Anspruch des Seins (nicht Gottes im Sinne eines Gesetzgebers) im Menschen spürbar und als persönlich verpflichtend gefühlt zu machen. Gott ist ein Bild für den Menschen, um ihm die Natur seines Handelns mit all seinen weitreichenden Konsequenzen, die nicht immer unmittelbar spürbar sind, vor Augen zu führen und ihn so für das sittliche und das unsittliche Handeln zu sensibilisieren. Es mahnt den Menschen an, „dass wir jetzt die von uns gefährdete göttliche Sache in der Welt vor uns schützen, der für sich ohnmächtigen Gottheit gegen uns selbst zu Hilfe kommen müssen. Es ist die Pflicht der wissenden Macht – eine kosmische Pflicht, denn es ist ein kosmisches Experiment, das wir mit uns scheitern lassen, in uns zu Schanden machen können. […] Es ist kein Zweifel, wir haben es in unserer Hand, die Schöpfungsabsicht zu vereiteln, gerade in ihrem anscheinenden Triumph mit uns, und sind vielleicht kräftig daran"[314]. Der Mensch muss sich als Schlüssel des Gelingens

314 Hans Jonas, Philosophische Untersuchungen und metaphysische Vermutungen, S. 246f.

oder Scheiterns einer Aufgabe verstehen, die an der Wurzel der Welt angelegt ist. Wie sich das mit Jonas genau verhält, soll in der Folge untersucht werden.

Die Rolle des Menschen für Gott

Diese Unterstützung und Hinleitung von der Theologie zur Verantwortungsethik lässt sich im zwölften und letzten Kapitel von „Organismus und Freiheit" erkennen, im Aufsatz „Unsterblichkeit und heutige Existenz", der nach vorheriger Veröffentlichung Eingang in das Buch fand und damit auch Jonas' Sicht illustriert, dass er die erste Hinleitung auf die Verbindung eines Gottesmythos mit seiner Naturphilosophie darstellt, die zum Zeitpunkt des Verfassens des Textes noch keine verantwortungsethische Dimension kannte. Der Aufsatz stellt eine zu dieser Zeit noch relativ unabhängige Überlegung dar, die erst später ihren Eingang in Jonas' gesamtweltliches Konzept von Naturphilosophie und Ethik fand und es um eine theologische Dimension ergänzte. Durch die Aufnahme in „Organismus und Freiheit" zeigte Jonas bereits, dass ihm bewusst war, dass es sich hier um etwas handelt, das eine neue und intensivierte Perspektive auf die von ihm entworfene Naturphilosophie bietet, obwohl es ihr in seiner Form des Mythos eigentlich entrückt ist. In ihm schildert Jonas früh in bereits eindringlicher Weise seine Idee des leidenden Gottes und seine klare Vorstellung der notwendigen Dimension eines angemessenen menschlichen Handelns, welches sich später in der Verantwortungsethik ausdifferenzierte. Eigentlich als Exkurs entworfen, stellt dieser Aufsatz also eine Verbindung von Naturphilosophie und Ethik dar, indem er eine neue Perspektive des Menschen auf die Welt über den Mythos aufzeigt, in dem Jonas versucht, das Unsagbare in Worte zu kleiden und eine theologische Sichtweise auf die letzten Dinge zu wagen, ohne den Rahmen der Naturphilosophie zu verlassen. Seine spätere Ontologie bildet sich in Elementen darin bereits ab.

Jonas behandelt in dem Text die faktische Unmöglichkeit der Teilnahme der physischen Person an der Ewigkeit. Das Leben ist per definitionem endlich, also zeitlich; seine ganze Konstitution als stoffwechselnder Körper ist zeitlich ausgerichtet und damit auf einen temporären Rahmen begrenzt. „Und doch – wir fühlen, dass Zeitlichkeit nicht die ganze Wahrheit sein kann, denn im Menschen zeigt sie eine innewohnende Qualität von Selbstüberbietung [...]. Wenn Immerwähren ein falscher Begriff ist, so mag Ewigkeit andere Bedeutungen haben – und einen Bezug zum Zeitlichen, von dem unsere sterbliche Erfahrung, ihr Treiben im Strom des Geschehens transzendierend, manchmal Zeugnis gibt"[315].

315 Hans Jonas, Organismus und Freiheit, S. 323.

In seiner Zeitlichkeit verfügt der Mensch über Vergangenheit, Gegenwart und Zukunft, wobei er nur in der Gegenwart handelnd eingreifen und damit gestaltend wirken kann. Der für die „Ewigkeit" wirksame Moment ist damit der, der ihr am Weitesten entgegensteht – das momentane Aufblitzen des Augenblicks. „Im Augenblick der Entscheidung, wenn unser ganzes Sein sich einsetzt, fühlen wir, als ob wir unter den Augen der Ewigkeit handelten", so Jonas. Die Wirkung für die Ewigkeit konstatiert sich in der Entscheidung des Augenblicks, durch die wir dauerhaft verändernd in die Zukunft eingreifen und unsere Vergangenheit gestalten als eine gebildete Ereignisreihe der von uns getroffenen Entscheidungen. Wir als Menschen sind also zwar sterblich, können aber dennoch in unserer Endlichkeit etwas erreichen, das nicht durch Hinfälligkeit gekennzeichnet ist: „Wir mögen z. B. sagen, dass das, was wir jetzt tun, sich unauslöschbar ins „Buch des Lebens" einträgt oder ein unverwischbares Mal in einer transzendenten Ordnung hinterlässt; dass es diese Ordnung, wenn vielleicht auch nicht unser eigenes Schicksal, im Guten oder Bösen affiziert; dass wir Rechenschaft dafür schuldig sind vor einem zeitlosen Sitz des Rechts, oder – wenn wir nicht mehr da sind für die Rechenschaft, weil wir hinabgeflossen sind im Strom der Zeit – unser ewiges Bild durch unsere jetzige Tat bestimmt wird, und dass durch das, was wir diesem unserem Bilde hier und jetzt antun, wir verantwortlich sind für die spirituelle Totalität der Bilder, die immer wachsend die Summe gelebten Seins zusammenfasst und anders sein wird durch unsere Tat."[316] Hier begegnen wir nun erstmals dem Begriff der Verantwortung als das, das uns aus der Entscheidung des Augenblicks erwächst, wenn aus dem Augenblick ein Moment der Geschichte wird. Gleichsam eingetragen in ein „Buch des Lebens" sind unsere Entscheidungen unauslöschbar ein Teil unserer Zeitlichkeit und unseres Lebens und deshalb ein Objekt von Verantwortung, weil wir die Fähigkeit (und damit den Zwang im Sinne eines weiteren „Könnens, das muss") zum Eingriff in unser Schicksal und das Schicksal anderer haben. Unser Tun und unser Dasein bleiben nicht ohne Folge. Was wir im Augenblick entscheiden, prägt Zukunft und bildet Vergangenheit, und dieses nicht als einfaches Vorangehen, sondern „im Guten oder Bösen affiziert", also als fördernd oder zerstörend gegenüber uns selbst und Anderen. Hier liegt die spezifische Verantwortung des Menschen: er tut Gutes oder Böses, weil er dazu zu handeln in der Lage ist und sich deshalb diesem Handeln nicht entziehen kann, und dieses Handeln ist nicht in der Dimension des Vergänglichen behaftet. Der Mensch mag vergehen, die Folgen seiner Entscheidung nicht. Sie sind in diesem „Buch des Lebens", im Lauf der

316 Hans Jonas, Organismus und Freiheit, S. 324.

Geschichte, festgehalten und unauslöschbar. Wir sind endlich, doch wir können in dieser Endlichkeit etwas erreichen, das sie überwinden kann. Damit steht der „verantwortlich Handelnde zwischen Ewigkeit und Zeit“[317], denn als Teil des Lebens ist er endlich, als am Strom der Geschichte Teilhabender hat er einen Bezug auf die Ewigkeit. Als solcher erwächst ihm eine dialektische Verantwortung, nämlich diejenige gegenüber dem endlichen, weltlichen Dasein, in dem seine momentane Entscheidung in kürzerer oder längerer Zukunft wirkt, „eine nach Maßgabe weltlicher Kausalität, wonach die Wirkung seiner Tat in eine kürzere oder längere Zukunft geht, in der sie sich schließlich verliert“, sowie diejenige gegenüber Gott, in dem alle Entscheidungen, seien sie zum Guten oder zum Bösen, in der Ewigkeit festgehalten sind „wie Züge“, die in sein Antlitz „eingezeichnet werden“[318]: „eine andere [Verantwortung], nach Maßgabe ihres Einfalls in den ewigen Bereich, worin sie sich niemals verliert“[319]. In der menschlichen Verantwortung liegt also sowohl die der Wahrung des sterblichen Daseins als auch des Gelingens im Unsterblichen, beides entstehend im Augenblick der Entscheidung.

Hier in der Entscheidung liegt die Verantwortung zu ihrer bestmöglichen Form, zum Guten und gegen das Böse, das dem Menschen und nicht einem entscheidenden Gott obliegt. Das Böse ist etwas, dessen Verursachung nicht bei Gott zu suchen ist. So hat sich Jonas auch in „Der Gottesbegriff nach Auschwitz“ geäußert.

Indem er zur Entscheidung zu Gut oder Schlecht befähigt ist, muss der Mensch sie treffen, denn sie ist Teil seiner Freiheit. Und indem die Verantwortung Teil dieser Entscheidung ist, ist die Verantwortung Teil der Freiheit des Menschen. Wie in aller Freiheit gilt für Jonas dabei, dass aus der Fähigkeit schließlich Zwang erwächst. Der Mensch kann Verantwortung haben, also hat er sie notwendig.

„Die Heraufkunft des Menschen bedeutet die Heraufkunft von Wissen und Freiheit, und mit dieser höchst zweischneidigen Gabe weicht die Unschuld des bloßen Subjekts sich selbst erfüllenden Lebens der Aufgabe der Verantwortung unter der Disjunktion von Gut und Böse“[320]. Der Mensch ist weit mehr als nur „sich selbst erfüllendes Leben“ im schlichten Stoffwechsel des einzelligen Organismus, sondern wissendes, handelndes und welt-habendes Wesen, das in der Selbstbesorgung seines Lebens zu mannigfaltiger Freiheit befähigt und verpflichtet ist, zu der auch die Freiheit der Verantwortung zählt, da der Mensch erstmals nicht nur

317 Hans Jonas, Organismus und Freiheit, S. 326.
318 Ebd., S. 330.
319 Ebd., S. 338.
320 Ebd., S. 334.

zur Handlung, sondern zur guten oder bösen Handlung befähigt ist, die in ihrer Dialektik gleichzeitig „Chance und Gefahr“[321] ist. Der Mensch hat als einziges Lebewesen die Möglichkeit, wissentlich Einfluss in den Maßen von Gut und Böse auf das sterbliche Dasein sowie auf die Ewigkeit im Sinne des Geschichtsflusses zu nehmen, worin ihm Unsterblichkeit entsteht, denn „in diesem furchterregenden Auftreffen seiner Taten auf das göttliche Geschick, ihrer Wirkung auf den ganzen Zustand des ewigen Seins, besteht die menschliche Unsterblichkeit“[322].

In der menschlichen Freiheit entscheidet sich also das Schicksal der Welt. Sie ist eine Freiheit der Entscheidung zum Guten oder zum Bösen, die angesichts ihrer Rolle in der Welt nicht nur von einem einzelnen Individuum, sondern von der ganzen Menschheit wahrgenommen werden muss, denn der Eindruck eines jeden „auf die Ewigkeit“ ist „zum Guten und zum Bösen“ und damit Chance und Gefahr. An dieser Stelle muss notwendig der Begriff der Ethik fallen. Auch Jonas bemerkt, dass „sich gewisse ethische Folgen aus der Metaphysik“ ergeben. Zunächst führt er dabei „die transzendente Wichtigkeit unseres Tuns, der Art, wie wir unser Leben leben“ an[323]. „Wenn unsere Lebensläufe Linien im göttlichen Gesicht werden: dann ist unsere Verantwortung nicht durch die Hinsicht weltlicher Folgen allein bestimmt“. Damit gewinnt Jonas eine Dimension, welche die des menschlichen Daseins in der Wirklichkeit auf etwas hin transzendiert, das er später das Sein nennt. Gemeinsam ist seiner Ontologie und Theologie, dass der Mensch über etwas entscheidet, das außerhalb seiner selbst liegt. Er ist nicht nur Folge eines Grundes, er wirkt auf diesen Grund zurück. Damit ist es nicht unbedeutend, wie er sein Leben gestaltet. Sorgsamkeit und Vorsicht in Bezug auf das eigene Handeln werden schon ohne die Krise der Moderne zu notwendigen Kategorien der Überlegung und Planung.

Denn „unser Eindruck auf die Ewigkeit [ist] zum Guten und zum Bösen“[324]. Was der Mensch in seinem Handeln bewegt, kann dem transzendenten Grund zuträglich oder verderblich sein. Jede Entscheidung im endlichen Lebenslauf muss also zu jeder Zeit neu entschieden werden. Und dieser momentanen Entscheidung kommt im Angesicht der Möglichkeit des Guten und des Bösen unbedingte Bedeutung zu. Jonas erkennt also schon lange vor dem „Prinzip Verantwortung“ ganz klar: „Heute gilt es vielmehr, das ganze sterbliche Abenteuer als solches zu retten, ehe an sein ferneres etwaiges Gelingen oder Scheitern im

321 Hans Jonas, Organismus und Freiheit, S. 334.
322 Ebd.
323 Ebd., S 335.
324 Ebd., S. 335f.

Unsterblichen gedacht werden kann“[325]. Durch seine Entscheidungsfähigkeit und die Größe seiner Freiheit und des damit einher gehenden Risikos ist dem Menschen die Kraft gegeben, seine und die Existenz anderer bis hin zur Existenz seiner eigenen und damit der ganzen lebendigen Welt aufs Spiel zu setzen. Schon an dieser Stelle konstatiert Jonas weiter: „Die Bedrohung der ganzen Lebenswelt durch unsere Technologie, wovon das Gespenst der Atombombe nur der dramatischste Aspekt ist, besagt für die hier entwickelte Sicht, dass das Bild Gottes an unserem Ort des Universums in Gefahr ist wie nie zuvor [...] und es ist nicht abzusehen, welche Bündnisse mit dem Schlechten das Gute wird eingehen müssen, um das noch Schlechtere, ja das absolut Unzulässige zu verhüten“.[326]

Der Schlüssel für das Gelingen dessen, was im Urgrund angelegt ist, sei es nun ein theologisch oder ontologisch begründeter, ist also der Mensch. Er ist durch seine Verursachung in diesem Grund ebenso mit ihm verbunden wie durch eine Mission, die ihm diese Verursachung auferlegt. Das ist Jonas' Gesamttheorie und seinem Verständnis, das ihn ein Leben lang begleitete, inhärent.

Diese Auffassung machte für ihn wohl auch Whiteheads Werk interessant, der ebenfalls eine Verbundenheit von Gott und Welt annimmt. Gott ist auch bei ihm kein allmächtiger Schicksalsbestimmer. Whitehead war der Überzeugung, dem Individuum komme eine Schlüsselrolle zu, das es anzunehmen und dem es zu entsprechen habe. Dabei weist der Gottesbegriff bei Whitehead auffällige Parallelen zu dem von Jonas auf. Es ist möglich, dass er bei ihm Anleihen machte als er sich mit Whiteheads Theorie befasste, von deren Stärke er beeindruckt war und die ihn in den Anfängen seines Arbeitens über Natur und Ontologie in den 1940er-Jahren beschäftigte[327].

Whitehead vertritt ebenfalls ein Ordnungsprinzip, in dem das göttliche Prinzip den Ursprung der Dinge und den Grund, warum die Dinge zu einer Einheit konvergieren, darstellt. Für ihn ordnet und limitiert Gott, greift aber nicht direkt in die Schöpfung ein. Er ist unabhängig und doch mit der Welt verbunden und stellt keine Ausnahme vom System dar sondern wirkt sich durch das System aus, von dem er nicht ablösbar ist. Für Whitehead schafft Gott Ordnung, gibt aber keine vor, sondern ist vielmehr Ort aller möglichen Ordnungen. Die Einzelwesen sind bei ihm selbstbestimmt, aus ihnen geht die tatsächliche Ordnung hervor. Das entspricht Jonas' Sichtweise auf die menschliche Freiheit, die aus dem göttlichen Wirken erwächst, aber nicht durch es limitiert wird. Indem Gott

325 Hans Jonas, Organismus und Freiheit, S. 337.

326 Ebd.

327 Hans Jonas, Erinnerungen, S. 311.

sich zurückzieht und dem Menschen die Handlungsgewalt überlässt, begründet er die Möglichkeit der Freiheit. Diese Idee kann man in Whiteheads Werk wiederfinden. Bei ihm begründen die Individuen die Ordnung der Wirklichkeit. Mit Jonas muss man sagen: sie verfügen über Freiheit. Gott ist für Whitehead kein leidender, aber ebenfalls ein passiv gewordener. Gemeinsam ist beiden, dass Gott die Welt dem Menschen übergeben hat, auch wenn Jonas das mit größerem Pathos formuliert. Seine theologische Idee ist also möglicherweise durch sein Studium von Whiteheads Werk vorgebildet.

Beide Theorien verbindet die Ansicht, dass der Mensch eine rückwirkende Rolle auf das verursachende Göttliche hin einnimmt. Damit unterscheiden sie sich auch von der traditionellen christlichen und jüdischen Vorstellung. Gott ist nicht länger Erlöser und Beschützer. Sich von dieser Vorstellung zu lösen, kann schmerzlich sein. Davon zeugt auch „Der Gottesbegriff nach Auschwitz". Dabei aber gewinnt man ein neues und gestärktes Verständnis des Menschen, welches sich auch auf die sittliche Dimension seines Daseins auswirken muss. Der Mensch ist frei, er benötigt keine göttliche Erlösung. Er kann sein eigener Erlöser sein wenn er versteht, welcher Anspruch ihm von dem her zukommt, durch das er verursacht und in das er gesetzt ist. Für Jonas muss der Mensch begreifen, dass er in seiner Welt zuhause ist und dass er für diese Heimat verantwortlich ist. Diese Verantwortung ist unabweisbar. Er selbst ist der Schlüssel zu Gedeih und Verderb seines eigenen Schicksals und dem von allem, über das er Macht gewonnen hat. Wenn er diese Rolle richtig versteht, kann er alte Ängste ablegen, muss aber auch neue in Kauf nehmen und sie im Prinzip der Heuristik der Furcht als Werkzeug verstehen, um mit Umsicht und Sorgsamkeit so handeln zu können, um dem Aufruf an ihn in angemessener Weise gerecht werden zu können, sei er nun theologisch oder ontologisch bestimmt.

Ontologie als Ethikbegründung und Jonas' Verzicht auf die Theologie in „Das Prinzip Verantwortung"

Jonas entwarf seinen Gottesmythos zunächst in der Begegnung mit dem Schrecken des Holocausts und der neuen Frage nach der Denkbarkeit Gottes, griff ihn wieder auf in einer Überlegung zu den transzendenten Folgen immanenten menschlichen Wirkens, bezog ihn so in seine Naturphilosophie ein und verstand seine Auswirkungen von ihr aus auf seine Verantwortungsethik, wodurch sein theologisches Konzept zuletzt eine Dimension seines Gesamtweltbildes von Sein, Welt, Natur und Mensch wurde. Seine Theologie ist kein Fremdkörper, sondern ein Element eines großes Ganzen, das sich auch für ihn selbst erst in den späten Jahren seines Schaffens zusammenfügte.

Dennoch entschied er sich auch zu späterer Zeit nicht dazu, der Theologie Raum in der Begründung der Verantwortung zu geben, auch wenn sie in Teilstücken möglicherweise zur Vertiefung des notwendigen „angemessenen Gefühls“ beitragen könnte. Ein Gottesbild, so fürchtet Jonas, bringt immer auch die Religion mit ins Spiel. Diese aber würde sich mit ihren Heilsversprechungen und jenseitigen Perspektiven negativ auf das Bewusstwerden der tatsächlichen menschlichen Lage und seiner Konstitution in der Wirklichkeit auswirken. Jonas will keiner ungewissen Hoffnung Raum bieten. Im Jetzt und Heute einer bedrohten Welt muss das Recht dieser Welt in ihrer akuten Gegebenheit in den Vordergrund treten. Ihre eigenen Tendenzen und Gesetze müssen als die des Menschen eingesehen und ihnen entsprechend ein Handeln angestoßen werden, zu dem eine religiöse Orientierung keinen Anlass geben könnte, der stark genug ist.

Jonas entscheidet sich möglicherweise nur aus Gründen dieser praktischen Implikation einer Theologie gegen ihr Auftreten im „Prinzip Verantwortung“. Als ein weiterer Grund kann aber auch gesehen werden, dass er sie zur Begründung der Verantwortung eigentlich nicht benötigt. Wie in Kapitel IV dargelegt, ist Jonas' Ontologie zureichend geeignet, seine Verantwortungsethik zu begründen. Er selbst war ebenfalls dieser Auffassung, trotz der Hinweise auf die „Gebrechlichkeit“ seiner Argumentation und die Hoffnung, „ein Besserer“ möge das von ihm Angefangene fortführen. Jonas will den Anspruch des Seins auch unter naturwissenschaftlicher Hinsicht als einsehbar und begründet sehen. Eine Ontologie kann einem solchen Anspruch nicht letztgültig genügen, kommt aber dem naturwissenschaftlichen Verständnis wesentlich näher als eine theologische Begründung, die auch aus der Sichtweise der modernen Gesellschaft als überholt und mit höherer Wahrscheinlichkeit unglaubwürdig gelten muss. Die Wirksamkeit seiner Theorie steht für Jonas dabei mit im Fokus. Für den Bewohner der modernen Lebenswelt muss seine Begründung Überzeugungskraft entwickeln können.

Hinzukommend muss noch einmal Jonas' Verständnis der menschlichen Verantwortung befragt werden. Ist sie ontologisch begründet, wie er es annimmt, besteht sie unbedingt. Sie benötigt keine Durchsetzungs- oder Überwachungsinstitution in der Welt, und genauso benötigt sie darüber hinausgehend keinen Gott, welche Charakteristika ein solcher auch immer aufweisen sollte. Verantwortung mag *vor* etwas bestehen, nämlich dem Gewissen, so wie sie *für* etwas besteht, aber das bedeutet nicht, dass etwas bestehen muss, das „mich – jetzt oder später – zur Verantwortung zieht“[328]. Ein Gottesprinzip ist in der Verantwortung also eigentlich nicht nötig.

Jonas' Ontologie und seine Theologie geben beide auf unterschiedliche Art seine Überzeugung von dem Beheimatetsein des Menschen und seiner Verpflichtung für diese Heimat wieder. Deshalb sind sie sich trotz ihrer unterschiedlichen Begründungswege derart ähnlich. Jonas will mit ihnen etwas sagen, das für ihn wahr ist und das einzusehen er für die Menschheit als entscheidend empfindet. Er möchte etwas klar machen, das seiner Meinung nach sowohl wahr als auch geeignet ist, dem Missstand beizukommen, in den die Menschheit geraten ist und in den sie ihre Lebenswelt auf dem Planeten gebracht hat. Dazu soll „Das Prinzip Verantwortung“ das Mittel liefern, und dieses muss an den Rezipienten in geeigneter Weise angepasst sein. So ist für die Theologie darin kein Platz, obwohl sie Teil von Jonas' Werk ist und die Verantwortung des Menschen, der durch das Sein beziehungsweise das Göttliche gesetzt ist, in gleicher Weise begründet. Dabei mag ebenfalls eine Rolle spielen, dass Jonas in „Das Prinzip Verantwortung“ spezifisch auf eine Ontologie rekurriert. Die Abwesenheit eines theologischen Konzeptes darin wäre rückführbar auf die Unterscheidung der Disziplinen Ontologie und Metaphysik, wie auch Aristoteles sie vornahm[329]. Das lässt sich allerdings nicht an Hand von Jonas' eigenen Aussagen belegen.

Er will den Menschen dahin bringen, dass er seine eigene Macht begreift und sie nicht nur als naturwissenschaftlich-technologisch, sondern auch als ganzheitliche Macht über sein eigenes Schicksal und das der belebten Welt begreift, auf Gedeih und Verderb. Es geht ihm um eine Selbsterkenntnis, die er in seiner Ontologie herzustellen versucht, die Konstitution eines angemessenen Gefühls, das durch das Begreifen der menschlichen Situation angestoßen wird, und letztendlich die Umsetzung dieses theoretischen Wissens in praktisches Handeln, das dem Anspruch aus der ontologischen Begründung gerecht wird. Dieser ist der Aufruf zur schon immer bestehenden und in der Theologie genauso wie in der Ontologie-begründeten Verantwortung. Ihm gemäß tätig zu werden, heißt, die spezifische menschliche Verantwortung wahrzunehmen.

328 Hans Jonas, Philosophische Untersuchungen und metaphysischen Vermutungen, S. 131.

329 Aristoteles, Metaphysik, 1003a.

VII. Abschließendes zur Ontologie, ihrem Status als Wissen und ihrer Verfahrensart

Verantwortung ist, betrachtet man Jonas' Ontologie als Ganzes, also gleichsam Überbegriff und Folge für den Menschen aus dem Seins- und Weltverhältnis, dem er entspringt und in das er gesetzt ist. Sie ist die Form seines notwendigen Bezuges auf das Ganze der von ihm berührten Welt und wird ihm damit zum Gesetz. Verantwortung kann er nicht ablegen, er kann ihr nicht entgehen und sich nicht von ihr distanzieren. Mensch sein heißt, verantwortlich zu sein. Das ist das Selbstverständnis, welches Jonas in seiner Ontologie begründen will.

Diese Erkenntnis von seiner Verantwortlichkeit wächst dem Menschen im sittlichen Gefühl zu, das in der verstehenden Betrachtung seiner selbst in der Welt zu Stande kommt. Jonas' Ontologie ist ein unbedingtes Wissen, das nicht von vornherein im Bewusstsein vorhanden sein muss, das aber ohne Weiteres erlangt werden kann und das, ist es einmal vorhanden, notwendig sittliche Folgen nach sich zieht. Es ist kein Wissen, das den Menschen „kalt" lassen kann. Begreift er die Bedeutung seines Handelns und Bestehens für die Gesamtheit der Welt, kann er die moralischen Folgen für sein Selbstverständnis, die sich in Denken und weiterem Handeln äußern müssen, nicht anders als in Verdrängung von sich weisen, wobei ihm gleichzeitig bewusst werden muss, dass eine solche Verdrängung unsittlich wäre. Jonas kann den Menschen nicht zur Sittlichkeit zwingen. Mit seiner Ontologie aber kann er eine Grundlage für sie legen, die nicht ohne weiteres abgewiesen werden kann.

Indem er „Sein" über seinen Naturbegriff begründet, verhilft er zudem der Natur zu einem Eigenrecht, das keine andere Form der Verortung sittlicher Werte im Sein begründen könnte. Insofern er den Menschen im Sinne seines modernen Selbstverständnisses in der Natur verorten kann, geht er mit den Naturwissenschaften konform. Er richtet sich aber zugleich gegen ihre Verfahrensart in der Begründung seines ökologischen Imperatives als Folge seines ontologischen Konzeptes, welches Sein als moralisch gesetzgebend und die Natur als unmittelbar daraus folgend, seine Prinzipien vertretend und in besonderer Weise intensivierend begreift und damit eine Behandlung der Natur als simple Ressourcenquelle kategorisch verbietet. Jonas' Ontologie leistet eine Wertbegründung nicht nur des menschlichen, sondern allen Lebens, seines Fortbestehens und seiner Bedingungen in der Natur und dem Sein, das sie durchdringt und bedingt.

Sie bringt zum Ausdruck, dass das, was ist, sein soll, und diese Daseinsevidenz dem Menschen durch seine eigene organische Verfassung schon vor allem Bewusstsein dieses Zusammenhanges zur Pflicht geworden ist. Ihm kommt die Schlüsselrolle eines Wächters und Treuhänders zu, die ihn in der belebten Welt einzigartig macht und ihn durch seine Pflicht sowohl in den Kreis des Lebens einbettet als auch über ihn erhebt. Trotz seiner selbstgeschaffenen Autonomie kann der Mensch sich nicht von der Natur, aus der er gekommen ist, als abgelöst betrachten. Sein Handeln und Wirken muss immer diese Verbundenheit im Auge behalten, da sein Überleben immer mit der Permanenz des Lebens allgemein verbunden ist. Damit erhält er in der Folge nicht nur sich selbst, sondern erfüllt die ihm eigene Aufgabe, die von seiner Verursachung im Sein tief in ihn gelegt ist. Indem er sich sittlich verhält, gelingt dem Menschen so schließlich eine Form der Selbsterfüllung.

Diese Auffassung der unauflösbaren Verbundenheit von Natur, Leben und Mensch wurde bereits in Jonas' Biophilosophie deutlich. Begründen kann er sie schließlich durch die Grundlegung des sittlichen Prinzips in seiner Ontologie, die die Ethik zum Schlüssel der Begegnung des Menschen nicht nur mit sich selbst, sondern auch mit der Welt außerhalb seiner selbst und der menschlichen Gesellschaft macht. Durch sie gelingt es ihm, den Menschen mit der Natur und dem Grund seines Daseins zu verbinden und auf diese hin begründet zu verpflichten. Das ist seine eigentümliche Leistung und darin liegt die Besonderheit seines Konzeptes.

Welche Bedeutung diese für die modernen Anwendungsfelder der Verantwortungsethik haben kann und wie Jonas' Leistung in den heutigen ethischen Fragen im Umgang des Menschen mit dem Leben möglicherweise noch einen besonderen Beitrag leisten kann, soll im Folgenden anhand eines ausgewählten Beispiels erörtert werden.

VIII. Praktische Anwendungsfelder der Verantwortungsethik: Die Gentechnologie

Für den Erweis einer gerechtfertigten Wertzuweisung an das Leben war die ontologische Grundlegung der Verantwortungsethik notwendig, das ist zuvor gezeigt worden. Mit dem aufgewiesenen Wert kommt dem Leben eine Würde zu, die direkt aus diesem Wert resultiert. Jonas' ontologische Begründung, die diesen durch den Stufengang der Natur bis zum Menschen hin vermittelt, bringt nun bei der Begründung und jeweils konkreten Einschätzung der Würde des Lebendigen ein besonderes Problem auf, öffnet aber auch eine Jonas ganz eigentümliche und vieles versprechende Perspektive auf dessen Lösung und auf die Lösung vieler spezieller Probleme, die das Verhältnis des Menschen zur lebendigen Natur betreffen. „Wert" ist zunächst ein Begriff, der auf eine Skala von Graden verweist. Der Wert aber, den Jonas im „Sein" als solchen verankern will, ist ein „absoluter" Wert. Er hat unbedingte Geltung. Insofern hat das, was an ihm teilhat, auch eine Würde. Würde hat nicht nur der Mensch, sondern alles, in dem sich dieser Wert manifestiert, also das Lebendige als solches. Dennoch kann Jonas nicht die Würde, die Kant dem Menschen zusprach, einfach nur auf alles Lebendige ausdehnen wollen. Auch bei ihm bleibt dem Menschen die Würde vorbehalten, die daraus folgt, dass er dasjenige aus der Natur bestimmte Wesen ist, das die Unbedingtheit des Wertes versteht und ihn in sein Handeln als leitend aufnehmen kann. Nur er kann demnach auch von der Würde, die dem Lebendigen innewohnt, Kenntnis nehmen und Achtung vor ihr haben. Er ist also das eigentliche Gegenüber zu dem Wert, der als unbedingter im Sein selbst gegründet ist. Der Mensch ist es freilich auch, der diese Würde des Lebendigen übersehen und missachten kann. Dabei verfehlt er sich gegenüber dem Sein und sich selbst. Doch er verliert damit nicht die Würde, die in seiner besonderen Weise zu sein ihren unaufhebbaren Grund hat. Ihr Status als ein letztes Leitprinzip gegenüber dem Verhalten zum Menschen als solchem ist im Grundgesetz der Bundesrepublik Deutschland formuliert. Dennoch kann der Mensch keineswegs die Unbedingtheit, die in dieser seiner Würde liegt, so geltend machen, dass von ihm alles Wirkliche außerhalb des Menschen als bloßes Mittel für ihn anzusehen und zu gebrauchen ist. Denn auch noch diese seine besondere Würde geht als Folge aus dem Prozess der Vermittlung von Wert von dem Sein her und über die Natur, darin insbesondere das Leben, hervor.

Jonas kann also nicht umhin, innerhalb dessen, was sich vom unbedingten Wert her versteht, der im Sein selbst gelegen ist, eine Stufung in der Manifestation und der Verwirklichung dieses Wertes anzunehmen. Das verlangt nach abwägenden Begründungen in besonderen Hinsichten und Situationen. Es eröffnet aber auch einen Raum für die Einschätzung von Verhaltensweisen, die gegenüber dem angemessen oder geboten sind, was an der Unbedingtheit des im Sein gelegenen Wertes teilhat. Nur die Fundierung der Unbedingtheit des Wertes im Sein und seine Vermittlung hin zur Seinsart des Menschen durch die belebte Natur schafft die Möglichkeit zu diesem Entfaltungsbereich einer Ethik, die eine Ethik der Verantwortung in diesem besonderen Sinne sein kann.

Wenn es um den Menschen geht, so folgt seine Würde aus seiner spezifischen Freiheit, die es ihm erlaubt, sein Leben in einzigartiger Weise zu bestimmen. Kant bezeichnete diese Selbstbestimmung als „Autonomie"[330] und wies sie sowohl dem Menschen als auch der Menschheit zu. Jonas folgt ihm in dieser Ansicht, allerdings aus einer anderen Begründung heraus als Kant sie gegeben hat. Misst man die Würde eines Lebewesens an seiner Theorie der Stufenordnung, so kommt jeglichem Leben durch seine organische Verfassung und den darin gelegenen Bezug auf das sich selbstbejahende Sein Würde zu, allerdings in unterschiedlichem Maße. Je größer und komplexer die Freiheit, mit der es ausgestattet ist, desto höher ist die Würde des Lebewesens einzuschätzen. Leben ohne Würde kann es also nicht geben, allerdings Leben, dessen Würde nicht die angemessene Achtung erfährt. Dies bringt die Diskussion der Verantwortungsethik Jonas' in ihre praktische Dimension. „Wert und Würde des Lebens"[331] ist ein Themenkreis, der Jonas' gesamte späte Schaffensperiode bestimmt hat. Dabei waren die praktischen Anwendungsfelder der Verantwortungsethik schon zu seinen Lebzeiten mannigfach. Jonas befasste sich nur mit einigen von ihnen tiefergehend, unter ihnen Fragen der nuklearen Kriegsführung und Energiegewinnung, der Problematik der Überbevölkerung und der Ausbeutung der natürlichen Ressourcen, der Medizinethik in den Disziplinen der Todesdefinition, Organtransplantation und der Biogenetik. Letztere steckte in den 1980er Jahren, in denen Jonas sich spezifisch zu ihr äußerte, noch in den Kinderschuhen. Viele Erkenntnisse über Beschaffenheit und Wirkungsformen der Bestandteile des menschlichen Genoms waren noch nicht erreicht, bahnbrechende Instrumente und Methoden noch nicht erfunden worden. Dennoch sind viele ethische Fragen, die damals bereits offen waren, bis heute unbeantwortet geblieben, während mit dem

330 Immanuel Kant, Grundlegung zur Metaphysik der Sitten, Stuttgart 2004, 446/104.
331 Hans Jonas, Erinnerungen, S. 310.

Fortschritt von Forschung und Technik sowie deren Anwendung neue hinzugekommen sind. In der Genetik verhält es sich wie in allen anderen Bereichen der Naturwissenschaften. Der Fortschritt geht ungehemmt und verhältnismäßig ungeregelt voran. Seine Problematik ist darin gelegen, dass einmal gemachte Erkenntnisse nicht rückgängig zu machen sind. Das Bewusstsein der in ihnen aufgedeckten Zusammenhänge verändert die Welt nachhaltig, notwendig ohne dass zuvor hätte diskutiert werden können, ob diese Erkenntnisse überhaupt wünschenswert sind. Das prominenteste Beispiel für dieses Dilemma ist die Erfindung der Atombombe. Nicht jede Entdeckung zieht Folgen von derart großer Wirkung und öffentlicher Aufmerksamkeit nach sich, ist aber dennoch nicht weniger geeignet, Gegenwart und Zukunft von Lebewesen nachhaltig zu verändern und die Bewahrung der Menschheit vor ihrem Gebrauch ist weiterhin nicht gesichert und ein Thema ständig neuer Besorgnis.

Die Gentechnologie ist aus Gründen ihrer ethischen Problematik und ihrer Wirkung auf die Entwicklung des menschlichen und außermenschlichen Lebens in den letzten Jahrzehnten das Feld, das zur Betrachtung auszuwählen sich in besonderem Maße anbietet. Ihre Disziplinen weisen in hervorragender Art die Dimensionen der menschlichen Macht auf und greifen in multiple Bereiche seines Lebensvollzuges ein. Sie sind naturwissenschaftlich und technologisch indiziert und verlangen weiterhin nach ethischer Wegweisung, worin sie offenbar insbesondere in den Bereich der Verantwortungsethik fallen. Wenn Jonas' Theorie innere Konsistenz aufweist, die ihren Anspruch auf praktische Geltung zu legitimieren geeignet ist, so muss sie auch zur Gentechnologie der Moderne und darin zu Disziplinen, zu denen Jonas nicht mehr zu Wort kommen konnte, etwas beitragen können. Welcher Art dieser Beitrag ist und wie er im Kontext der aktuellen philosophisch-ethischen Diskussion zu beurteilen ist, soll in diesem abschließenden Kapitel untersucht werden.

Ethische Fragen in der Gentechnologie

Zunächst sollte der technologische Themenbereich, der ethische Fragen aufwirft, in eine knappe Übersicht gebracht werden. Die Gentechnologie ist ein spezifischer Teil der Biotechnologie, die verschiedenartige Methoden des technischen Eingreifens in lebendiges Material beschreibt, wobei darunter sowohl Enzyme als auch Zellen und ganze Organismen fallen. Die Organisation für wirtschaftliche Zusammenarbeit und Entwicklung (OECD) definiert dabei Biotechnologie als „die Anwendung von Wissenschaft und Technik auf lebende Organismen, Teile von ihnen, ihre Produkte oder Modelle von ihnen zwecks Veränderung von lebender oder nichtlebender Materie zur Erweiterung des Wissensstandes, zur

Herstellung von Gütern und zur Bereitstellung von Dienstleistungen“[332]. Dabei schließt sie Verfahren mit ein, die seit Jahrtausenden von Menschen praktiziert werden, wie beispielsweise die Herstellung von Bier, Essig und Käse, aber ebenso hochmoderne Methoden in verschiedenen Einsatzbereichen. Heute spielt die Molekularbiologie eine besondere Rolle, die sich aus den Erkenntnissen der Mikrobiologie im 18. und 19. Jahrhundert heraus entwickelte, darin unter Anderem die Entdeckung der Einsatzfähigkeit von Bakterien zur Produktion medizinisch einsetzbarer Wirkstoffe oder von Enzymen als Biokatalysatoren. Die Biotechnologie als solche umfasst heute eine weit erstreckte Technologiebandbreite. Darunter fallen die Züchtung von Pflanzensorten, die Entwicklung von Produkten der chemischen Industrie und von Medikamenten. Letztere stellt aktuell den größten Anteil. Rund die Hälfte der Unternehmen, die heute in Deutschland biotechnische Produkte und Verfahren entwickelten, ist im medizinischen Sektor tätig, der allgemein als Rote Biotechnologie bezeichnet wird. Darüber hinaus spricht man in Bezug auf die Landwirtschaft von Grüner und auf die Industrie von Weißer Biotechnologie, wobei die von biotechnologie.de jährlich durchgeführte Firmenumfrage zuletzt ergab, dass auf letztere lediglich zehn Prozent entfallen. Davon sind allerdings nur Unternehmen einbegriffen, deren Hauptbetätigungsfeld in der Entwicklung von technischen Enzymen, neuen Biomaterialien oder biotechnologischen Produktionsprozessen liegt. Laut der Angaben aus dieser Erhebung sind davon allerdings keine Firmen aus der chemischen Industrie einbegriffen, in denen Biotechnologie ebenfalls eine Rolle spielt. Deshalb ist diese Prozentzahl nicht gleichzusetzen mit der wesentlich höheren Bedeutung dieses Sektors. Darüber hinaus sind nicht einmal fünf Prozent der Biotechnologieunternehmen dem Agrarsektor zuzurechnen. Darunter fallen allerdings hauptsächlich Großunternehmen, deren Produktentwicklungen in diesem Feld weitreichende Bedeutung haben.

Die Entwicklungen in der Gentechnologie spielen für alle drei dieser Bereiche eine Rolle, allen voran aber für die Medizin und darin für die Entwicklung therapeutischer Verfahren für den Menschen, aber auch für die Züchtung von Tierarten und Pflanzensorten sowie für solche Einsatzbereiche, deren Nutzen vor Allem im Bereich der Grundlagenforschung vielleicht sogar mehr der wissenschaftlichen Neugier zugerechnet werden kann. Dabei handelt es sich bei der Gentechnologie um die spezifische Methode der „molekularen Hybridisierung von DNA-Fragmenten mittels geeigneter Restriktionsenzyme verbunden

332 Information Biotechnologie in Deutschland, Initiative des Bundesministeriums für Bildung und Forschung.

mit molekularer Klonierung mittels geeigneter Vehikel und Wirtszellen", die zu vielerlei Zwecken eingesetzt werden kann[333]. Zu unterscheiden sind dabei grundsätzlich Methoden der Manipulation reinen außermenschlichen oder reinen menschlichen Genmaterials sowie die spezifische Rekombinatorik-Methode, in der menschliches und nicht-menschliches Genom miteinander kombiniert werden. Darüber hinaus muss zwischen diagnostischen und therapeutischen Methoden unterschieden werden sowie der Anwendung bekannter und der Entwicklung neuer Technologien und Verfahren. Letztendlich lassen sich diese aber in der Praxis nicht immer vollständig voneinander abtrennen.

Die Gentechnik als synthetische Biologie stellt eine Methode zur nahezu beliebigen Kombinierbarkeit von pflanzlichem, tierischem und menschlichem Erbmaterial dar. Sie ist ein Eingriff an des Basis des Lebens an sich, deren ihr heute zukommende Aufmerksamkeit angestoßen wurde durch die große Resonanz im Zuge der Erfolge in der in-vitro-Fertilisation, die zwar nicht in den Bereich der Gentechnik fällt, ihr Gebiet aber in vielen Punkten berührt (darunter beispielsweise das Klonen und die Gentherapie in der Keimbahn) und sie deshalb mit ins Licht der Öffentlichkeit brachte. Ihre ethischen Fragestellungen sind dabei nahezu deckungsgleich.

Die Besonderheit in der ethischen Diskussion der Technologien in der Biotechnologie und speziell der Gentechnik und der aus ihnen erwachsenden Fragestellungen ist, dass ihr Objekt gleichzeitig Subjekt ist. Sie betrifft keine Gegenstände, sondern Lebewesen. Dabei erstreckt sich die Bandbreite von Bakterien und Gewebezellen über Pflanzen und Tiere bis hin zum Menschen. Das macht ihre Beurteilung schwierig. Als Technologie, die zunächst einmal zum Vorteil des Menschen gedacht ist, sind nicht nur ihre möglichen Folgen und Komplikationen zu bedenken, sondern auch die durch sie sowohl betroffenen als auch hergestellten Lebensformen, deren Eigenrecht, sollte ihnen ein solches zuzubilligen sein, ebenfalls ins Gewicht fallen muss. Dabei bringt sie ganz neue Verfahren auf, deren moralische Implikationen auf vielerlei Arten interpretiert werden können. Dazu lässt sich beispielsweise die Züchtung von neuen Tier- oder Pflanzenarten durch Manipulation ihres genetischen Materials untersuchen.

„Bei der herkömmlichen Züchtung plant der Mensch mit dem, was das vorhandene Artspektrum mit der Streuungsbreite seines Mutantenvorrats und weiterer Mutationen ihm vorgibt. Bei der rekombinanten DNA-Technik geht es um

333 Franz Böckle, Gentechnologie und Verantwortung. Ethische Verantwortung und Notwendigkeit einer Selbstbeschränkung. In: Rainer Flöhl, Genforschung – Fluch oder Segen?, München 1985, S. 88.

einen direkten Eingriff in den molekular chiffrierten erblichen Bauplan gegebener Arten“[334]. Böckle beispielsweise sieht diese Methode zunächst einmal als eigentlich ethisch unbedenklich an, da sie nur etwas nachvollzieht, das sich in der Natur auf der Ebene der Bakterien als horizontale Weitergabe von genetischen Informationen aus verschiedenen Bakterienzellen ebenfalls ereignet und damit nicht „unnatürlich“ ist. Er gibt zu bedenken, dass der Vorgang nicht zwingend als gut zu bewerten ist, weil er in der Natur vorkommt, allerdings aber auch nicht deshalb abzuweisen ist, weil er vom Menschen aufgegriffen und bewusst und gesteuert vollzogen wird. Auch das In-den-Dienst-nehmen von Mikroorganismen durch den Menschen ist etwas, das schon seit langer Zeit praktikabel eingesetzt wird, beispielweise bei der Herstellung von Joghurt oder Essig. Es kann nicht von vornherein als unethisch angesehen werden, wenn es dazu bislang keinen Anhaltspunkt gab. Die Überlegung muss also anders angestellt werden. „Der entscheidende Unterschied“, so Böckle, „liegt nicht in der Methode, sondern im Ziel, das man anstrebt. Und darüber hinaus sind [...] mögliche Folgen zu beachten“[335]. Naturwissenschaft, gleich ob in Grundlagenforschung oder angewandter Forschung, sei niemals wertfrei, auch wenn dies zunächst immer der Anwendung angelastet werde und die Erforschung der grundlegenden Zusammenhänge nur in einen Bereich „unschuldiger“ wissenschaftlicher Neugier gerechnet werde, da sie keine unmittelbaren Anwendungsfolgen nach sich zieht. Da Wissen aber notwendig Folgen haben muss und es selbst Folge seines Erwerbs ist, ist diese Annahme nicht zutreffend. Schon bei der Betreibung von Grundlagenforschung muss das Ziel in den Fokus rücken, um eine angemessene Beurteilung möglich zu machen.

Allgemein wird die Gentechnik unter Vorbehalt akzeptiert. Hans Jonas hatte noch die Gelegenheit, sich in Aufsätzen zur damals aufkommenden neuen Technologie und ihren Methoden zu äußern, auch wenn vieles zu diesem Zeitpunkt noch nicht denk- oder realisierbar war. Die Klonierung von Tieren war zu diesem Zeitpunkt beispielsweise erst rein theoretisch möglich und stieß doch bereits eine große Diskussion an.

Jonas' Position deckt sich mit der vieler Stimmen, darunter Hofmann, Rahner, Chargaff und Frey, in der Ansicht, dass die Gentechnologie nicht grundsätzlich zu verurteilen sei, dass Bedenken allerdings Raum gegeben werden müsse und eine generelle Umsicht in den problematischen Aspekten dieses Themas, vor allem in der Zielfrage, gelten müsse. Dies sei allerdings nicht im ausreichenden

334 Franz Böckle, Gentechnologie und Verantwortung, S. 88.
335 Ebd., S. 89.

Maße der Fall. Risiko und Nutzen solcher Methoden dürfen bei der Beurteilung weniger eine Rolle spielen als moralische Kriterien. Hier bestehe ein Missstand. Hoffmann gibt dazu zu bedenken, dass man Nutzen und Schaden durch die Gentechnik aus allen Blickwinkeln sehen müsse und nicht einseitig urteilen dürfe[336]. Der Grund für diese Einseitigkeit liegt in der Unausgeglichenheit der Motivationen zum Vorantrieb und Einsatz der Gentechnik. Ihre Versprechungen sind groß und ihre möglichen unerwünschten Folgen wirken gleichweise gering oder auch unwahrscheinlich. Dies liegt im Primat der Naturwissenschaften. Sie sind gewissermaßen die Vertrauensträger der modernen Gesellschaft. „Fortschritt" ist noch immer ein sehr positiv konnotierter Begriff. Dem Fortschritt als Prinzip werden alle Segnungen der Moderne zugerechnet, seine Nachteile hingegen entfallen an Begriffe wie „die übersteigerte Gier des Menschen", der seltsamerweise noch immer nicht grundsätzlich mit dem beständigen Fortschrittsstreben gleichgesetzt wird. Viel eher erscheint es oft so, als sei dieser etwas grundsätzlich Gutes, das nur im Falle seines Fehlgehens oder Scheiterns negative Effekte habe und nur in die richtige Bahn gelenkt werden müsse, um alle positiven Zukunftsträume wahr zu machen. Für Chargaff spielen in der Forschung Ehrgeiz und Geldgier eine übersteigerte Rolle, die den Blick verzerre und vorantriebe, was nicht vorantreibenswert sei: „Das Ziel der Forschung ist zwar, Wahrheit zu finden, aber nicht alles was der Forscher findet, ist Wahrheit"[337].

Diese Unverhältnismäßigkeit, die im ungebremsten und anscheinend nicht aufzuhaltenden Vorantrieb der naturwissenschaftlichen Forschung zum Ausdruck kommt, ist für manche ein Ausdruck eines zersplitterten Weltbildes, das für die Moderne bezeichnend ist. Frey sieht die Gentechnik als eine Folge von „verzerrten Selbstbildern von Menschen"[338], deren Leben „von vielen Inseln der Rationalität durchsetzt sein, das aber von keiner umgreifenden Vernunft mehr zusammengehalten werde".

Geschichtsphilosophisch lassen sich drei Phasen unterscheiden, aufgrund deren dieser Gedanke einsichtig wird. Zentral ist dabei das Überkommen des theologischen Weltbildes im Wandel der letzten Jahrhunderte. Nach der Auflösung der religiösen Kosmologie und der Überzeugung von der göttlichen Schöpfung der Welt ist der Mensch ohne Zielsetzung, die sein Handeln bestimmt, und ohne selbstverständliche sittliche Perspektive auf das Handeln. Er ist orientierungslos geworden, speziell in den Naturwissenschaften, die nun von der Ethik

336 Rainer Flöhl, Genforschung. Fluch oder Segen?, S. 368.
337 Ebd., S. 370.
338 Ebd., S. 369.

gänzlich abgetrennt sind. Haltlosen Übersteigerungen in ihrem Vorantrieb ist damit der Weg freigegeben. „Wissenschaft als menschliche Tätigkeit ist niemals völlig wertfrei oder wertindifferent. [...] Unser wissenschaftliches Tun findet seine Bedeutung nur in einem umfassenden System"[339]. Dieses System hatte im Sinne des westlichen Christentums noch eine gottgegebene und damit selbstverständliche Stabilität. Für Carl von Linné und Georges-Louis Buffon beispielweise hatte noch eine Kosmologie Gültigkeit, die dem Menschen keine Möglichkeit zubilligen konnte, nach heutigen Maßen als Weltausbeuter zu gelten. „Diese beiden Möglichkeiten [Schaffen und Vernichten] aber hat Gott sich vorbehalten. Damit ist der Mensch in einem ganz außerordentlichen Maße von einer Folgelast seines Handelns befreit: wie auch immer er die Natur und seinesgleichen behandelt, Gott selbst, der sich Destruktion und Kreation reserviert, bewahrt ihn vor der finalen Katastrophe"[340]. In diesem Weltbild herrschte ein festes Wertesystem, das nicht hinterfragt zu werden brauchte und konnte. Diese Grundsituation kann man als eine erste Phase in der Entwicklung der Weltsicht der Naturwissenschaften sehen, die im 19. Jahrhundert mit der Wende des Welt- und Naturbildes endete und den Naturwissenschaften einen Weg eröffnete, nun eigenmächtig in die Welt eingreifen und sie ohne weitere Einschränkungen als ihre eigenen Fähigkeiten und Erkenntnisse verändern zu können. Sie setzte sich damit „die planmäßige Bewältigung und Ausnutzung der Natur durch den Menschen zur Vermehrung seiner Macht, seines Wohlbefindens und seiner Genüsse" zum Ziel[341]. Damit war das Primat der Naturwissenschaften etabliert. Die daraus entstandenen Visionen der zukünftig der Menschheit offenstehenden Möglichkeiten wie des endgültigen Sieges über Krankheit und Tod erfuhren aber auch damals schon eine besondere Form der Kritik, wie die von Herrmann Muller, der der Auffassung war, der natürliche Mensch sei überholt und habe sich selbst zum Aussterben verurteilt. Ihm bleibe nur die Möglichkeit der Gentechnik, um sich letztendlich selbst neu in einem Übermenschen zu erfinden: „Die besten Geister der Menschheit werden [...] genetische Methoden entwickeln, die neue Eigenschaften, Organe und Biosysteme erfinden, die den Interessen, dem Glück und der Herrlichkeit jener gottgleichen Wesen dienen, deren dürftige Vorahnung wir elende Kreaturen von heute sind"[342]. Diese zweite Phase muss in der Moderne

339 Franz Böckle, Gentechnologie und Verantwortung, S. 89.

340 W. Lepenies, Historisierung der Natur und Entmoralisierung der Wissenschaften, 1983, S. 554.

341 Ebd.

342 Ch. Flämig, Die genetische Manipulation des Menschen, Politik und Zeitgeschichte B 3/85, S. 8.

als von einer dritten abgelöst angesehen werden. An die Stelle ihrer Utopien ist ein ernüchtertes Weltbild getreten, in dem der Mensch um die Selbstbedrohung durch die Folgen seiner eigenen entfesselten Kraft weiß. Das Primat der Naturwissenschaften ist weiterhin gültig, wird aber zunehmend in Frage gestellt, ohne etwas an seine Stelle setzen zu können. Es wächst ein allgemeiner Skeptizismus gegenüber der Fähigkeit des Menschen, sein eigenes Schicksal zum Besten lenken zu können. In diesem Zuge ist der Begriff des „Wertwandels" zu nennen, der mit der Reformation des Sittlichkeitsverständnisses seit Kant aufkam und bei dem es sich, wie es Zimmerli sieht, „um die reflexive Bewusstwerdung des moralphilosophischen Problems der Neuzeit selbst handelt. [...] Daher sind in der Neuzeit an die Stelle von inhaltlichen Prinzipien, die nur über die Nennung ihrer Legitimationsinstanz hätten validiert werden können, formale Prinzipien getreten, die den einzelnen Menschen nicht als Mitglied einer Glaubens- oder Überzeugungsgemeinschaft, sondern als Vernunftwesen ansprechen"[343]. Mit dieser Haltung beginnt eine dritte Phase, aus welcher der Menschheit bisher kein Ausgang gelungen ist. In ihr muss ihm eine Orientierung gelingen, bevor er an den ihm in ihr gestellten Aufgaben scheitert. Die ethischen Herausforderungen der Gentechnologie stellen dabei nur einen kleinen, aber beispielhaften Teil dar.

Dabei hat ihre aktuelle Diskussion zu einigen neueren Entwicklungen geführt. Nach Reiner Anselm gehen reduktionistische Konzepte wie der starke durchgängige Gebrauch des Gedankens der Menschenwürde im Diskurs um die moralischen Implikationen der Gentechnologie zurück. Das Augenmerk auf die Besonderheiten der Situation erhöhe sich, von ganz allgemeinen und deshalb wenig Situationsempfinden aufweisenden ethischen Konzepten käme man zusehends ab. Betrachte man den Menschenwürdebegriff, so werde deutlich, dass man sich auf keinen Begriff von ihr mit allgemeiner und hinreichend präziser Übereinstimmung einigen könne. Deshalb sei es nicht wünschenswert, eine bestimmte Definition zu treffen, so Anselm. Es ließe sich nur vielleicht eine Art „ethischen Grundkonsens"[344] festlegen, in dem Übereinstimmung möglich wäre, der aber nicht zur Lösung aller unterschiedlicher, wenn auch verwandter Probleme herangezogen werden könne. Schimpanski ist gar der Ansicht, dass Freiheit, Verantwortung für sich und andere und Menschenwürde gar keine theoretischen

---

343 Walther Zimmerli, Dürfen wir, was wir können? Zum Verhältnis von Recht und Moral in der Gentechnologie, In: Rainer Flöhl, Genforschung – Fluch oder Segen?, München 1985, S. 71f.

344 Nikolaus Knoepffler, Dagmar Schimpanski, Stefan Lorenz Sorgner (Hrsg.), Angewandte Ethik 2: Humanbiotechnologie als gesellschaftliche Herausforderung, Freiburg/München 2005, S. 20.

Konzepte darstellen, sondern als Weisen zu leben aufzufassen sind. Auf dieser Basis muss Diskurs stattfinden, der ein Wissen über den aktuellen Stand der Wissenschaften für eine sinnvolle Diskussionsgrundlage braucht. Julian Nida-Rümelin weißt dabei zusätzlich in seinem Aufsatz „Humanbiotechnologie als ethische und gesellschaftliche Herausforderung" auf die Schwierigkeiten hin, die in einem gemeinsamen Diskurs durch die verschiedenen disziplinären Sprachen erwachsen und das Erreichen einer gemeinsamen Verständigung auf einer einheitlichen Diskussionsebene verkomplizieren. Franz Böckle sieht ebenfalls die Problematik der Abstimmung unter den unterschiedlichen Institutionen und ihrer jeweiligen Schwerpunktsetzung auf unterschiedliche Wert- und Zielsetzungen ihrer Disziplinen. Der Diskurs werde dadurch beträchtlich erschwert: „Methodisch müssen solche Entscheidungen [des richtigen Handelns] an typischen Modellen diskutiert und in der Diskussion auch intersubjektiv legitimiert werden. Das eigentliche Problem ist das der Verhältnisbestimmung unter den einzelnen Rechten respektive Gütern"[345]. Es besteht also schon keine einheitliche Sichtweise in Bezug auf das angemessene Ziel und die ihm zugrundeliegenden Werte. Dass dem Menschen Würde zukommt, bereitet weniger Schwierigkeiten als die diskursive Übereinstimmung darüber, was dieser Begriff eigentlich bedeutet. Ein Konsens darin müsste implizieren, dass eine Erkenntnis der Menschenwürde an sich zunächst überhaupt möglich ist. Doch auch dies wird nicht einheitlich als selbstverständlich angenommen. Vattimo beispielsweise ist sogar der Auffassung, dass Naturerkenntnis an sich generell unmöglich sei. Das, was man gemeinhin darunter verstehe, sei auf Interessen und gesellschaftliche Kontexte zurückzuführen[346]. Damit unterscheidet er sich diametral von Jonas, der den Naturbegriff als Weg zur Aufdeckung ontologischer Zusammenhänge versteht und ihn im Zentrum seiner Theorie verortet. Vattimo, der dagegen das Naturverständnis als Diskursdimension versteht, muss in der Folge auch den Bereich der Moralität der gesellschaftlichen Diskussion anvertrauen. Nur hier kann ein Sittlichkeitsbegriff ermittelt werden, so Vattimo, der sich darin an Aristoteles anzuschließen meint.

Darin wird bereits deutlich, wie wenig Vertrauen objektive Wertbegründungen in jüngster Zeit genießen. Jonas' Selbstpositionierung, sich mit seiner

---

345 Franz Böckle, Gentechnologie und Verantwortung. Ethische Verantwortung und Notwendigkeit einer Selbstbeschränkung. In: Rainer Flöhl, Genforschung – Fluch oder Segen?, München 1985, S. 87.

346 Bioethik zwischen physis (Natur) und nomos (Gesetz), in: Nikolaus Knoepffler, Dagmar Schimpanski, Stefan Lorenz Sorgner (Hrsg.), Angewandte Ethik 2: Humanbiotechnologie als gesellschaftliche Herausforderung, Freiburg/München 2005.

Metaphysik in eine stiefmütterlich vernachlässigte philosophische Disziplin zu begeben, hat bis heute seine aktuale Bedeutung behalten. Heute gilt allgemein gesellschaftlicher Konsens und Diskurs zur Fixierung und Legitimation von Werten als die Methode der Wahl. Benda und Kluxen beispielsweise vertreten die Position, dass Menschenwürde gesellschaftlich fixiert sein muss, um einheitliche Wertvorstellungen zu generieren, auf deren Basis man Entscheidungen treffen könne. Der Mensch wisse nicht genug über sich selbst, um sein tatsächliches Wesen voll zu erfassen. Unzulänglichkeit präge ihn essenziell, deshalb müssten sowohl die Forschung als auch die Anwendung der Forschungsergebnisse auf den Menschen eingeschränkt werden, um die Menschenwürde nicht zu missachten oder zu beschädigen. Der „gläserne Mensch" verletze dagegen die Menschenwürde. In diesem Kontext kann man auch die von Jonas vorgetragene Idee einer Forderung eines „Grundrecht auf Nichtwissen"[347] verstehen. Die Festlegung des eigenen Schicksals und das Wissen darüber, soweit es durch die Gene festgelegt ist, gehen auf Kosten der menschlichen Freiheit zur uneingeschränkten persönlichen Selbstentwicklung. Wer beispielsweise ein hohes genetisches Risiko einer späteren Alzheimer-Erkrankung aufweist, leidet womöglich sein ganzes Leben lang unter der Angst vor dieser Krankheit, die aber vielleicht niemals bei ihm ausbricht. Das kann nach Jonas' Auffassung nicht akzeptiert werden.

Damit betritt die Betrachtung der ethischen Implikationen der Gentechnologie nun auch die Dimension der Zukunft. Nicht nur die persönliche zukünftige Lebensführung der jeweiligen Einzelpersonen ist von den Folgen betroffen, auch die Fernwirkungsdimension der Gentechnik ist auf dem gegenwärtigen Stand kaum oder sogar gar nicht überschaubar. Vom einzelnen Forscher, der ihre Methoden entwickelt und erprobt, kann man sie zudem gar nicht verlangen. Aufgrund seiner Kompetenzen obliegt es ihm, aufzuklären und Optionen sowie Konsequenzen aufzuzeigen. Für Franz Böckle müssen Abwägen und Entscheiden aber ihren Ort im Bereich des öffentlichen Diskurses haben. Dafür sind zunächst einmal umfassende Informationen notwendig. Honecker sieht diese zusammen mit der Schaffung eines allgemeinen Problembewusstseins für die sittlichen Fragen der Gentechnik für entscheidend an[348]. Die Gesellschaft ist oft weder in der Lage noch willens, die zunehmend komplexeren Vorgänge und Methoden der Naturwissenschaften, speziell der Gentechnik, zu durchschauen. Dabei beeinflusst Scheinwissen die Meinungsbildung, das oft jeder echten

347 Hans Jonas, Lasst uns einen Menschen klonieren. Von der Eugenik zur Gentechnologie, In: ders., Technik, Medizin und Ethik, Frankfurt am Main 1985.

348 Martin Honecker, Evangelische Ethik als Ethik der Unterscheidung. Ethik im Theologischen Diskurs Band 20, Berlin, 2010.

wissenschaftlichen Grundlage entbehrt und nach Winnackers Sicht „in Science-Fiction Romane gehört“[349].

Nur mit umfassender Information, Selbstverpflichtung und daraus resultierender Beteiligung mit besten Absichten kann ein Diskurs angemessene Resultate erzielen. Das Vorenthalten oder Verschleiern von Informationen hingegen weist Böckle entschieden ab. Allerdings bedeutet auch ein Vorgehen nach bestem Wissen und Gewissen nicht, dass der notwendige Informationsumfang zur angemessenen Beurteilung überhaupt noch erreichbar ist. „Inzwischen ist uns allen bekannt, dass auch diese Idee eines kooperativen Wahrheitsbesitzes der ständig wachsenden Differenzierung und Spezialisierung des Wissens zum Opfer gefallen ist“[350]. Diese Beobachtung lässt sich schon im modernen Alltag leicht nachvollziehen. Der Durchschnittsnutzer kennt weder Funktionsweise noch Zusammensetzung aller technischen Apparate und Erfindungen, die er täglich nutzt und die sein Leben bestimmen. Demzufolge ist er gar nicht in der Lage, über die Folgen schon seines einfachen täglichen Wirkens kompetent zu urteilen. Auch die Gentechnologie spielt hier eine Rolle, beispielsweise in Hinsicht auf gentechnisch veränderte Lebensmittel, die als solche häufig gar nicht ausreichend deklariert und so auch nicht als solche erkannt werden und ohne bewusste Entscheidung in den Speiseplan mit allen möglichen Folgen Eingang finden.

Wenn das Wissen über ihre Verfassung nicht mehr den notwendigen Umfang erreichen kann, gilt das erst recht für die weiteren Implikationen von Bestand und Einsatz einer Sache. Der Mensch wird in jeder Position zunehmend zum Spezialisten, der in seiner Nische über besonderes Wissen verfügt, aber nur in Zusammenarbeit mit anderen Nischen eine Sache ganzheitlich beurteilen kann. Ebenso ergibt sich diese Problematik der Zersplitterung von Betrachtungsweisen den Wissenschaftler. „Es gibt immer nur den realen und konkreten Menschen, der wissenschaftlich arbeitet, d. h. der sich müht, um auf bestimmte Weise und mit bestimmten Methoden Wissen zu erwerben und zu bereichern, sich darin aber vom Ideal kritisch-methodisch gesicherter Erkenntnis leiten lässt“[351]. Die Konsequenz daraus thematisiert Böckle: „Diese Reduktion der Wissenschaft nur auf den Erwerb gesicherten Wissens, löst die Wissenschaft aus den historisch-epochalen Rahmenbedingungen und führt damit zu einer Trennung von Wissenschaft und Ethik [...] Je mehr uns Wissenschaft und Technik in Stand

349 Ernst-Ludwig Winnacker, Jenseits des Genoms, jenseits der Stammzellendiskussion – Wissenschaft als Kommunikationsproblem. In: Forum TTN 9/2002, S. 38.

350 Franz Böckle, Gentechnologie und Verantwortung, S. 91.

351 E. Coreth, Freiheit und Bindung der Wissenschaft, Kath. Zeitschrift für Theologie 94, 1972, S. 132.

setzen, zu erreichen, was wir wollen, umso hilfloser stehen wir vor der Frage: Was wir eigentlich wollen“[352]. Dieser Zustand könnte nur im gesamtgesellschaftlichen Diskurs überwunden werden. Wissenschaft und Wert sind aber heute voneinander losgelöst. Es besteht nicht einmal mehr eine allgemeine Ansicht, dass diese grundlegend zusammengehörig sind, sondern dass es vielmehr ein Werteverständnis geben solle, das von außen den naturwissenschaftlichen Wissenserwerb und den methodischen Einsatz dieses Wissen überwacht und reglementiert. Solange diese Auffassung weiter vorherrscht, kann Naturwissenschaft selbst niemals ethisch sein. Das kritisiert auch Moltmann: „Der Fehler in diesem Denkmodell liegt darin, dass man von der Abstraktion der Wissenschaften aus der Gesellschaft ausgeht und erst dann nach der ethischen und sozialpolitischen Integration wissenschaftlich-technischer Macht in die humanen Ziele der Menschheit fragt. Weil aber aus einer von Werten abstrahierten ‚wertfreien‘ Wissenschaft keine Werte deduziert werden können, geraten die Werte, nach denen wissenschaftliche Ergebnisse verwertet werden, in die Beliebigkeit schon vorhandener sozialer, ökonomischer und politischer Interessen oder des persönlichen Geschmacks“[353]. Diesen Zusammenhang führt auch Jonas in „Das Prinzip Verantwortung“ als einen der Auslöser der Krise an.

Um diese verschiedenen Perspektiven in Bezug auf die Gentechnik mit dem Ziel ihrer ethischen Beurteilung zusammenführen zu können, ist es zunächst einmal notwendig, die Sicht von Wissenschaftlern aus der Gentechnologie selbst auf ihre sittlichen Implikationen zur Kenntnis zu nehmen, um anschließend fachferne Positionen in Bezug auf diese zu Wort kommen zu lassen. Es wäre falsch anzunehmen, dass es in der Naturwissenschaft selbst keine Reflexion auf ihre ethischen Folgen gäbe. Allerdings wird die Gentechnik wohl immer nur für sich selbst sprechen. Sie kann sich nicht selbst verbieten, deshalb muss ihre Position immer eine subjektive sein. Dennoch sind ihre Aussagen nicht von vornherein abzutun. Sie haben durchaus ihre Berechtigung, sei es nur zur Bestanderhaltung ihrer selbst. In jedem Fall muss den Vertretern der Gentechnologie an der Beschwichtigung der Kritik an ihren Methoden gelegen sein.

Christiane Nüsslein-Volhard, Direktorin der Genetikabteilung des Max-Planck-Instituts für Entwicklungsbiologie Tübingen, weist beispielsweise darauf hin, dass manche Verfahren gesetzlich verboten sind, obwohl ihre Durchführbarkeit in naher Zukunft biologisch gesehen nicht möglich ist. Das zeigt die

---

352 Franz Böckle, Gentechnologie und Verantwortung, S. 91.

353 Jürgen Moltmann, Der Einfluss von Mensch und Gesellschaft auf den biomedizinischen Fortschritt, In: The Challenge of Life, Roche Anniversary 1971, Basel/Stuttgart 1972, S. 316.

partielle Überzogenheit der Diskussion, die sich von der tatsächlichen wissenschaftlichen Grundlage entfernt und Problematiken verzerrt, indem sie Dinge diskutiert, die auf Grund ihrer gegenwärtigen Undurchführbarkeit gar keine praktische Relevanz aufweisen. Dennoch ist es natürlich möglich, dass sich hier Änderungen ergeben, deshalb kann ein diesbezüglicher Diskurs nicht als sinnlos angesehen werden. Man muss Nüsslein-Volhard insofern zustimmen, als ihre Diskussion zum gegenwärtigen Zeitpunkt sinnvoller geführt werden kann, indem den tatsächlichen aktualen Möglichkeiten der Technik mehr Raum gegeben werden sollte als einer relativ ungerichteten Furcht vor dem Möglichen, wodurch die gegebenen Tatsachen aus den Augen verloren werden. Sie bemerkt, es wäre von Bedeutung, „behutsam vorzugehen und dafür zu sorgen, dass die möglichen Beiträge der medizinischen Forschung, Leid und Schmerz zu verhindern, nicht aus Angst vor Missbrauch verhindert werden“[354]. In der Diskussion steht dabei beispielsweise die Keimbahntherapie. Dennoch seien auch die jeweiligen ethischen und biologischen Problematiken des Machbaren in der Hoffnung auf wirkungsvolle Neuerungen nicht zu vernachlässigen, zum Beispiel bei der Methode des reproduktiven Klonens von Tieren, die bei ihrer Erprobung unvorhersehbare Folgen und Schwierigkeiten an den Tag brachte.

Die juristische Seite der Diskussion um die Gesetzgebung zur Sicherung des ethischen Umgangs mit den Methoden der Gentechnologie thematisiert dabei die verhältnismäßig schwache Regelung innerhalb nationaler Gesetze. Carlos Casabona weist beispielsweise in seinem Aufsatz „Humanbiotechnologie, Transkulturalität, Globalisierung und symbolisches (Straf-)Recht“ darauf hin, dass Recht in der Bioethik meist durch sogenannte „soft laws“ reglementiert ist, welche „ein Recht ohne Zwang und ohne starke rechtliche Konsequenzen“ darstellen und als solche nicht unproblematisch sind. Innerhalb nationaler Gesetzgebungen können sie unterschiedlich ausfallen und haben aufgrund ihrer Natur nur eine geringe Wahrscheinlichkeit auf transnationale Weitertragung und Verfestigung im Zuge der Globalisierung. Sie entwickeln sich eher zu einer Art „symbolischen Rechts“, das zwar zu gesellschaftlicher Ablehnung, aber nicht zur rechtlichen Verfolgung führt. Damit entsteht ein Bewusstsein, gegen Methoden, die von soft laws betroffen werden, tatsächlich einzuschreiten, obwohl diesem Eindruck in Wirklichkeit kein angemessenes juristisches Handeln entspreche. Dieses Prinzip lässt sich auch schon im Bereich der Menschenrechte beobachten,

354 Nüsslein-Volhard in: Stefan Lorenz Sorgner; Projekt „Wartburgtagung: Humanbiotechnologie als gesellschaftliche Herausforderung“, In: Nikolaus Knoepffler, Dagmar Schimpanski, Stefan Lorenz Sorgner (Hrsg.), Angewandte Ethik 2, S. 14f.

die für das Individuum eine weit höhere Bedeutung haben, als es innerhalb einer Reihe von Rechtssystemen der Fall ist. Trotz der großen internationalen Zustimmung, die ihnen zukommt, gibt es keine international gültige Gesetzgebung zur Wahrung dieser individuellen Grundrechte. In diesem Zusammenhang lässt sich Böckle anführen, der darlegt, dass „Pflicht und Verantwortung für den Menschen jedoch erheblich weiter [gehen], als dies durch gesetzliche Vorschriften festgelegt werden kann. [...] Ihr fehlt die Macht des Gesetzes.[355]" Nicht zuletzt auch im Sinne von Hans Jonas handelt es sich dabei um einen Missstand, der unbedingt Behebung verlangt. Die juristische und die philosophische Perspektive weisen also Gemeinsamkeiten auf, die sie der Position der Gentechnologie selbst gegenüberstellen. Die schwache Rechtslage stellt ein Problem in der Reglementierung von Forschung und Anwendung dar, die aber von Recht und Philosophie unterschiedlich begründet werden. Mit Böckle müsste man zusätzlich anmerken, dass eine Gesetzgebung nach dem vollen Umfang der menschlichen Verantwortung wohl nicht möglich wäre. Dennoch würden er und Jonas für eine umfangreichere und fest gesicherte Gesetzgebung in diesem Kontext plädieren und sich damit mit Casabonas Position decken, während Nüsslein-Volhard weniger für einen stärkeren als für eine praxisorientierteren Gesetzesentwurf eintreten würde, der die tatsächlichen Möglichkeiten und Vorteile der Gentechnologie für das menschliche Leben besser im Blick hat. Für sie würde die Menschenwürde womöglich eher für den Einsatz der Gentechnologie sprechen, da die Linderung von Schmerz und Leid ihrer Wahrung entspreche.

Dem diametral entgegen sieht die kirchliche Sichtweise auf die Gentechnologie, die den Menschen nicht als biologisches Wesen sondern als Geschöpf Gottes begreift. Für Christoph Kähler ist der Mensch durch den Schöpfergott bestimmt und damit steht seine Natur fest. Daraus resultiert auch seine Würde, die aus dem Verhältnis von Gott und Mensch gestiftet ist[356]. Diese Beziehung auf Gott und die Schöpfung ist unabweisbar und hat eine Verantwortung in Beziehung auf diese beiden zur Folge: „Wenn man die Menschenwürde ernst nähme, dürfte man sie allen Wesen gleichsam zusprechen"[357]. Diese Auffassung erinnert an Jonas, wobei Kähler die Begründung aus dem Personenbegriff heraus führt, nicht aus der ontologischen Wertbegründung des Biologischen, die mehr dem Weltbild der Naturwissenschaften entspricht und die Person nicht als durch Gott, sondern durch den Seinsbezug konstituiert begreift. Aus der kirchlichen Perspektive

355 Franz Böckle, Gentechnologie und Verantwortung, S. 87.

356 1.Mose 1.

357 Kähler in: Nikolaus Knoepffler, Dagmar Schimpanski, Stefan Lorenz Sorgner (Hrsg.), Angewandte Ethik 2, S. 19.

muss menschliches Leben als unverfügbar angenommen werden, deshalb darf das Risiko eines Verlusts von solchem Leben in der Biotechnik nicht eingegangen werden, trotz der Verheißung von Besserstellung für den Menschen durch die zu erwartenden Forschungsergebnisse. Embryonen dürfen genauso wenig zu Schaden kommen wie voll entwickeltes menschliches Leben. Dabei wird im allgemeinen Kanon die Bedenklichkeit der genetischen Manipulation bei Tier und Pflanze als geringer angesehen als die beim Menschen. Mit Hans Jonas' verantwortungsethischem Konzept muss man das zumindest als problematisch sehen. Insofern alles Leben auf seine spezifische Art die Tendenz des Seins widerspiegelt und so im Eigentlichen den gleichen Wert vertritt, kann genetische Manipulation, wenn sie im Bereich des Menschen nicht annehmbar ist, auch für außermenschliches Leben nicht als angemessen gelten und darf deshalb nicht akzeptiert werden.

Jonas' Beitrag zur Bewertung der Gentechnologie

Die ethische Seite der Gentechnologie ist ein gesamtgesellschaftliches Thema. Sie berührt nicht nur in ihren Folgen, sondern auch in ihren grundlegenden Implikationen das menschliche Leben auf vielerlei Arten. Nachdem nun mehrere Perspektiven auf sie betrachtet sind, soll im Folgenden auf Hans Jonas' Position rekurriert werden. Dabei soll zur Untersuchung kommen, wie er die Gentechnologie, dabei spezifisch die genetische Rekombinatorik unter der Sichtweise seiner Biophilosophie und seiner Verantwortungsethik beurteilte und welche Vorgehensweisen er in Bezug auf sie empfiehlt. In diesem Zusammenhang werden philosophische Konzeptionen angeführt werden, die sich an Jonas anschließen, sowie solche, die ihm widersprechen. Letztendlich soll dabei herausgearbeitet werden, welchen Beitrag Jonas' Theorie zur Verantwortungsfrage in Bezug auf die ethische Beurteilung der genetischen Rekombinatorik und den Umgang mit ihr leisten kann, wie man ihn ergänzen könnte und inwieweit er mit seinem ontologisch begründeten Konzept einen Beitrag zu leisten im Stande ist, der in besonderer Weise und mehr als andere dazu geeignet ist, im ethischen Umgang mit dieser Technologie als wegweisend zu gelten.

Zunächst einmal gilt mit Bezug auf die Gentechnologie für Jonas dasselbe Prinzip, das er für alle Technik veranschlagt, die letztendlich unerwünschte Folgen nach sich zieht, ob potenziell oder aktuell. Ihr Übermaß, im Zusammenhang mit der Abhängigkeit des Menschen in seinem Lebensvollzug, führt erst zur krisenhaften Dramatik. Technik darf nicht als reine Segnung ohne alle Besinnung vorangetrieben und genauso wenig als Selbstmordinstrument der Menschheit verteufelt werden. Um sie richtig beurteilen zu können, muss sie zunächst einmal mit all ihren Bedeutungen und Implikationen richtig eingeschätzt und verstanden werden. „Die Schwierigkeit ist die: Nicht nur wenn die Technik böswillig, d. h. für böse Zwecke, missbraucht wird, sondern selbst, wenn sie gutwillig für ihre eigentlichen und höchst legitimen Zwecke eingesetzt wird, hat sie eine bedrohliche Seite an sich, die langfristig *das letzte Wort haben könnte.* [...] Das Risiko des ‚Zuviel' ist immer gegenwärtig in dem Umstand, dass der angeborene Keim des ‚Schlechten', d. h. Schädlichen, gerade durch das vorantreiben des ‚Guten', d. h. Nützlichen, mitgenährt und zur Reife gebracht wird. Die Gefahr liegt mehr im Erfolg als im Versagen – und doch ist der Erfolg nötig unter dem Druck der menschlichen Bedürfnisse. Eine angemessene Ethik der Technik muss sich auf diese innere Mehrdeutigkeit des technischen Tuns einlassen.[358]"

Jonas weist darauf hin, dass der Gebrauch oder Einsatz einer Fähigkeit oder Macht nicht notwendig zur Folge hat, dass sie auch eingesetzt wird. Die technologische Gesellschaft aber ist durch den ständigen Neuerwerb und Einsatz von Fähigkeiten gekennzeichnet und kann sich deshalb diese Freiheit des Einsatzes der aufgedeckten Möglichkeiten nicht mehr leisten. Die Anwendung des Gewussten ist „dauerndes Lebensbedürfnis". Für Jonas ist für sie wesenhaft, sich diesem Zwang nicht entziehen zu können ohne aus der Bahn zu geraten. Da die Anwendung zwingend aus dem Wissenserwerb resultiert, muss auch der reine Erwerb theoretischen Wissens schon ethisch beurteilt werden, nicht nur seine Folgen in der Anwendung. Dabei muss auch im Blick gehalten werden, was von den Folgen betroffen sein kann. Letztendlich geht es dabei um mehr als einzelne Personen oder Gruppen und mehr als nur die Menschheit selbst. Dieses Bewusstsein ist heute viel weiter in das Blickfeld der Öffentlichkeit gerückt, als es noch zu Veröffentlichungszeit von Jonas' Ethikentwurf in „Das Prinzip Verantwortung" der Fall war. In der politischen Debatte innerhalb Deutschlands ist ihm dabei durchaus ein nennenswerter Anteil zuzurechnen. Jonas weist auch bezüglich der Gentechnologie darauf hin, dass sich die Rolle des modernen Menschen verändert hat und sich sein Selbstverständnis daran anpassen müsse: „Gegenstand menschlichen Pflicht waren Menschen, äußerstenfalls: die Menschheit, und sonst nicht auf dieser Erde. [...] nichts von dem verliert seine bindende Kraft. Aber jetzt beansprucht die gesamte Biosphäre des Planeten mit all ihrer Fülle von Arten, in ihrer neu enthüllten Verletzlichkeit gegenüber den exzessiven Eingriffen des Menschen, ihren Anteil an der Achtung, die allem gebührt, das seinen Zweck in sich selbst trägt – d. h. allem Lebendigen. [...] Als eine planetarische

358 Hans Jonas, Technik, Ethik und Biogenetische Kunst, Betrachtungen zur neuen Schöpferrolle des Menschen, München 1985, S. 2.

Macht ersten Ranges darf er [der Mensch] nicht mehr nur an sich selbst denken. Zwar drückt das Gebot, unseren Nachkommen kein verödetes Erbteil zu hinterlassen, diese Erweiterung des ethischen Blickfeldes immer noch im Sinne einer menschlichen Pflicht gegenüber Menschen aus [...] Denn verarmtes außermenschliches Leben, verarmte Natur, bedeutet auch ein verarmtes menschliches Leben. [...] Aber [...] die erweiterte Sicht verbündet das menschliche Gute mit der Sache des Lebens im Ganzen, anstatt dieses jenem feindlich gegenüberzustellen, und gewährt dem außermenschlichen Leben sein eigenes Recht“[359]. Gentechnologie darf also nicht nur an das menschliche Wohl denken. Sie muss bei der genetischen Manipulation von Nutztieren und Pflanzensorten auch an diese selbst als Lebewesen denken und ihnen das ihnen zukommende Recht im selben Maße zubilligen, wie sie es beim Menschen tut, indem sie sich in den Dienst seines Wohlergehens stellt. Abhängig vom Fall muss sie sich vielleicht sogar für das zu verändernde Lebewesen und gegen das menschliche Interesse aussprechen, folgt sie diesem Anspruch: „Die unersetzbarste aller ‚Ressourcen‘ zu schützen – den unglaublich reichen Genpool, der von Äonen der Evolution hinterlegt worden ist.[360]“ Dieser Genpool stellt die Grundlage des Organischen überhaupt dar und vertritt damit das Leben an sich. Ontologisch ist er wertvoll und damit unbedingt schützenswert. Jeder Bereich der Gentechnologie hat ihn in irgendeiner Form zum Objekt. Damit hat sein Wert unbedingte Bedeutung für diesen gesamten Technologiezweig. Sie behandelt die Essenz des Lebens als solches und damit die des gesamten Lebens, das mit dem einzelnen Gen verbunden ist, das in der akuten gentechnologischen Methode behandelt wird. „Die menschliche Verantwortung wird damit zum ersten Mal kosmisch (denn wir wissen nicht, ob das Weltall sonst noch ein Gleiches hervorgebracht hat)“[361]. Mit einem größeren Bild hätte Jonas die Verantwortung, welche dem Menschen in Bezug auf die Gentechnik zufällt, nicht zum Ausdruck bringen können. Insofern er einzelne Gene manipuliert, manipuliert er einen Anteil am Genpool, der das gesamte Leben auf diesem Planeten vertritt und, in Ermangelung eines Beweises für außerirdisches Leben, auch alles Leben überhaupt. Insofern nun das Leben zusätzlich noch als werthaft zu verstehen ist, weil es die Selbstbejahung des Seins in sich zum Ausdruck bringt, ist jeder Umgang mit genetischem Material mit größter Vorsicht und Behutsamkeit anzugehen und gründlich zu hinterfragen: „Wenn es ein kategorischer Imperativ für die Menschheit ist, zu existieren, dann

359 Hans Jonas, Technik, Ethik und Biogenetische Kunst, S. 4.
360 Ebd.
361 Ebd.

ist jedes selbstmörderische Spielen mit dieser Existenz kategorisch verboten, und technische Wagnisse, bei denen auch nur im Entferntesten dies der Einsatz ist, sind von vornherein auszuschließen“[362].

Verderb verheißendes Extremes kann abgelehnt werden, „denn hier findet sich noch der rettende Abstand zwischen Potentialität und Aktualität“, in der der Gebrauch einer Sache oder eines Wissens nicht zwingend eintreten muss. „Aber es gibt unzählige andere, gänzlich gewaltlose Dinge, die ihre eigene apokalyptische Drohung enthalten und die wir einfach jetzt und fernerhin tun müssen, um uns überhaupt über Wasser zu halten. [...] Aber es ist (z. B.) moralisch undenkbar, dass die biomedizinische Technik davon ablässt, die Kindersterblichkeit in ‚unterentwickelten‘ Ländern mit hohen Geburtsraten herabzusetzen, selbst wenn das Elend in der Folge der Überbevölkerung noch schrecklicher sein könnte. [...] Der HHHauptpunkt ist, dass gerade die Segnungen der Technik, je mehr wir auf sie angewiesen sind, die Drohung enthalten, sich in einen Fluch zu verwandeln. Ihre angestammte Neigung zur Maßlosigkeit macht die Drohung akut.[363]“ Die möglichen Vorteile, welche aus solchen Methoden für Einzelne erwachen können, dürfen keine Legitimation für ihre Gutheißung insgesamt sein. Jonas spricht sich in seiner Ethik nicht für die Möglichmachung des Gelingens jedes Menschenleben aus. Diese Forderung würde einer Utopie entsprechen – etwas, das Jonas kategorisch ablehnt. Vittorio Hösle sah ganz richtig, dass Jonas' Ethik für den Einzelnen „nicht viel Hoffnung“ bietet. Es muss in der gegebenen Situation um die Verhütung des Schadens für Viele gehen. Dabei fallen Wenige notwendig unter den Tisch. Das darf nicht dazu führen, das Gesamtethikkonzept als fehlerhaft oder ungültig zu beurteilen. Die Natur ist nicht in der Lage, für jedes aus ihr hervorgehende Lebewesen eine Grundlage für ein ganzes, gelungenes Leben zu bieten. Schon das Prinzip der Nahrungskette steht dem entgegen, und auch die Krise resultiert nicht zuletzt aus der übermäßigen Ausbeutung der natürlichen Ressourcen zum Ziel der Versorgung von immer mehr Menschen. Die Technik ist dabei das letzte und wirkungsvollste Mittel einer langen Reihe von Methoden, die der Mensch im Laufe seines Daseins entwickelte. Da aber ihr „tyrannisches Element“, das aus der Notwendigkeit ihres Einsatzes resultiert ist, nicht durch die Technik selbst zu kontrollieren sein kann, muss es „unter außertechnologische Kontrolle“[364] gebracht werden.

362 Hans Jonas, Technik, Ethik und biogenetische Kunst, S. 5.

363 Ebd., S. 5f.

364 Ebd., S. 5.

Die Besonderheit der Biogenetik ist, dass sie keine Dinge hervorbringt, die „nach Belieben ein- und abgeschaltet“ werden können, sondern lebende Wesen, die einen eigenen Willen und eine eigene Dynamik besitzen, welche die des Dinges bei Weitem übertrifft. Das Lebewesen ist selbstständig. Die Folgen seines Daseins, ist es einmal in die Welt gekommen, sind nahezu völlig unberechenbar da es auch ohne Fremdeinwirkung in der Lage ist, eigene Folgen zu produzieren[365].

Auch Jonas trennt die traditionellen Zuchtverfahren („künstlich gelenkte und beschleunigte Evolution“) streng von den Methoden der DNA-Rekombinatorik ab, in denen „die planmäßige Schaffung neuer Lebewesen durch direkten Eingriff in den molekular chiffrierten erblichen Bauplan gegebener Arten“ bezeichnet ist[366]. Diese Neuschöpfungen sind nicht länger den vom Menschen keineswegs voll durchschauten Gesetzen der Vererbung und Merkmalausbildung unterworfen und könnten sich theoretisch auf jede erdenkliche Art entwickeln, unter denen die erwünschte nur eine Möglichkeit von vielen wäre. „Es ist nicht vorherzusehen“, so Jonas, „ob sich solche erträumte Diener der Menschen nicht von der engen Umschreibung ihrer Aufgabe emanzipieren können, ihre eigene Umwelt- und Mutationslaufbahn einschlagen und das auf sie unvorbereitete ökologische Gleichgewicht empfindlich stören könnten.“

Verantwortung besteht also in der Gentechnik für genetisches Material von Lebewesen und für die lebendigen Ergebnisse der Anwendung ihrer Methoden aufgrund des immanenten Wertes des Lebendigen als biologische und damit genetische Lebensform sowie ihrer persönlichen Würde als Lebewesen, das den Wert des Lebens partikular vertritt, ohne Ansehen ihrer Form als Pflanze, Tier oder Mensch, wobei die genetische Rekombinatorik im Bereich des Menschen für Jonas eine besonders prekäre Rolle spielt. Diese Verantwortungsimplikationen betreffen nun den Genetiker als aktiv durchführenden Wissenschaftler. Verantwortung endet aber nicht bei ihm. Sie besteht auch im sozialen System. Jonas weist ebenfalls auf die Verantwortung nicht nur der Herstellenden, sondern auch der Verbraucher hin, denen die Entscheidung zu Gebrauch oder Missbrauch der Fähigkeiten und Methoden sowie Geräte obliegt. „Die Verteilung der Verantwortung bleibe hier dahingestellt – wahrscheinlich erstreckt sie sich mit Unterschieden auf alle Mitspieler an diesem sozialen System“[367].

---

365 vergleichbar ist hier Aristoteles’ Prinzip der Selbstbewegung.

366 Hans Jonas, Technik, Ethik und Biogenetische Kunst, S. 8.

367 Ebd., S. 10.

Aber die Gentechnologie hat ethisch noch eine weitere Dimension. Nicht nur der Forscher und die Gesellschaft, die von dem Gegenstand der Forschung affiziert wird, haben die Folgen zu tragen, die durch das Sosein dieses Gegenstandes verursacht werden. Auch der Gegenstand selbst und die Folgen seiner Veränderung für ihn selbst müssen im Fokus der ethischen Überlegung stehen, da es sich dabei nicht um ein Objekt, sondern ein lebendiges und autonomes Subjekt handelt. Jonas geht es dabei um das Recht des erschaffenen Subjekts, das von größter Bedeutung für den sittlichen Umgang mit der Gentechnologie ist. Jonas stellt „die ethische Haupt- und Grundfrage: Ob ihren direkten Objekten recht oder unrecht geschieht mit ihrer willkürlichen Umschaffung“[368].

Im Fall von Tier und Pflanze findet diese ohne Einverständniserklärung des betroffenen Lebewesens statt und auch im Bereich der Manipulation menschlicher Gene sind die Folgen so unabsehbar, dass eine Zustimmung zu einem solchen Eingriff möglicherweise nur unter Vorbehalt als gültig gewertet werden kann. Umso bedeutender ist die Klärung dessen, was in der Manipulation eines Lebewesens als verboten und geboten gelten muss und inwiefern seine Veränderung als zulässig gelten kann oder ihm eine Art von Unberührbarkeit zugemessen werden muss. Ein Schlüsselwort zum Verhältnis des Menschen zum Anspruch, den das Leben an ihn aussendet, ist die Ehrfurcht: „Ehrfurcht vor der Naturordnung [ist] dem westlichen Geiste weitgehend fremd geworden. Beim Menschen aber meldet sich das absolute zu Wort und bringt jenseits aller Nutzen- und Schadensrechnungen letzte sittliche, existenzielle, ja metaphysische Aspekte ins Spiel“[369]. Das entspricht Jonas' Haltung in „Das Prinzip Verantwortung“ und findet in der kirchlichen Perspektive ihre Entsprechung in der Gottesebenbildlichkeit des Menschen. Jonas argumentiert ontologisch und rekurriert nicht auf einen Gott. Das Empfinden eines legitimen Anspruchs einer übergeordneten Institution vertritt er aber ebenso, indem er den Anspruch auf Achtung von Wert in Sein und Leben verorten kann, an dem der Mensch teilhaftig und von dem er unablösbar ist. Der Mensch ist für ihn also nicht durch einen Schöpfergott, sondern durch die Vielfalt des Lebens bedingt, das die einzelnen Lebensformen in ihrer jeweiligen einmaligen Ausprägung hervorbringt, unter denen der Mensch eine ist. Mit Hilfe der Methode der genetischen Rekombinatorik setzt sich der Mensch aber in die Position des Verursachers, der die wirkenden Prinzipien und Tendenzen des Lebens partiell ausschaltet oder umformt. Die gentechnische Neuschöpfung eines Lebewesens bedeutet die Ausschaltung

368 Hans Jonas, Technik, Ethik und Biogenetische Kunst, S. 10.
369 Ebd., S. 11.

des Zufalls, den Jonas als den „produktiven Quell der Artenentwicklung" versteht. In der rekombinanten DNA-Technologie und im Klonen wird die die Einmaligkeit des Lebewesens aufgehoben. Es wird kopiert und dupliziert und seiner Einmaligkeit beraubt, die jedem natürlichen Lebewesen grundsätzlich eigen ist. Dadurch wird es ein Ärmeres gegenüber dem evolutionär entwickelten Leben. Jonas hält diesen Raub der Einzigkeit für nicht vertretbar.

Hinzu gibt er zu bedenken, „wer denn hier die Auswahl des Wünschbaren überhaupt treffen soll"[370]. Der begrenzten Einsicht des Menschen kann nicht angelastet werden, Entscheidungen über das Zustandekommen neu geschaffener Lebensformen zu treffen, die aus der Kette der natürlichen Vererbung heraustreten und die biologische Landschaft schon mit ihrer Existenz nachhaltig verändern. Nach dem heutigen Wissensstand kann der Mensch noch lange nicht für sich beanspruchen, das Zusammenwirken der lebendigen Komponenten des Ökosystems der Erde zu verstehen. Umso weniger darf er es mutwillig durch völlig neue und unnatürliche Lebewesen verändern. Ein solches Vorgehen kann mit Jonas bestenfalls als nachlässig erklärt werden. Er bezeichnet es als ein Verbrechen an den „‚Klonsprösslingen': Sich als Abklatsch eines Seins zu wissen, das sich schon in einem Leben offenbart hat, muss die Authentizität des Selbstseins ersticken, die Freiheit des sich erst Entdeckens, sich selbst und die anderen Überraschens mit dem, was in einem steckt; [...] ein Grundrecht auf Nichtwissen, das zur existenziellen Freiheit unerlässlich gehört, ist hier vorgreifend verletzt"[371]. Es kann nicht sein, dass diese bedeutenden Faktoren, die den ganzen Lebensvollzug prägen, diesen betroffenen Individuen von vornherein bewusst vorenthalten werden. Sie müssen sich selbst als ärmer gegenüber anderen betrachten. Das ist mit der Würde des Lebens nicht zu vereinbaren. Unter anderen schließt sich Habermas dieser Haltung an: „Die Differenz [...] liegt nicht in der Beschaffenheit der Erbanlagen. Sie liegt im moralischen Selbstverständnis, das sich ändert, sobald die betroffene Person die Entscheidung über die natürlichen Grundlagen ihrer eigenen Entwicklung einer anderen Person zuschreibt, weil sie im Spiegelbild eigener Anlagen einer fremden Absicht begegnet"[372]. Das ist insofern interessant, als er die moralische Entscheidungsfindung nicht wie Jonas ontologisch, sondern diskursethisch verorten will und

---

370 Hans Jonas, Technik, Ethik und Biogenetische Kunst, S. 13.

371 Ebd.

372 Jürgen Habermas, Die geklonte Person wäre kein zivilrechtlicher Schadensfall. In: ders., Die postnationale Konstellation. Politische Essays, Frankfurt am Main 1998, S. 255.

damit eine gegensätzliche Position einnimmt. In der Beurteilung des Gegenstandes der Moral gehen beide demnach dennoch überein.

Dabei ist mit der künstlichen Herstellung von Lebewesen sowie der Anwendung der Klonierungstechnologien „weder dem Wahren noch dem Guten [...] gedient", da es keine Notwendigkeit für diese Techniken gibt. Wir brauchen sie nicht, sie führen weder zum realen Vorteil der Betroffenen noch der Gesellschaft, die diese Technologie beherrscht und anwendet. Eine Ausnahme ist dabei für Jonas nur die „Veränderung der Erbsubstanz durch Genspleissung" zur Therapie von Krankheiten, die durchaus einen Notstand darstellen, aber durch diesen eine größere Missbrauchswahrscheinlichkeit aufweisen: „hier macht sich der Mensch zum Meister über die Erbmuster selbst, nicht nur über die Weise ihrer Weitergabe"[373]. Es ist natürlich, dass hier die größten Argumente für die rekombinatorischen Methoden der Gentechnologie liegen. Die Hoffnung auf Heilung und Linderung ist die treibende Kraft hinter der Genforschung und der Entwicklung von Methoden und es ist ihr nicht abzusprechen, dass sie bereits zu zahlreichen Therapiemethoden beträchtlich beigetragen und die moderne Medizin vorangebracht hat. Die Frage der Ethik muss hier lauten: zu welchem Preis. Jonas ordnet diesen als eine Verletzung der Würde des Lebens und damit als höher ein als ihre Versprechungen auf mögliche Besserstellung für eine Zahl von Patienten. Jonas propagiert in der vieldiskutierten praktischen Anwendung seiner Ethik die Notwendigkeit von Einschränkung, Verzicht und auch die Möglichkeit, dass im Zuge des notwendigen Handelns auch Leid von Einzelnen in Kauf genommen werden muss. Hier haben die befürwortenden Stimmen aus der Gentechnologie natürlich einen guten Ansatzpunkt. Es verwundert auch nicht, wenn sie mehr Zuspruch erhalten. Jonas war sich schon bei der Formulierung seiner allgemeinen Verzichtsthese in „Das Prinzip Verantwortung" dieser Problematik bewusst.

Das Schicksal der Objektwesen der genetischen Designversuche muss in diesem Fall zu eben jenem Verzicht führen, zumal sich nie absehen lässt, ob sie sich überhaupt zum gewünschten Zustand hinführen lassen. „Fehlschläge mechanischer Konstruktion verschrotten wir. Sollen wir dasselbe mit den Fehlschlägen biologischer Rekonstruktion tun? Unser ganzes Verhältnis zu menschlichem Unglück und den davon Geschlagenen würde sich im antihumanen Sinn verändern." Ersetzbarkeit und Beliebigkeit wären wohl mit Wahrscheinlichkeit die wirklichen Folgen einer solchen angewandten Technologie. Die langjährige Diskussion zur künstlichen Fertilisation und die damit verbundene Frage nach dem Schicksal überschüssiger Embryonen macht deutlich, dass Jonas'

373 Hans Jonas, Technik, Ethik und Biogenetische Kunst, S. 13f.

Bedenken auch hier durchaus ihre Berechtigung haben. Hinzu kommt die zeitliche Unumkehrbarkeit des biotechnologischen Eingriffes und seiner Folgen, die ihre ganze Dramatik entfaltet, wenn man sie aus der Perspektive der betroffenen nachfolgenden Generation betrachtet, die sich mit den Folgen des Handelns ihrer Vorfahren arrangieren muss. Jonas versucht diesen Blick in seinem Buch „Technik, Medizin und Ethik", in dem er praktische Folgen seiner Ausführungen in „Das Prinzip Verantwortung" entwirft: „Taten an anderen, für die man diesen nicht Rechenschaft zu stehen braucht, sind Unrecht. Das sittliche Dilemma jeder menschlich-biologischen Manipulation, die über das Negative der Verhütung von Erbmängeln hinausgeht, ist eben dies: dass die mögliche Anklage des Nachkommen gegen seinen Hervorbringer keinen mehr findet, der Antwort und Buße leisten könnte, und kein Instrument der Wiedergutmachung"[374].

Die Besonderheit der Implikationen des Designs von Lebewesen intensiviert diese Schwierigkeiten noch. Insofern sie zum Leben kommen, wirken sie sich auf das ganze biologische Umfeld aus. Geht man nun von dem Fall aus, dass sie nicht die gewünschte Entwicklungsform erreichen, sondern sie unter- oder überschreiten oder in anderer Art von ihr abweichen, sind die Folgen unabsehbar: „Mechanische Kunstfehler sind reversibel. Biogenetische Kunstfehler sind irreversibel. [Sie haften nicht am Subjekt, sondern] gehen von ihm aus. [...] Wie [zudem] das transplantierte Gen in genetischer Chirurgie mit anderen gliedern des Chromosomenganzen interagieren wird, ist unbekannt, unvorhersehbar und mag sich erst in Generationen herausstellen. [...] Wir sind nicht [als Schöpfer] berechtigt und nicht ausgerüstet – nicht mit der Weisheit, nicht mit dem Wertwissen, nicht mit der Selbstzucht – und keine alten Ehrfürchte schützen uns Weltentzauberer noch vor dem Zauber leichtfertigen Frevels.[375]"

Das Bild, das Jonas hier zeichnet, ist vor allem ein erschreckendes. Es zeigt eine unberechenbare menschgemachte Schöpfung und eine ignorante Menschheit, die ihre Fähigkeiten blind einsetzt und sich damit in ein möglicherweise fatales Schicksal manövriert. Dieses mag als zu extrem erscheinen, letztendlich bleibt es aber eine Möglichkeit, die sich nie ganz ausschließen lässt. Jonas hält deshalb ein solches Handeln nicht nur für unannehmbar, weil es diese extremen Folgen nach sich ziehen könnte, sondern vor allem, weil es dem Anspruch des Lebens entgegen steht und seine Würde missachtet. Jedes Handeln, das derartig vollzogen wird, ist nicht nur als riskant sondern auch als unsittlich abzuweisen.

---

374 Hans Jonas, Technik, Medizin und Ethik. Zur Praxis des Prinzips Verantwortung, Frankfurt am Main 1985, S. 199.

375 Hans Jonas, Technik, Ethik und Biogenetische Kunst, S. 14.

„Wir müssen wissen, dass wir uns weit vorgewagt haben, und wieder wissen lernen, dass es ein Zuweit gibt. Das Zuweit beginnt bei der Integrität des Menschenbildes, das für uns unantastbar sein sollte. [...] wir müssen wieder Furcht und Zittern lernen und, selbst ohne Gott, die Scheu vor dem Heiligen“[376]. Damit schließt er seine Betrachtungen über die ethischen Implikationen der rekombinatorischen Gentechnik und der Gentechnologien insgesamt an seine allgemeinen Betrachtungen zur Technologie im Zuge seiner Verantwortungsethik an. Bescheidenheit und eine kritische Folgenabschätzung müssen Ehrgeiz und Hoffnung im Zaum halten. Nur damit kann der Würde des Lebens Raum gegeben werden. Nach diesen Prämissen muss sich eine angemessene maßregelnde Ethik orientieren.

Positionen, die Jonas entgegenstehen

Allerdings teilen längt nicht alle Stimmen in dieser Thematik Jonas' Auffassung. Franz Böckle steht Jonas in einigen wichtigen Hinsichten nahe. Er sieht indes die gentechnische Veränderung von Menschen als anderen ethischen Fragestellungen unterworfen als die anderen lebenden Materials. „Dies ergibt sich aus dem fundamentalen Unterschied zwischen dem Menschen und anderen Lebewesen wie Bakterien, Pflanzen und Tieren. Der Mensch ist Person. Bei jeder Untersuchung oder bei jedem Eingriff am Menschen tritt dem Forscher im ‚Objekt' der Untersuchung ein menschliches Subjekt entgegen, das niemals als bloßes Mittel zum Zweck dienen darf. [...] Darin ist es [menschliches Leben] von jeder tierischen Entwicklungsform prinzipiell und nicht nur graduell unterschieden“[377]. Böckle weist dem außermenschlichen Leben einen anderen Status zu als dem menschlichen, weil es nicht zur Subjektivität fähig sein soll. Abgesehen von der Fraglichkeit dieser Aussage würde Jonas der beschriebenen Würde des Menschen zustimmen, und dennoch könnte er einen fundamentalen Unterschied von Mensch und dem Rest der lebendigen Welt nicht unterstützen. Seine Würde kommt in andersartiger Form auch allem anderen Leben zu, insofern alles auf seine Art dem im Sein begründeten Wert entspricht. Der Mensch ist ein Mehr, nicht ein Anderes. Die Problematik wäre damit für ihn eine andere, wenn sie auch Ähnlichkeiten mit Böckles Position aufweist. Für Böckle gehört „zum Verständnis des Menschen [...] ein Selbstbewusstsein, das sich nicht offenbart, wenn man ihn in seine chemischen oder genetischen Bestandteile zerlegt. [...] Phänomene wie ‚Freiheit' und ‚Verantwortung' sind nur in diesem Zusammenhang

376 Hans Jonas, Technik, Ethik und biogenetische Kunst, S. 15.
377 Franz Böckle, Gentechnologie und Verantwortung, S. 92f.

zu verstehen“[378]. Für Jonas hingegen ist diese Freiheit unmittelbare Folge aus der organischen Verfassung des Menschen. Er ist frei, weil er organisch ist, nicht trotzdem. Er kommt also zur selben Auffassung wie Böckle über die Bedeutung von Freiheit und Verantwortung für den Menschen, aber nicht trotz seiner organischen Natur, sondern wegen ihr.

Auch in der Thematik von Tierversuchen in der Gentechnik distanziert sich Böckle immanent von Jonas. „Die durch Aggregation zweier Morulae oder durch Injektion fremder Gene in Blastozyten gebildeten Chimären dienen zur Klärung der Ursachen sowie der Entwicklung von Krankheiten. Sie sind zum Studium der Onkogenese oder der immunologischen Reaktion unerlässlich. Soweit hierbei auch Gene aus menschlichen Körperzellen Verwendung finden, [...] vermag ich darin kein besonderes ethisches Problem zu erkennen“[379]. Jonas würde diese Haltung abweisen. Böckle verweist die sittliche Problematik der Gentechnik allein in den menschlichen Bereich und nimmt damit keine ethische Verantwortung für tierisches, pflanzliches und bakterielles Leben an. Ebenso sieht er keine Problematik im Einsatz der Methode der Keimbahngenetik zu therapeutischen Zwecken, soweit diese nicht zu einer Menschenzüchtung gebraucht wird. Lediglich diese lehnt Böckle als unethisch ab. Jonas hingegen kann mit dem Blick auf die unabsehbaren Folgen solcher noch nur theoretischen oder jedenfalls unerprobten Methoden die Gentechnologie nicht in solchem Umfang als unbedenklich erkennen. „Es ist nicht vorherzusehen, ob sich solche erträumten Diener des Menschen nicht von der engen Umschreibung ihrer Aufgabe emanzipieren können, ihre eigene Umwelt- und Mutationslaufbahn einschlagen und das auf sie unvorbereitete ökologische Gleichgewicht empfindlich stören könnten. Darf man ein solches Hasardspiel mit der Umwelt eingehen?“[380]. Dieses kann Jonas natürlich nur verneinen.

Jonas ist der Auffassung, dass man der Diskrepanz zwischen (gentechnologischem) Fortschritt und mangelnder ethischer Wegweisung nur begegnen könne, indem man Verzicht übe und den Fortschritt auf ein ethisch überschaubares und verlässlich zu beurteilendes Maß herunterschraube. Gleichzeitig solle man sich um die Entwicklung eines angemessenen Ethiktheorems bemühen, das in der Lage sei, angemessene Wege für den notwendigen Fortschritt und seine Folgen aufzuzeigen. Damit nimmt er eine gegensätzliche Haltung zu der von Hans-Martin Sass ein, der dazu auffordert, nicht den technologischen Fortschritt

378 Franz Böckle, Gentechnologie und Verantwortung, S. 92.

379 Franz Böckle, Gentechnologie und Verantwortung, S. 93.

380 Hans Jonas, Technik, Ethik und Biogenetische Kunst, S. 10.

zu beschränken, sondern vielmehr den ethischen zu beschleunigen[381]. Umfang und Intensität der Bemühungen um ethische Bewältigung der Probleme, welche die Technologienutzung aufwerfe, müssten laut ihm ausgeweitet werden. Die moderne Menschheit könne von den Segnungen der Gentechnologie in den vielen von ihr betroffenen Bereichen wie Medizin, Therapie und Ernährung verantwortungsvoll profitieren wenn die Folgen-antizipatorische Regelung von Forschung und Anwendung gelänge. So weist dabei Sass hier ganz im Sinne von Jonas der Freiheit des Menschen und der mit ihr verbundenen Verantwortung eine Schlüsselrolle zu, auch wenn er diese Verknüpfung anders versteht. Der Freiheit könne die Kraft und mit ihr auch die Fähigkeit erwachsen, diese Aufgabe zu bewältigen.

Schon Jeremy Bentham und John Stuart Mill befinden sich mit ihrem Prinzip der Gleichheit und Fairness in gewisser Hinsicht in eine Gegenposition zu Jonas. Gilt das Recht auf Fairness, also die legitime Forderung nach Vergleichbarkeit der Situationen, wie Bentham und Mill sie veranschlagen, kann Jonas' praktischer Anspruch der Verantwortungsethik nur unzureichende Umsetzung erfahren. Praktisch würde das Gleichheitsprinzip ihm sogar entgegenstehen. Das heißt, Jonas kann kein gleiches Recht und Fairness für alle fordern wollen. Die Unterschiedlichkeit der menschlichen Lebensumstände zu überwinden, ist auch nicht sein Ziel. Vielmehr geht es um einen Zustand, dessen Herstellung dem inhärenten Wert aller Menschen gleichermaßen entspricht, der aber den individuellen Menschen selbst keine Gleichheit in ihrem Lebensvollzug zusprechen kann. Im Gegenteil geht es um Verzicht im notwendigen, nicht im gleichen Maße. Dass es in diesem Zuge praktisch wohl Verlierer geben müsse, ist für Jonas zwar nicht wünschenswert, er nimmt es aber als notwendig an[382].

Allerdings äußert sich Jonas auch im Sinne einer Beachtung der Rechte zur selben Zeit und zukünftig Lebender, die von unserem aktuellen Handeln und seinen Folgen mit betroffen werden. Darin kann man eine Art der Entsprechung zu Mill und Bentham sehen: „Die moderne Technik ist zuinnerst auf Großgebrauch angelegt und wird darin vielleicht zu groß für die Größe der Bühne, auf der sie sich abspielt – die Erde – und für das wohl der Akteure selbst – die Menschen. […] Mit dem, was wir hier und jetzt tun, und meist mit Blick auf uns selbst, beeinflussen wir massiv das Leben von Millionen andernorts und künftig, die hierbei keine Stimme hatten. […] Vielleicht können wir nicht ganz vermeiden, so

381 Hans-Martin Sass, Medizinethik, in: Annemarie Pieper, Urs Thurnherr, (Hrsg.) Angewandte Ethik. Eine Einführung, München 1998, S. 80–109.

382 Hans Jonas, Das Prinzip Verantwortung, S. 260.

oder ähnlich zu handeln. Aber wenn das der Fall ist, dann müssen wir äußerste Achtsamkeit aufwenden, dies in Fairness zu unserer Nachkommenschaft zu tun – nämlich so, dass deren Chance, mit dieser Hypothek fertig zu werden, nicht im Voraus kompromittiert worden ist“[383]. Mills und Benthams Position ist also, trotz ihrer Abweichungen, von der Jonas'schen nur graduell entfernt.

Positionen, die Jonas stützen

Allerdings hatte Jonas' verantwortungsethisches Konzept einen weitreichenden Einfluss in der Umweltethikdebatte seiner Zeit. Nachfolgende Stimmen in allen Bereichen der Naturwissenschafts- und Technikbeurteilung gingen von ihr aus. Die Gentechnologie hat nahezu unbegrenzte Möglichkeiten ihres Einsatzes und seiner Folgen über den jeweils eigenen Bereich hinaus. Eine Situationsethik, die nur akute Maßnahmen beurteilt, kann dem Ausmaß ihrer möglichen und tatsächlichen Folgen und Wirkungen im Nah- und Fernbereich nicht gerecht werden. Jonas hatte deshalb durchaus Recht, als er die Verantwortungsethik für die technologische Gesellschaft als unentbehrlich erklärte.

Karl Rahner sah einen sittlichen Instinkt des Vermutens als eine sinnvolle Institution, auf die sich die Beurteilung der ethischen Fragen der Gentechnik gründen kann. Jonas würde das zwar nicht ausreichen, bei ihm finden sich aber ebenfalls Anklänge an eine solche Idee in seiner Herausstellung der Bedeutung des Gefühls für die Verantwortungsethik. Das Gefühl allein genügt für ihn nicht, spielt aber eine wichtige Rolle im Zustandekommen des sittlichen Urteils. Rahner sieht es als angebracht, alle Manipulation menschlichen Genmaterials kategorisch abzuweisen, da sie nicht dem Wesen des Menschen gerecht würde. Der Mensch habe zwar unter Umständen durchaus Anlass und Recht, sich selbst zu manipulieren, da Weiterentwicklung für ihn wesenhaft sei und dem Schöpfungsauftrag entspreche, allerdings nicht zu jedem Ziel. Damit geht er in gewisser Hinsicht weiter als Jonas. Dieser spricht nie von einem wandelbaren Menschenbild, allerdings versteht er es durchaus als selbst vom Menschen geschaffen. Damit gehört Wandelbarkeit notwendig zu seiner Verfassung. Der Mensch formt sich selbst, aber das nicht beliebig und zu jedem Zweck, darin würde Jonas Rahner zustimmen. Er muss sich an das halten, was ihm selbst entspricht, und darf sich nicht pervertieren.

Jonas würde sich auch gegen Reiner Anselms Diskurs- und situationsbezogenen Begriff von Menschenwürde richten, der sie als ein Konzept betrachtet, das in Übereinstimmung festgelegt werden muss, um Gültigkeit beanspruchen zu

383 Hans Jonas, Technik, Ethik und Biogenetische Kunst, S. 3.

können. Da sie für ihn aus dem Bezug des Lebens auf den Wert des Seins entspringt, ist sie unmittelbar ontologisch begründet. Das ist die besondere Stärke, die sein Konzept gegenüber Anselms geltend machen kann. Jonas' Idee von Menschenwürde bleibt weit weniger schwach und uneindeutig.

Arthur Kaufmann verortet wie Jonas Sittlichkeit ontologisch: Moralität und Recht „haben ihren ontologischen Grund im Menschsein, genauer: in der personalen Natur des Menschen“[384]. Mit der Zuweisung eines ontologischen Grundes für eine Wertzuweisung stimmt er zwar mit ihm überein, verortet diesen Grund aber nicht im Sein, sondern im Menschsein. Damit kommt Leben außerhalb des Menschen nicht notwendig Wert zu, was Jonas kritisieren würde. Aber die Anlage seiner Begründung gibt Kaufmanns Position besondere Stärke, die auch Jonas' Konzeption für sich verbuchen kann. Ebenso hebt sie die relative Beliebigkeit diskursethischer Konzepte heraus, die für das Resultat des Diskurses keine hinreichend stabilen Kriterien zulässt.

Betrachtet man nun die praktische Implikation der Verantwortungsethik, so werden Bezüge zwischen Walther Zimmerlis und Jonas' Positionen deutlich. So wie Jonas sieht auch Zimmerli die Grundlagenforschung als nicht minder moralischen Fragen unterworfen wie die methodische Anwendung des gewonnenen Wissens. „In der Praxis wirkt jede Humananwendung auch zu Forschungszwecken de facto therapeutisch (im guten oder schlechten Sinn)“[385]. Zimmerli schließt sich hier ausdrücklich an Jonas Auffassung an, dass zwischen Forschung und Anwendung nur eine begriffliche Unterscheidung getroffen werden kann, da beide praktische Folgen nach sich ziehen. Er bezieht sich dabei ausdrücklich auf Jonas' Aussagen: „Dies macht die ganze Unterscheidung von bloßem Versuch und definitiver Tat zunichte. Die tröstliche Trennung der beiden ist dahin und damit die Unschuld des gesonderten Experiments“[386]. Zimmerli formuliert dazu, „dass Forschung hier direkt am betroffenen Gegenstand durchgeführt werden muss und dass auf diese Weise ‚Therapie‘ und Forschung oft identisch sind, durchdringen sich die Problembereiche in unterschiedlicher Weise. Mithin muss bei jeder einzelnen zur Entscheidung anstehenden Handlung gefragt werden, welche Wechselbeziehungen sie zu anderen Handlungen bzw. zu anderen

384 Arthur Kaufmann, Recht und Sittlichkeit. Recht und Staat in Geschichte und Gegenwart, 282/283, Tübingen 1984, S. 10.

385 Walther Zimmerli, Dürfen wir, was wir können? Zum Verhältnis von Recht und Moral in der Gentechnologie, In: Rainer Flöhl, Genforschung – Fluch oder Segen?, München 1985, S. 68.

386 Hans Jonas, Lasst uns einen Menschen klonieren. Betrachtungen zur Aussicht genetischer Versuche mit uns selbst, Scheidewege 12, 1982, S. 466.

Aspekten ihrer selbst haben kann"[387]. Er sieht dabei die Vernetzung zwischen Forschung und Anwendung, besonders im Bereich der Humanmedizin, als ähnlich unlöslich wie Jonas. Schon der Versuch ist denselben moralischen Fragen und Grenzen unterworfen wie die faktische Anwendung. Hier kann man Zimmerli ganz in der von Jonas begründeten Tradition sehen.

Aber auch die Perspektive auf die zukünftige Lebenswelt kommender Generationen ist für Zimmerli ein Thema von ethischer Relevanz. Die Unvorhersehbarkeit der Folgen des Gentransfers in somatische Zellen und auf die Expressionen der neuen Gene hat nicht nur für die gegenwärtige Weltgesellschaft sowie die genetisch veränderten Individuen Bedeutung. Durch sie sind auch nachfolgende Generationen betroffen, deren Einverständnis zu dieser unabsehbaren Veränderung nicht eingeholt werden konnte. „Es handelt sich dabei also gleichsam um einen Selbstversuch mit zwingender Beteiligung der nach uns lebenden Generationen, wodurch das in keiner Ethik bestrittene Grundrecht eines jeden Menschen, zu allem, was mit ihm geschieht, wenigstens gehört zu werden, beseitigt wurde, das sich durch Rückgriff auf das Prinzip der Gleichheit begründen lässt"[388]. Jonas würde zwar zustimmen, dass prinzipiell jedem Menschen die gleiche Würde zuerkannt werden muss, es allerdings kein Recht auf Gleichbehandlung im Sinne gleicher Lebensumstände geben kann. Mit einer solchen Position befasst er sich nicht spezifisch, stellt sie aber in der Diskussion um die notwendigen Maßnahmen zur Beseitigung der Krise heraus, indem er auf die notwendigen Verzichtleistungen hinweist, die[389] für Einzelne „wenig Hoffnung" verspricht. Das Recht der zukünftigen Generation besteht also für Jonas nicht auf Grund eines Gleichheitsprinzips, sondern auf Grund der Verantwortung der jetzt Lebenden für die Zukunft der Menschheit und die Antizipation der Zukünftigen als Entsprechungen des Wertes, der in der Selbstbejahung des Seins im Lebendigen zum Ausdruck kommt. Zimmerli schließt sich also an Jonas an, zeigt aber eine Abwandlung seiner Position. Dennoch kann man ihn, auch nach eigener Äußerung, klar in seiner Tradition verstehen.

Damit wird deutlich, dass Jonas' Verantwortungsethik in der Diskussion um die moralische Bedeutung der Gentechnologie auch aktuell noch eine prominente Stimme darstellt. Dabei fällt vor Allem auf, dass seine markantesten Theorieelemente, wie die Ehrfurcht vor der Lebenswürde und das Konzept der Zurückhaltung im Sinne der Heuristik der Furcht auch in dieser Debatte die

387 Walther Zimmerli, Dürfen wir, was wir können? Zum Verhältnis von Recht und Moral in der Gentechnologie, S. 79.

388 Walther Zimmerli, Dürfen wir, was wir können?, S. 78.

389 so erkennt es auch Vittorio Hösle in seiner Jonas-Rezeption.

meiste Beachtung finden. Die Bedeutung seiner ontologischen Wertbegründung wird dagegen anscheinend auch hier unterschätzt. Die besondere Leistung, die man Jonas in Bezug auf das spezielle Feld der genetischen Rekombinatorik zusprechen kann, ist die Wertbegründung des Lebens durch das Organische hindurch und damit besonders durch den genetischen Code. Damit kann er allem genetischen Material eine Würde und so einen Anspruch auf Unberührbarkeit zusprechen, die sich aus ihrer Gemeinsamkeit als Lebendiges heraus erklärt. Würde ist für Jonas etwas, das der Mensch insbesondere, aber nicht exklusiv hat. Diese Position ist für den sittlichen Umgang mit den Möglichkeiten dieser Technologie viel sinnvoller als eine Beschränkung von Wert allein auf Menschliches, wobei sich im Zuge der Genmanipulation die Frage stellen muss, wo im Resultat und veränderten genetischen Code der lebendigen Neuschöpfung das Menschliche und damit das Recht möglicherweise endet. Jonas' Konzept verbietet einen solchen Missbrauch. Leben an sich ist ontologisch wertverbunden und entzieht sich damit der Beliebigkeit. Mit Jonas muss sich die genetische Rekombinatorik also zuerst an diesem Gesetz orientieren. Dieses kann Jonas' Verantwortungsethik für die Debatte um die Gentechnologie leisten. Das stellt sie damit im Verhältnis zu anderen diskutierten Positionen auf einen Sonderplatz, und zwar durch die nur von ihr aus mögliche Universalität und Stärke der Begründung.

Mit Zimmerlis Worten lässt sich ein Fazit für die ethische Maßregelung der DNA-Rekombinatorik ziehen, das auch unter Berücksichtigung von Jonas' Sichtweise als angemessen angesehen werden kann: „Der gezielte Gen-Transfer in Keimbahnzellen muss mithin – selbst auf die Gefahr hin, dass damit Krankheiten nicht oder nur teilweise prophylaktisch ausgeschaltet werden können – geächtet werden. Diagnostik und therapeutische Anwendung gentechnischer Maßnahmen von ‚genetic testing' über ‚genetic screening' bis zu einigen Formen des Gen-Transfers in somatische Zellen sind ethisch zu rechtfertigen, wenn a) zwingende ärztliche Gründe vorliegen (medizinische Indikation), b) der Patient aufgrund ausführlicher Information zugestimmt hat (principle of informed consent, Nuremberg Code) und c) keine weiteren Personen davon tangiert sind, die nicht ihrerseits aufgrund ausführlicher Information zugestimmt hätten (Prinzip der Fairness)"[390]. Man kann vermuten, dass Jonas dem zustimmen würde, wobei er vor allem bezüglich des letzten Punktes eine Problematik hervorheben würde, die aber zum gegenwärtigen Standpunkt vermutlich als unauflösbar angesehen werden muss. Die Einwilligung aller betroffenen Personen würde bedeuten, dass nur eine überschaubare Gruppe von Individuen betroffen sein darf, die alle in

390 Walther Zimmerli, Dürfen wir, was wir können?, S. 79f.

der Lage sind, ihren Konsens zu den Methoden zu geben, dem zur Folge also aktuell lebend und nicht räumlich entzogen sind. Die Folgen der Anwendung müssen also so gering ausfallen, dass sie keine Fernwirkungen erzeugen. Das muss man, betrachtet man die Grundzüge der genetischen Rekombinatorik, möglicherweise neue Lebewesen zu erschaffen, deren Entwicklung letztendlich unabsehbar bleibt, als sehr unwahrscheinlich ansehen. Auf Grund dieser Fragwürdigkeit müsste man dieses ganze Forschungs- und Anwendungsfeld sehr stark eingrenzen und beschränken. Methoden wie das Klonen und Herstellen lebensfähiger neuer Organismen verbieten sich von vornherein, während Anwendungen zur Therapie von Krankheiten in manchen Fällen nach Prüfung eher als unbedenklich akzeptiert werden können. Trotz dieser, vor allem für Vertreter dieser wissenschaftlichen Fachrichtung wahrscheinlich unannehmbaren Einschränkungen muss Zimmerlis Ansicht als sinnvoller Vorschlag angenommen werden, den auch Jonas in hohem Maß zustimmen könnte. Das bringt die DNA-Rekombinatorik jedoch in ein technologisches Tabu-Feld. Dies aber ist sittlich gesehen, wie nun gezeigt, auch richtig und notwendig, wie schwer auch die Durchsetzung dieses Gebots im Weltmaßstab sein mag.

Eine Beurteilung der Methode der genetischen Rekombinatorik auf der Basis von Jonas' Ethiktheorie unter besonderer Berücksichtigung seines ontologischen Konzeptes und ein Versuch zum realen Umgang mit den biotechnologischen Möglichkeiten

Berücksichtigt man Jonas' eigene Aussagen, die er noch zur Gentechnologie treffen konnte, sowie die notwendigen Implikationen, die aus seiner Verantwortungsethik für die DNA-Rekombinatorik notwendig folgen müssen, so lässt sich folgern, dass er ihre Methoden teilweise kritisch beurteilen, größtenteils aber gänzlich ablehnen würde.

Insofern die Anwendung dieser Technologie ganz sicher keine Nah- und Fernwirkungen nach sich ziehen würde, die gegenwärtige und zukünftige Generationen sowie ihre Lebensgrundlagen auf negative Weise betreffen könnte und sich aus dieser Anwendung beispielweise eine Therapie für eine Krankheit ergeben würde, die in ihrer Art die biologische Identität der Betroffenen nicht in Gefahr bringen würde, würde Jonas ihrem Gebrauch wohl zustimmen. Allerdings ist an dieses erwünschte Ergebnis eine Vielzahl von Vorbedingungen geknüpft, die sich praktisch wohl nicht einmal erfüllen lassen würden.

Zunächst wäre da die Unmöglichkeit zu nennen, die Fernwirkungen eines Eingriffes in genetisches Material vollständig im Voraus zu berechnen. Zumindest zum gegenwärtigen Zeitpunkt würde dies den Stand der Wissenschaft überfordern und es ist als ganz ungewiss anzusehen, ob man dazu in näherer Zukunft (oder jemals) in der Lage sein wird, auch deshalb, weil die Genforschung sich weniger auf die Folgen ihrer Anwendung als auf die Erforschung ihrer Möglichkeiten und Entwicklung aktuell brauchbarer Methoden verlegt. Hier kann zumindest von keinem Gleichgewicht gesprochen werden. Damit wird die Folgenabschätzung bis auf weiteres hinter der Anziehungskraft des Machbaren zurückstehen. Solange dies so bleibt, müssen sowohl Grundlagen- als auch Anwendungsforschung in der genetischen Rekombinatorik mit Jonas als unzulässig betrachtet werden.

Der zweite Punkt betrifft die Fragwürdigkeit der Erhaltung der biologischen Identität in der Situation eines Eingriffes, der die Veränderung des genetischen Codes eines Lebewesens zur Folge hat. Insofern dieser Code diese Identität erst bestimmt, muss das Gelingen eines solchen Eingriffes notwendig eine Änderung an ihr zur Folge haben. Die rekombinatorische Methode zur Erschaffung von Hybridlebewesen ist also mit Jonas grundsätzlich als nicht sittlich vertretbar anzusehen. Damit bleibt noch die genetische Veränderung von Zellmaterial, beispielswiese zur Züchtung von Ersatzorganen. Insofern diese keine Lebewesen darstellen, kommt ihnen auch keine Identität zu. Allerdings werden sie, sobald sie durch Implantation in eines eingebracht werden, Teil eines Lebewesens. In ihm kann nicht nur das alterierte Genmaterial zu unberechenbaren Folgen führen. Genauso wird die biologische Identität des Wesens verändert, indem ein wesentlicher Teil von ihm verändert und damit sein genetischer Code nachhaltig beeinflusst wurde.

Das bedeutet also, dass keine Methode der genetischen Rekombinatorik, ob Grundlagenforschung oder Anwendung, durchgeführt an Bakterien, Pflanzen, Tieren oder gar Menschen, mit Jonas als haltbar gelten kann. Insofern der genetische Code, der die Grundlage der Artenvielfalt und der Evolution darstellt, mutwilliger Veränderung durch den Menschen unterworfen ist, ist jede dies betreffende Maßnahme als unsittlich anzusehen. Das betrifft ganz besonders die Methode des Klonens, die Jonas als in herausragender Weise ablehnungswürdig ansieht. Die menschliche Verantwortung hat Sorge zu tragen für die Erhaltung des Lebens in seiner sich aus sich selbst heraus äußernden Form. In keinster Weise hat der Mensch ein Recht darauf, es in experimenteller Weise in seiner Art und Weise sowie in seiner Existenz aufs Spiel zu setzen.

Diese klare Beurteilung geht in ihrer Stärke ganz auf Jonas' ontologische Konzeption seiner Verantwortungsethik zurück. Ohne diese Fundierung wäre die Klarheit dieser Beurteilung nicht möglich. Die Wertzuweisung an das Leben in seinen Formen, die aus der immanent werdenden Selbstbejahung des Seins im Leben hervorgeht, ermöglicht die Festlegung und Begründung der Verantwortungsethik für all ihre praktischen Teilbereiche im menschlichen Lebensvollzug, worunter nur ein kleiner Teilbereich die Gentechnologie als solche betrifft. Aus diesem so tief verankerten Wert entsteht für Jonas die Möglichkeit zu seiner Allgemeinethik der Verantwortung, die alle moralischen Fragestellungen und Ethikkonzepte überspannen und durchdringen kann und muss, um diesem ersten Wert gerecht zu werden, der allen anderen Werten des Lebensvollzugs zu Grunde liegt. Für die Gentechnologie bedeutet das ein besonnenes Abwiegen des Für und Wider ihrer Methoden und eine besonnene Abschätzung der Folgen ihres Einsatzes. Erst wenn diese als unproblematisch eingestuft werden können, darf ein behutsamer Einsatz dieser Technologie zu einem sittlich guten Ziel, wie der Therapie und Linderung von Krankheiten, gewagt werden. Dies gilt für die Gentechnologie genauso wie für jede andere Technologie und jedes andere Wissen. Der Bereich der genetischen Rekombinatorik muss damit mit Jonas als abgelehnt gelten. Aber die Klarheit ihrer Ablehnung mit einer so starken und weit ausgreifenden Begründung, die Jonas entworfen, wenn auch nur als Skizze ausgearbeitet hat, ist für die Situation der Menschheit in der Gegenwart von besonderer Dringlichkeit und Bedeutung.

Macht man den Schritt in die medizinische Praxis, so ist klar, dass die Methoden der Biotechnologie, darunter auch die der genetischen Rekombinatorik, nach ihrer Auffindung und Entwicklung notwendig Folgen für gegenwärtige und künftige Therapiemethoden haben und haben werden. Weitgehend unabhängig von ihrer ethischen Bewertung schaffen ihnen treibende Kräfte des menschlichen Fortschrittshandelns in Hoffnung auf gesundheitlichen und finanziellen Gewinn Raum in der medizinischen Praxis. Jonas war sich bewusst, wie schon gesehen wurde, dass einmal aufgedecktes Wissen notwendig Folgen in der Anwendung nach sich ziehen muss. Mit diesem Folgen umzugehen, muss ebenfalls Ziel einer angemessenen Ethik sein. Also muss sich auch mit Jonas etwas zur Regelung des Umgangs mit zweifelhaften oder ethisch anbzulehnenden Verfahren sagen lassen. Denn die reine Ablehnung als ausreichend für den Umgang mit solchen Methoden anzusehen, wäre leichtsinnig und würde die praktische Realität verleugnen. Das kann nicht in Jonas Sinne sein.

Je komplexere und undurchschaubarere Folgen ein Verfahren haben kann, sei es im positiven oder negativen, aber besonders in der Verflechtung von beidem, desto mehr Bedeutung kommt der Beurteilung des Einzelfalles gegenüber einer allgemeinen Beurteilungsmethode zu. Es ist klar, dass es in der Abwägung zwischen der Hoffnung auf neue Heilungsmethoden und der Sorge um die Integrität des Menschen kein generelles Reglement geben kann. Fraglich ist auch, von wem ein solches ausgehen könnte und dürfte. In der Pflicht steht hier die Gesamtheit der möglichen Betroffenen, der Mensch selbst. Er ist dazu aufgerufen, das, was ihm von seiner Natur her zukommt, angemessen zu verwalten und zu schützen. Jonas spricht hier von einer „Macht über die Macht“: „sie muss nach Lage der Dinge von der Gesellschaft ausgehen, da keine private Einsicht, Verantwortung oder Angst an ihre Aufgabe heranreicht“[391]. Der einzelne Mensch allein ist nicht in der Lage, hier eine angemessene Beurteilung zu finden. Ihm kommt nur ein Teil der Verantwortung zu. Die Gesamtgesellschaft ist in der Vereinigung ihrer Mitglieder und deren individuellen Fähigkeiten aufgerufen, die ihr aufgegebene Aufgabe gemeinsam zu bewältigen und jeder einzelne Mensch hat daran auf seine Weise teil. Seine Verantwortung bleibt unabweisbar, aber nicht unbewältigbar. In der Gemeinschaft muss sie gelingen können. Damit muss eine Diskursethik zumindest in Elementen als praktische Notwendigkeit in der Folge von Verantwortungsethik angenommen werden. Das ist insbesondere interessant, insofern Jonas das selbst so nicht formulierte. Er nahm an, zur Rettung des Menschen aus der Krise sei womöglich eine Diktatur oder ein ihr ähnliches System, weniger aber eine Demokratie verlangt. Insofern er Verantwortung nicht als ein kognitives Phänomen veranschlagt und die Leistungsfähigkeit zur Lösung der Krise nur einer Elite zuschreibt, können sittliche Entscheidungen dazu nicht auf allgemeiner Ebene stattfinden. Dennoch ist ein Beitrag eines gesamtgesellschaftlichen Dialogs notwendig, um die praktischen Implikationen der Verantwortungsethik im Einzelfall angemessen lenken zu können. Hier widerspricht sich Jonas selbst.

Nimmt man das Zustandekommen eines Diskurses aber als notwendiges Ziel an, wie es beispielsweise auch Alfons Matheis tut, der Jonas in einen Bezug zu Horkheimers Konzept setzt[392], so muss zu diesem erst ein angemessener Weg gefunden werden. Vor Allem in Anbetracht der unterschiedlichen Lebenswirklichkeiten und beteiligten Sichtweisen und Fachbereiche kann ein solcher kein von vornherein klarer sein. Julian Nida-Rümelin gibt zu bedenken, dass zunächst einmal „immer wieder darum gerungen werden muss, überhaupt eine gemeinsame Sprache zu sprechen oder jedenfalls einen hinreichend großen

391 Hans Jonas, Das Prinzip Verantwortung, S. 254.

392 Alfons Matheis, Diskurs als Grundlage der politischen Gestaltung, Saarbrücker Hochschulschriften Bd. 27, St. Ingbert 1996.

Überlappungsbereich der unterschiedlichen disziplinären Sprachen zu entwickeln, um eine rationale Verständigung zu ermöglichen"[393]. Diese vielfältigen gesellschaftlichen Wirklichkeiten sind jedoch essenziell notwendig, um den multiplen Aspekten des Verantwortungsauftrags gerecht zu werden. Somit rechtfertigt sich die Schwierigkeit der Aufgabe, ohne darin einen Wegweiser zu ihrer Lösung aufzuweisen. Intensive Bemühungen um Gemeinsamkeit sind notwendig, um die Diskursdimension der praktischen Verantwortungsethik gangbar zu machen.

Gelingt dies, so muss das Ziel dieses Diskurses sein, kollektiv eine Kontrolle der Technik und ihres Einsatzes zu erwirken. Das Individuum besitzt dazu nicht die notwendige Macht. Selbst Regierungsoberhäuptern muss man eine solche Kontrollmöglichkeit absprechen, da auch sie keinen Einblick in und kein umfassendes Verständnis für die einzelnen Prozesse gewinnen können, die innerhalb des Staates ablaufen. Dazu ist jeder Mensch als einzelner angesprochen, aber nur in der Zusammenarbeit aller, wahrscheinlich mit der Hilfe einer gezielten Führung Einzelner, kann die notwendige Kontrolle und so der Auftrag der Verantwortung gelingen. Damit kann die nächste Ebene der Verantwortungsethik skizziert werden: Sie beginnt beim Individuum, muss letztendlich aber bei der Gesamtgesellschaft ankommen. Ein Zusammenspiel von Allgemeinethik und Diskursebene ist in diesem Zusammenhang am Ehesten geeignet, die notwendigen Maßnahmen zur Entsprechung der Verantwortung im Handeln leisten zu können. Damit kommt dem Diskurs im Abwägen für den Einzelfall gegenüber einer Allgemeinethik ohne Ansehen spezifischer Situationen eine gestiegene Bedeutung zu, die Jonas' Konzept so zunächst einmal nicht vermuten lassen würde, die letztendlich aber aus ihm heraus folgt. Kann ein solches gesamtgesellschaftliches Handeln trotz seiner massiven Schwierigkeiten und seiner deshalb geringen Aussicht auf praktischen Erfolg gelingen, muss man jedoch annehmen, dass eine Auflösung der Krise und der daraus resultierenden Bedrohung der technologischen Zivilisation und der sie erhaltenden Natur gelingen könnte. Diese Perspektive ist zweifellos den enormen Aufwand wert, der für den modernen Menschen mit der Aufgabe der Verantwortung und den Umständen seines Daseins in der Welt einhergeht.

---

393 Julian Nida-Rümelin, Humanbiogtechnologie als ethische und gesellschaftliche Herausforderung, in: Nikolaus Knoepffler, Dagmar Schimpanski, Stefan Lorenz Sorgner (Hrsg.), Angewandte Ethik 2.

IX. Abschließende Beurteilung von Jonas Leistung, den Grenzen seines Werkes, der Aufgaben, die sich an es anschließen

Zum Ende dieses Buches sei zunächst noch einmal an die Motivation erinnert, die sie mit Hans Jonas' Gesamtwerk teilt und die auch zur Wahl des Themas ihrer Untersuchungen geführt hat:

Die Biophilosophie von Hans Jonas, an deren Anschluss an die er seine Verantwortungsethik entwickelt hat, entstand aus dem Bewusstsein heraus, dass es etwas in der Welt gibt, das den Menschen trägt und auch bewegt, sodass er sich mit diesem auseinandersetzen muss. Er sah es konzentriert und repräsentiert im Phänomen des Lebens. Als Folge seiner Beschäftigung mit dem Lebendigen und seiner neuen Würdigung als Gegenstand der philosophischen Theorie ging Jonas im Blick auf die weltweiten Umwälzungen und Entwicklungen des zwanzigsten Jahrhunderts auf, dass das Prinzip, das dem Leben inhärent ist, nicht nur in der Theorie und sozusagen kontemplativ behandelt werden darf. Jonas sah einen Anspruch im Leben als solchem aufkommen, der den Menschen in seiner neuen Situation in die Pflicht nimmt. Für ihn war nunmehr ganz klar, dass Philosophie nicht in der Anschauung und im Begreifen des Wirklichen der Dinge erschöpft ist. Für ihn fungiert „das Konzept der Philosophie als Platzhalter für empirische Theorien mit universalistischen Ansprüchen“[394]. Jonas' Werk „Das Prinzip Verantwortung“ gibt von dieser universalistischen, durchweg auf Handeln bezogenen Orientierung in besonderer Weise Zeugnis und zeigt gleichzeitig auf, welche wichtige Rolle die Philosophie in Wissenschaft und Gesellschaft heute übernehmen kann und muss. Aus derselben Überzeugung heraus wurde Jonas' Werk zum Untersuchungsobjekt dieser Arbeit gewählt.

Hans Jonas entwarf seine Verantwortungsethik im Angesicht einer menschlichen und menschengemachten Krise. Sie betrifft nicht nur die Möglichkeit des gegenwärtigen und zukünftigen Fortbestands der menschlichen Art, sondern wirkt über ihn hinaus in die Sphäre des Lebens hinein. Und sie durchdringt sogar diese, reicht bis tief hinunter zu den Wurzeln des Lebendigen und veranlasst Fragen, die nicht nur das Leben, sondern alles Wirkliche überhaupt in

394 Alfons Matheis, Diskurs als Grundlage politischer Gestaltung, Saarbrücker Hochschulschriften Bd. 27, St. Ingbert 1996, S. 408.

seinem Ursprung betreffen. Jonas begreift diesen Ursprung als „das Sein“ und entwickelt so eine ontologische Konzeption, die solcherart angelegt ist, dass mit ihr zugleich eine Wertbegründung aufzubauen ist, die den Menschen letztendlich als Treusorger seines Daseins, und zwar sowohl seiner eigenen Identität als auch der Integrität der ganzen belebten Welt auffasst und in die Pflicht nimmt. Wenn der Mensch diese Pflicht angemessen, also von ihrer ersten Begründung her begreift, dann folgt für Jonas daraus, dass sie sich ihm als die Grundlage für alle Sittlichkeit darstellen muss – auch derjenigen, der zunächst einmal (wie etwa der Gerechtigkeit) andere und eingeschränktere Prinzipien zugrunde liegen. Sie schließt also andere moralische Imperative nicht aus, sondern überspannt sie in einer Ethik, welche aber mit einer neuen Tiefenbegründung und in der gegenwärtig gebotenen Vordringlichkeit die Menschheit und ihre Lebensbedingungen im Heute und Morgen im Blick hat. Von dieser Überzeugung her formulierte Jonas den sogenannten "ökologischen Imperativ“: „Handle so, dass die Wirkungen deiner Handlungen verträglich sind mit der Permanenz echten menschlichen Lebens auf Erden“[395].

Ziel der vorliegenden Arbeit war es aufzuzeigen, dass dieser ontologischen Fundierung in seinem Werk und für die Verantwortungsethik eine zentrale Bedeutung zukommt und welche besondere Leistung Jonas mit ihr erbracht hat. Das Fundament seiner Ethik steht und fällt mit der ontologischen Wertbegründung. Dass diese schlüssig entworfen wurde, welche Implikationen sie hat und wie ihre Gesamtbegründung zur Beurteilung eines moralisch fragwürdigen technologisch geprägten Zivilisation der Gegenwart eingesetzt werden kann – dies zu zeigen war die zentrale Aufgabe und Absicht dieses Buches.

Es genügt nämlich nicht, zur Herleitung unbedingt verpflichtender sittlicher Werte auf die Natur als solche zurückzugehen – so wie sich stoische Autoren auf die Vernunfteinsicht in das, was der Natur gemäß ist, gestützt haben. Jonas teilt mit Kant die Einsicht, dass ein Sollen, insofern es Unbedingtheit einschließt, nicht von der Natur her zu begründen ist. Er war aber, mit Max Scheler, davon überzeugt, dass die Unbedingtheit nicht aus der Erfahrung des Sollens, sondern von einer Werteinsicht begründet werden muss. Er setzte sich von Scheler jedoch dadurch ab, dass er diese Einsicht nicht vom Verstehen der Natur separieren konnte und wollte. Darum muss er von einem Sein handeln, welches die Natur bedingt und aus dessen Struktur auch die Unbedingtheit des Sollens zu verstehen ist. Die Herleitung der sittlichen Imperative aus dem Sein hin zum Wissen des Menschen nimmt zwar ihren Gang über das Verstehen der Natur – über die

395 Hans Jonas, Das Prinzip Verantwortung, S. 36.

Natur also, nicht aber aus der Natur selbst und allein heraus. Jonas reformierte die Idee von dieser in seiner Philosophie des Lebens. Als Wesen innerhalb der Natur muss aber der Mensch verstanden werden – auch als sittliches Wesen in seiner Verpflichtung. Das aber ist nur möglich, wenn sowohl die Naturtheorie als auch die Ethik durch eine solche Ontologie fundiert und gestützt werden.

Eine Ethik, wie sie Jonas entwirft und die eine Ontologie zur Herleitung ihrer sittlichen Verpflichtungen und von Werten mit unbedingter Geltung benötigt, muss eine solche sein, die Werte als außerhalb der menschlichen Sphäre und Gesellschaft verankert annehmen kann. Gesellschaftliche Konvention, Erziehung und Überlieferung können das Zustandekommen dieser Werte nicht zureichend erklären. Vielmehr gibt es eine Verpflichtung, die so tief verankert und doch so unmittelbar bewusst ist, dass für sie gelten muss: ihr Ursprung liegt außerhalb des Menschen; und doch erreicht und engagiert sie ihn kraft seines eigenen Wesens.

Jonas' Naturbegriff ist in besonderer Weise dazu geeignet, in einem solchen Rahmen eine Schlüsselrolle zu übernehmen, nämlich als die Dimension der Vermittlung von Sein an sich und Sein des Menschen. Denn die Natur geht dem Menschen voraus. Und doch ist der Mensch ein Wesen, das dem Ganzen der Natur zuzurechnen ist und das in ihr eine besondere Stellung hat.

Zwar durchdenkt und diskutiert Jonas, wie dargelegt wurde, einen Gottesbegriff als Begründung für die Verfassung der Verantwortung. Er geht aber letztendlich doch nicht von ihm aus. Verantwortung kommt dem Menschen nicht etwa zu, weil Gott sie an den Menschen abgegeben hat, sondern weil sie ihm vom Sein als Wurzel des biologischen Bestehens von Leben an sich her zuwächst.

Es kann zwar vielen scheinen, als sei die Rede vom Sein zu unbestimmt und inhaltsleer, um eine Begründungslast zu tragen, die der gleichkommt, welche die mit dem Gottesgedanken verbunden gewesen ist. Jonas möchte tatsächlich auch Erfahrungen, die mit den Religionen verbunden sind, etwa die der Ehrfurcht und der Bescheidung, im sittlichen Leben bewahren. Aber offenbar hat er in der Betrachtung der Natur und im betrachtenden Nachdenken über sie selbst solche reichen Erfahrungen gemacht. Er könnte aber wohl bei der Formulierung seiner Seinslehre, die mit „Sein" wie selbstverständlich eine solche Fülle verbindet, von Erinnerungen an die griechische Metaphysik, aber auch an seinen Lehrer Heidegger mitbestimmt gewesen sein, bei dem die „Seinsfrage" von letzter, alle Sphären der Erfahrung einschließender Bedeutung ist.

In Zuge der für Jonas Denken charakteristischen Gesamtorientierung hat nun aber der Mensch auch umgekehrt eine Bedeutung für das Sein als solches. Dies zu betonen, macht eine Besonderheit von Jonas' Konzept gegenüber vielen anderen aus. Der Mensch hat sich nicht einfach nur den Gesetzen des Seins unterzuordnen. Insofern er sie begreift und sich in seinem Verhalten nach ihnen ausrichtet, erfüllt er eine einzigartige Funktion in der Welt, die auch nur ihm zukommen kann. Damit wird der Mensch in der Wahrnehmung seiner Verantwortung von und im Handeln ihr gemäß zur Chance des Seins auf eine Form von Selbsterfüllung, auf die es zugleich von sich her angelegt ist. Jonas illustriert damit die Bedeutung, die er der Verantwortung im Kreis von Mensch, Natur und Welt beimisst. Es geht nicht nur um die Begründung von Sittlichkeit, sondern um eine Aufgabe, die dem Menschen aus dem tiefsten Grund seiner eigenen Ermöglichung zukommt, die in seiner Natur liegt und deren Verfehlung schon ohne jede ihrer desaströsen Folgen eine Katastrophe vor dem Sein im Prozess seiner Entfaltung und Manifestation wäre.

So gelingt es Jonas, eine Verantwortung des Menschen gegenüber sich selbst und für seine Zukunft sowie die Zukunft seiner Lebensbedingungen als unabweisbar herzuleiten, die in seine Stellung im Ganzen alles Wirklichen fest eingefügt ist. Seine Theorie erweist sich so als wesentlich stärker, als es den Anschein hat, wenn man sein Werk insgesamt und dessen Entwicklungsgang nicht im Auge hat. Auf anderen Wegen als über die Ontologie, die nur in der späten Skizze ausgearbeitet ist, hätte diese Stärke nicht gewonnen werden können. Die kaum beachtete Außenseiterposition, die seine ontologische Wertbegründung in der modernen Umweltethik-Diskussion einnimmt, wird also Jonas' Werk und Leistung nicht gerecht.

Seine Ethik-Theorie verfügt über diese Stärke, auch dank seines biophilosophischen Theoriehintergrundes, die ihr gewichtige Vorzüge gegenüber anders begründeten Ethikkonzepten verschafft. Das gilt beispielsweise für die vor allem auf den politischen Nahbereich des Handelns zielende Verantwortungsethik von Max Weber oder auch die von Apel und Habermas entwickelte Diskursethik. Diese Theorien verfügen über keine vergleichbar tiefreichenden Begründungen, welche das Dasein des Menschen als Naturwesen ebenso wie seine Gedanken vom Ganzen einschließen. Solche Begründungen sind aber notwendig, um allen Schwierigkeiten und Widerständen entgegenwirken zu können, denen ein Handeln gemäß ihren Maßstäben begegnen muss.

Allerdings ließen sich – und darauf sei hier noch hingewiesen – in Bezug auf die problematische Umsetzung von Jonas' Allgemeinethik, deren Implikationen, zumal die politischen, so vielfältig kritisiert wurden, mit Hilfe der Diskursethik Verbesserungen erreichen. Das gilt freilich nicht für die Wertbegründung als solche, aber doch für ihre Umsetzung in konkretes und wirksames Handeln. Auch Jonas erkennt das an, indem er im Ausgang von seiner Ontologie die Rolle des

Trägers der Verantwortung nicht nur für den Einzelnen, sondern auch für ihn als Mitglied einer menschlichen Gesellschaft entwirft. Die „argumentative Gegenseitigkeit des Anderen-Rechenschaft-Gebens"[396] fasst er in den Blick, indem keine Tat als gerechtfertigt gelten darf, deren Rechtfertigung im Diskurs nicht argumentativ überzeugen kann. Dabei spielt die Gegenwart derer, vor denen es sich zu rechtfertigen gilt, keine Rolle. Auch die nachfolgenden Generationen haben an dieser Diskurs-Gegenseitigkeit des Menschseins teil, indem die Möglichkeit ihres Lebens Teil der gegenwärtigen Verantwortung ist. Deshalb spielt das Diskursprinzip bei Jonas durchaus eine Rolle.

Wie im Vorausgehenden schon angemerkt wurde, haben diskursethische Konzepte in den Fragen der sittlichen Orientierung in konkreten Einzelfällen, für die eine Allgemeinethik wie die von Jonas womöglich nicht hinreichende Auskunftsquelle sein kann, den klaren Vorteil einer größeren Flexibilität des Erwägens und Abwägens. Sie haben aber, für sich genommen, auch den entscheidenden Nachteil der Gefahr der Beliebigkeit. Der Diskurs darf nicht als ausreichende Kraft verstanden werden, die Normen eines allgemeinen Ethikkodex festlegen zu können, da seine Ergebnisse immer von der Überzeugungskraft und den Interessen der Teilnehmer abhängig ist. Seine Ergebnisse können immer auch eine Minderung in der Überzeugungskraft der allgemeinen Prinzipien erfahren, die dem Kompromiss geschuldet ist[397]. In Bezug auf die Beurteilung spezifischer Situationen aber wäre die Einfügung einer Diskursebene in den Rahmen der Allgemeinethik von Jonas eine sinnvoller Schritt zur weiteren Entfaltung auf die bestmögliche Lösung nicht nur des Begründungsproblemes hin. Auch Jonas könnte das aufgrund seiner Überlegungen zu einer möglichen Notwendigkeit einer „Macht über die Macht" befürworten: Diese „muss nach Lage der Dinge von der Gesellschaft ausgehen, da keine private Einsicht, Verantwortung oder Angst an ihre Aufgabe heranreicht"[398]. Diese Gesellschaft kann nur diskursiv beraten, nicht als Macht etwas verfügen. Das Ziel dabei kann aber nicht die gemeinschaftliche Festlegung von Werten werden, die nicht der Wertbegründung aus dem

---

396 Dietrich Böhler/Horst Gronke, In dubio pro responsabilitate: Die Orientierungskraft des Verantwortungsprinzips im ökologischen und bioethischen Diskurs. In: Christian Wiese, Eric Jacobson, (Hrsg.) Weiterwohnlichkeit der Welt. Zur Aktualität von Hans Jonas, Berlin/Wien 2003, S. 319.

397 dazu auch: Hans Julius Schneider, Das Allgemeine als Zufluchtsort. Eine kritische Anmerkung zur Diskursethik, In: Horst Steinmann, Andreas Georg Scherer, Zwischen Universalismus und Relativismus. Philosophische Grundlagenprobleme des interkulturellen Managements, Frankfurt am Main 1998.

398 Hans Jonas, Das Prinzip Verantwortung, S. 254.

Sein entsprechen, von dem her die Werte als solche einsichtig sind. Sehr wohl kann es aber um einzelne Maßnahmen zur letztendlichen Kontrolle der Technik gehen, welche das gesellschaftliche Kollektiv tragen und akzeptieren muss. Das Individuum, so wusste auch Jonas, reicht hierzu, auch kumulativ, nicht aus. Seine Macht, auch seine Einsichtsmacht, ist nicht groß genug, um der gesellschaftlichen Aufgabe gerecht zu werden, die eine Menschheitsaufgabe in einer konkreten Situation ist.

Mit einer solchen Ergänzung ließe sich eine weitere Ebene in der Verantwortungsethik von Jonas begründen. Sie würde in dieser Ethik das wohlbekannte Problem lösen, das sich immer zwischen der Einsicht in allgemeine Prinzipien und der Erkenntnis des in der konkreten Situation Angemessenen einstellt. Jonas Ethik würde so weiter beim Individuum beginnen, indem sie bei seiner Erkenntnis ansetzt und so auch von ihm her wirkt, obwohl es sich immer auch als Naturwesen als der Menschheit zugehörig und insofern als in einem Allgemeinen verortet wissen muss. Letztendlich muss diese Ethik aber auch im Bereich der Handlungsbeurteilung bei der konkreten Allgemeinheit des Kollektivs ankommen, die zum Handeln aufbrechen will und muss. Diese Schrittfolge würde der Diskursethik zwar ihren eigentlichen Begründungsanspruch entziehen, doch würde diese Weise ethischer Vergewisserung so auch nicht als selbstständiges Organ die ihr notwendig überzuordnende Allgemeinethik obstruieren. Letztendlich muss jede weitere Institution der Sittlichkeit dem Anspruch der Verantwortung Raum geben, von der Jonas zeigen wollte, dass in ihr das letzte Prinzip aller unbedingten Verpflichtungen zum Ausdruck kommt. Damit wäre ein Zusammenspiel der allgemeinen Verantwortungsethik und der Diskursethik als einem ihr dienenden Instrument eine sinnvolle Perspektive im Interesse der bestmöglichen Auflösung der Krise der technologischen Zivilisation unter der Anleitung eines sittlichen Grundprinzips. Dass die Menschheit eines solchen bedarf, ist heute noch genauso wahr wie vor einem halben Jahrhundert, als Jonas „Das Prinzip Verantwortung" entwarf. Trotz des rasanten Fortschrittes der Technologie und der Kommunikation haben sich die Probleme der Menschheit nicht im Eigentlichen gewandelt, sondern lediglich zugespitzt. Jonas' Ethikentwurf kann, der Gebrechlichkeit seiner Argumentationen im Einzelnen zum Trotz, heute genauso dazu beitragen, die Menschheit zur Selbsthilfe anzuleiten wie damals. Dabei muss man seiner Konzeption eine besondere Schlüssigkeit und Begründungskraft zubilligen, die ihm aus seiner Fundierung in einer Ontologie auf der Basis von Jonas' entworfenen Verbindung von Seins- und Wertlehre zuwächst. Dieser weite Ausgriff gereicht seinem Gesamtkonzept zu einer Stärke, die es in herausragender Weise dazu befähigt, als Wegweiser auf das hin zu dienen, was dem Menschen von jeher und bis zum heutigen Tage aufgegeben ist: Sein Dasein auf Erden zu sichern und für die Zukunft zu bewahren ohne die Möglichkeiten dazu und deren Grundlage durch ein blindes oder kurzsichtiges Handeln zunichte zu machen. Jonas zeigt auch, dass wir im Grunde alle davon wissen, was zu tun ist. Dieses Wissen findet nicht nur in der Philosophie Stützung, sondern auch in spontanen Überlegungen und Bedenken, die im alltäglichen Bewusstsein aufkommen – so wie es Jonas zunächst auch in seinem eigenen Leben selbst erfahren hat.

Dieses intuitive Wissen erreicht den Menschen in der Betrachtung der lebendigen Dinge: „they ask us to be more than other animals, to put the good of all species before the primacy of one, to be the gardeners of this Eden, to make our oversized brains the heroes, not the villains, of this story"[399]. Eine solche ganz und gar unphilosophische Äußerung gibt doch überraschend deutlich Jonas' philosophische Überzeugung und seine Lehre wieder. Auch heute kommt es darauf an, die in dieser Beobachtung immer mitverstandene Verpflichtung klar hervorzuheben und ihr einen beredten Ausdruck zu geben, sodass die Aussicht darauf anwächst, ihre Prinzipien in Handlungsmaximen und Gesetze zu überführen, um den destruktiven Tendenzen der Weltgesellschaft hinreichend kraftvoll entgegenzuwirken. Naturwissenschaften und Technik sind dabei nicht etwa abzuwerten. Sie können sogar ebenso zum Guten wirken wie die Ethik, die sie zu kanalisieren sucht. Werden sie doch auch dazu nötig sein, die notwendige Bescheidung für die Menschen nicht zu einer Art Opfer werden zu lassen, das als zu weitgehend empfunden wird. Nur ein Übermaß ist gefährlich, so will Jonas sagen, und kann dabei Töne anschlagen, die von fern an Aristoteles erinnern.

In der Praxis kommt es auf die Stimme der Vernunft an, die in der Verantwortung ihren Ausdruck findet. Die Grundfähigkeit, Verantwortung zu tragen, ist nicht erst zu gewinnen. Sie gehört zum Menschsein als solchem und trägt sogar, wie Jonas zeigen will, das ganze Gefüge seines sittlichen Wissens. Demgemäß kann eine lebenswerte menschliche Zukunft nur mit gemeinsamer Anstrengung und unter immensem Kraftaufwand und Verzicht, aber doch auf der Basis dessen gelingen, was schon immer menschlich ist.

So lässt sich diese Untersuchung mit Jonas' berühmten Schlusswort seiner Rede anlässlich der Verleihung des Friedenspreises des deutschen Buchhandels schließen, in der er gegen Ende seines Lebens seiner Hoffnung für den Menschen Ausdruck gibt: „Sich des Schattens bewusst sein aber, wie wir es jetzt eben werden, wird zum paradoxen Lichtblick der Hoffnung. Er lässt die Stimme der

399 Condé Nast Traveller 4/2012.

Verantwortung nicht verstummen. Dies Licht leuchtet nicht wie das der Utopie, aber seine Warnung erhellt unseren Weg – zusammen mit dem Glauben an Freiheit und Vernunft. So kommt am Ende doch das Prinzip Verantwortung mit dem Prinzip Hoffnung zusammen – nicht mehr die überschwängliche Hoffnung auf ein irdisches Paradies, aber die bescheidenere auf eine Weiterwohnlichkeit der Welt und ein menschenwürdiges Fortleben unserer Gattung auf dem ihr anvertrauten, gewiss nicht armseligen, aber doch beschränkten Erbe. Auf diese Karte möchte ich setzen."

Literaturverzeichnis

Werke von Hans Jonas

Hans Jonas, Das Prinzip Verantwortung. Versuch einer Ethik für die technologische Zivilisation, Frankfurt am Main 1979.

Hans Jonas, Organismus und Freiheit. Ansätze zu einer philosophischen Biologie, Göttingen 1973.

Hans Jonas, Philosophie. Rückschau und Vorschau am Ende des Jahrhunderts, Frankfurt am Main 1993.

Hans Jonas, Philosophische Untersuchungen und metaphysische Vermutungen, Frankfurt am Main 1992.

Hans Jonas, Christian Wiese, (Hrsg.) Erinnerungen, Frankfurt am Main 2003.

Hans Jonas, Technik, Medizin und Ethik, Frankfurt am Main 1985.

Hans Jonas, Technik, Ethik und Biogenetische Kunst, Betrachtungen zur neuen Schöpferrolle des Menschen, München 1985.

Hans Jonas, Zwischen Nichts und Ewigkeit. Drei Aufsätze zur Lehre vom Menschen, Göttingen 1987.

Hans Jonas, Der Gottesbegriff nach Auschwitz, Eine jüdische Stimme, Frankfurt am Main 1987.

Hans Jonas, Technik, Freiheit und Pflicht. Dankesrede anlässlich der Verleihung des Friedenspreises des Deutschen Buchhandels, Frankfurt a. M. 1987.

Hans Jonas, The Phenomenon of Life. Toward a Philosophical Biology, Evanston 1966.

Hans Jonas, Gnosis und spätantiker Geist. Teil I. Die mythologische Gnosis. Mit einer Einleitung Zur Geschichte und Methodologie der Forschung, 3. Aufl., Göttingen 1964.

Hans Jonas, Gnosis und spätantiker Geist. Teil II,1. Von der Mythologie zur mystischen Philosophie, Göttingen 1954.

Hans Jonas, Philosophical Essays. From Ancient Creed to Technological Man, Chicago/London 1980.

Hans Jonas, On Faith, Reason and Responsibility: Six Essays, San Francisco 1978.

Hans Jonas, David Herr, The Imperative of Responsibility. In Search of an Ethics for the Technological Age, Chicago 1984.

Hans Jonas, Macht oder Ohnmacht der Subjektivität? Das Leib-Seele-Problem im Vorfeld des Prinzips Verantwortung, Frankfurt am Main 1981.

Hans Jonas, Dietmar Mieth, Was für morgen lebenswichtig ist. Unentdeckte Zukunftswerte, Freiburg im Breisgau 1983.

Hans Jonas, Wissenschaft als persönliches Erlebnis, Göttingen 1987.

Hans Jonas, Materie, Geist und Schöpfung. Kosmologischer Befund und kosmogonische Vermutung, Frankfurt am Main 1988.

Hans Jonas, Ingo Herrmann (Hrsg.), Erkenntnis und Verantwortung. Gespräch mit Ingo Hermann in der Reihe „Zeugen des Jahrhunderts", Göttingen 1991.

Hans Jonas, Wolfgang Schneider (Hrsg.), Dem bösen Ende näher. Gespräche über das Verhältnis des Menschen zur Natur, Frankfurt am Main 1993.

Hans Jonas, Dietrich Böhler, (Hrsg.) Kritische Gesamtausgabe der Werke von Hans Jonas. Philosophische Hauptwerke Band I/1: Organismus und Freiheit. Philosophie des Lebens und Ethik der Lebenswissenschaften, Freiburg 2009.

Nachlass Hans Jonas, HJ 1–8–29, unveröff. (Durchschlag des Vortrags „Theology of the Suffering God").

Nachlass Hans Jonas, HJ 1–14–1, unveröff. (Entwurf ersten Kapitels von „Organism and Freedom" (Arbeitstitel)).

Nachlass Hans Jonas, HJ 1–15–1, unveröff. (Notizen zu Whitehead).

Nachlass Hans Jonas, HJ 2–9–1, unveröff. (Notizen zu Whitehead).

Nachlass Hans Jonas, HJ 10–18–1, unveröff. (Zusammenfassung des Projekts „Organism and Freedom").

Nachlass Hans Jonas, HJ 10–18–2, unveröff. (Notizen zur Evolution).

Nachlass Hans Jonas, HJ 10-18-7, –8, –10, unveröff. (Notizen zum Gefühl bei Tieren).

Werke anderer Autoren

Karl-Otto Apel, Diskurs und Verantwortung, Frankfurt am Main 1988.

Aristoteles, De Anima. Über die Seele, Ditzingen 2011.

Aristoteles, Metaphysik, 3. Auflage, Hamburg 1989.

Aristoteles, Nikomachische Ethik, Ditzingen 1986.

Francis Bacon, The Works, 14 Bände, Stuttgart-Bad Cannstatt 1961.

Wolfgang Baum, Gott nach Auschwitz. Reflexionen zum Theodizeeproblem im Anschluss an Hans Jonas, Paderborn 2004.

Henri Bergson, Materie und Gedächtnis. Eine Abhandlung über die Beziehung zwischen Körper und Geist, Hamburg 1991.

Die Bibel, Einheitsübersetzung (15. Aufl.), Freiburg 1999.

Edward J. Birkenbeil, Verantwortliches Handeln in der Erziehung. Eine Herausforderung für. die Dialogische Pädagogik, Ditzingen 1986.

Dieter Birnbacher, Bioethik zwischen Natur und Interesse, Frankfurt am Main 2006.

Dieter Birnbacher, Norbert Hoerster (Hrsg.), Texte zur Ethik, München 1982.

Nick Bostrom, Dinosaurs, Dodos, Humans?, Global Agenda, Feb. 2006.

Klaus Braun, Menschenwürde und Biomedizin, Frankfurt am Main 2000.

Georg Buckenheimer-Lucius, (Hrsg.) Forschung an embryonalen Stammzellen. Ethische und rechtliche Aspekte, Köln 2002.

Dietrich Böhler (Hrsg.); Verstehen und Verantworten. Im Diskurs mit Hans Jonas, Münster 1993.

Dietrich Böhler (Hrsg.), Ethik für die Zukunft. Im Diskurs mit Hans Jonas, München 1994.

Dietrich Böhler, Horst Gronke, Bernadette Herrmann (Hrsg.), Mensch, Gott, Welt: Philosophie des Lebens, Religionsphilosophie und Metaphysik im Werk von Hans Jonas, Freiburg i. Br. 2008.

Rüdiger Bubner, Konrad Cramer, Reiner Wiehl. (Hrsg.): Teleologie. Neue Hefte für Philosophie, Bd. 20, Göttingen 1981.

Edward Craig, David Hume. Eine Einführung in seine Philosophie, Frankfurt 1979.

Georg Damschen, Dieter Schönecker (Hrsg.), Der moralische Status menschlicher Embryonen, Berlin, New York 2003.

Wilhelm Dilthey, Gesammelte Schriften. Band 7, Stuttgart 1960.

Wilhelm Dilthey, Einleitung in die Geisteswissenschaften. Versuch einer Grundlegung für das Studium der Gesellschaft und der Geschichte, Bd. 1, Leipzig 1883.

Erich Dinkler (Hrsg.), Zeit und Geschichte. Dankesgabe an Rudolf Bultmann zum 80. Geburtstag, Tübingen 1964.

Hans Driesch, Philosophie des Organischen, 2 Bde., Leipzig 1921.

Markus Düwell, Klaus Steigleder (Hrsg.), Bioethik – eine Einführung, Frankfurt am Main 2003.

Albin Eser (Hrsg.), Biomedizin und Menschenrechte, Frankfurt am Main. 1999.

Rainer Flöhl, Genforschung – Fluch oder Segen?, München 1985.

Gary Francione, Animals, property, and the law, New York 1995.

Gary Francione, Rain without thunder: The ideology of the animal rights movement, New York 1996.

Gary Francione, Introduction to animal rights: your child or the dog?, New York 2000.

Gary Francione, Animals as persons: essays on the abolition of animal exploitation, New York 2008.

Gary Francione, The Animal Rights Debate: Abolition or Regulation?, New York 2010.

Michael Fuchs, u. a.: Enhancement. Die ethische Diskussion über biomedizinische Verbesserungen des Menschen, Bonn 2002.

Arnold Gehlen, Der Mensch. Seine Natur und seine Stellung in der Welt, Wiesbaden 1978.

Christian Geyer (Hrsg.), Biopolitik. Die Positionen, Frankfurt am Main 2001.

Klaus Goergen, Medizinethik. Texte für den Unterricht, Fortbildungstagung Ethik am 19. Und 20. Nov. 2008, Esslingen.

Richard Grathoff, Hans-Georg Soeffner und Ilja Srubar (Hrsg.), Alfred Schütz-Werkausgabe, Konstanz 2003.

Dominik Groß, Arnd T. May, Alfred Simon (Hrsg.), Klinische Ethikberatung an Universitätskliniken, Münster 2008.

Jürgen Habermas, Die postnationale Konstellation. Politische Essays, Frankfurt am Main 1998.

Jürgen Habermas, Die Zukunft der menschlichen Natur. Auf dem Weg zu einer liberalen Eugenik?, Frankfurt am Main 2003.

Herbert Hart, Punishment and Responsibility, Oxford 1968.

Gerald Hartung (Hrsg.), Naturphilosophie als Grundlage der Naturethik: Zur Aktualität von Hans Jonas, Freiburg i. Br. 2013.

Martin Heidegger, Sein und Zeit (GA2), Frankfurt am Main 1977.

Friedrich-Wilhelm von Herrmann (Hrsg.), Martin Heidegger. Gesamtausgabe, Bd. 9, Frankfurt am Main 1976.

Gertrude Hirsch Hadorn, Umwelt, Natur und Moral. Eine Kritik an Hans Jonas, Vittorio Hösle und Georg Picht, Freiburg/München 2000.

Gerald Hartung, Kristian Köchy, Jan C. Schmidt, Georg Hofmeister (Hrsg.), Naturphilosophie als Grundlage der Naturethik. Zur Aktualität von Hans Jonas, Freiburg 2013.

Carsten Hick (Hrsg.), Klinische Ethik, Heidelberg 2007.

Norbert Hoerster, Ethik des Embryonenschutzes, Stuttgart 2002.

Martin Honecker, Evangelische Ethik als Ethik der Unterscheidung. Ethik im Theologischen Diskurs Band 20, Berlin, 2010.

David Hume, Ein Traktat über die menschliche Natur (A Treatise of Human Nature) Band 1 + 2, Hamburg 1989.

David Hume, Eine Untersuchung der Grundlagen der Moral (An Enquiry concerning the Principles of Morals), Göttingen 2002.

David Hume, An enquiry concerning human understanding (1. ed) London 2014.

Otfried Höffe, Medizin ohne Ethik? Frankfurt am Main 2002.

Vittorio Hösle, Die Krise der Gegenwart und die Verantwortung der Philosophie: Transzendentalpragmatik, Letztbegründung, Ethik, München 1997.

Vittorio Hösle, Moral und Politik. Grundlagen einer politischen Ethik für das 21. Jahrhundert, München 1997.

Vittorio Hösle, Philosophie der ökologischen Krise. Moskauer Vorträge, München 1994.

Information Biotechnologie in Deutschland, Initiative des Bundesministeriums für Bildung und Forschung, biotechnologie.de.

Bernhard Irrgang, Einführung in die Bioethik, München 2005.

Bernhard Irrgang, Matthias Lutz-Bachmann (Hrsg.), Begründung von Ethik. Beiträge zur philosophischen Ethik-Diskussion heute, Würzburg 1990.

Karl Jaspers, Die Schuldfrage. Von der politischen Haftung Deutschlands, München 1999.

J. H. Jeans, The Mysterious Universe, Cambridge 1933.

Otto Kaiser (Hrsg.), Gedenken an Rudolf Bultmann, Tübingen 1977

Immanuel Kant, Wilhelm Weischedel (Hrsg.),Werkausgabe, 12 Bände, 15. Auflage, Frankfurt am Main 1977

Immanuel Kant, AA III, Kritik der reinen Vernunft, hg. v. Wilhelm Weischedel, Frankfurt am Main 1974

Immanuel Kant, Kritik der Urteilskraft, hg. v. Wilhelm Weischedel, 2. Aufl., Frankfurt am Main 1996

Immanuel Kant, Kritik der praktischen Vernunft, hg. v. Wilhelm Weischedel, Frankfurt am Main 2000

Immanuel Kant, Über das Misslingen aller philosophischen Versuche einer Theodizee, In: Immanuel Kant, Werkausgabe, Band 11, hg. v. Wilhelm Weischedel, Frankfurt am Main 1977

Immanuel Kant, Grundlegung zur Metaphysik der Sitten, Stuttgart 2004

Arthur Kaufmann, Recht und Sittlichkeit. Recht und Staat in Geschichte und Gegenwart, 282/283, Tübingen 1984

Franz-Xaver Kaufmann, Der Ruf nach Verantwortung. Risiko und Ethik in einer unüberschaubaren Zeit, Freiburg/Basel/Wien 1992

Ester Borghese Keene, Hans Jonas. Mythe, temps et mémoire, Europaea memoria, Reine I: Studien Band 104, Zürich 2014

Matthias Kettner, (Hrsg.) Biomedizin und Menschenwürde, Frankfurt am Main 2004

Joachim Klose, Die Struktur der Zeit in der Philosophie Alfred North Whiteheads, Alber Symposion, Freiburg 2002

Nikolaus Knoepffler, Dagmar Schimpanski, Stefan Lorenz Sorgner, (Hrsg.) Angewandte Ethik 2, Freiburg/München 2005

Wilhelm Korff, Ludwig Beck, Paul Mikat, Lexikon der Bioethik, drei Bände, hrsg. im Auftrag der Görres-Gesellschaft, Gütersloh 1998

Horst Krautkrämer (Hrsg.), Ethische Fragen an die moderne Naturwissenschaft, Frankfurt am Main/München 1987.

Gottfried Wilhlem Leibniz, Die Theodizee, Nr. 7, Hamburg 1986.

Hans Lenk, Zwischen Wissenschaft und Ethik, Frankfurt am Main 1992.

Hans Lenk, Natur – Umwelt – Ethik, Münster 2003.

Wolf Lepenies, Historisierung der Natur und Entmoralisierung der Wissenschaften, 1983.

Rupert Lay, Ethik für Wirtschaft und Politik, Frankfurt am Main/Berlin 1991.

John Locke, Versuch über den menschlichen Verstand in vier Büchern, Hamburg 1988 und 2000.

John Locke, Über den richtigen Gebrauch des Verstandes, Hamburg 1978.

Konrad Lorenz, Die Rückseite des Spiegels. Versuch einer Naturgeschichte menschlichen Erkennens, München 1973.

Konrad Lorenz, Über tierisches und menschliches Verhalten, München 1984.

Alfons Matheis, Diskurs als Grundlage der politischen Gestaltung. Das politisch-verantwortungsethische Modell der Diskursethik als Erbe der moralischen Implikationen der Kritischen Theorie Max Horkheimers im Vergleich mit dem Prinzip Verantwortung von Hans Jonas, Saarbrücker Hochschulschriften Bd. 27, St. Ingbert 1996.

Ernst Mayr, Evolution und die Vielfalt des Lebens, Berlin 1979.

Ernst Mayr, Evolution and the diversity of life, Cambridge 1976.

Thomas Meyer, Susanne Miller (Hrsg.), Zukunftsethik und Industriegesellschaft, München 1986.

Dietmar Mieth, Die Diktatur der Gene. Biotechnik zwischen Machbarkeit und Menschenwürde, Freiburg 2001.

Jürgen Moltmann, The Challenge of Life, Roche Anniversary 1971, Basel/Stuttgart 1972.

Nationaler Ethikrat, Klonen zu Fortpflanzungszwecken und Klonen zu biomedizinischen Forschungszwecken, Berlin 2004.

Ingo Nippert, Präimplantationsdiagnostik – ein Ländervergleich, Berlin 2006.

Robert Nozick, Philosophical Explanations, Cambridge 1981.

Clare Palmer, (Hrsg.) Animal Law, The International Library on Rights, Farnham 2008.

Georg Picht, Der Begriff der Verantwortung. In: Wahrheit, Vernunft, Verantwortung. Philosophische Studien. Stuttgart 2004.

Annemarie Pieper, Urs Thurnherr, (Hrsg.) Angewandte Ethik. Eine Einführung, München 1998.

Platon, Politeia, Übersetzung von Otto Apelt, Köln 2010.

Tom Regan, The Struggle for Animal Rights, International Society for Animal Rights, 1987.

Tom Regan, Defending Animal Rights, Illinois 2001.

Tom Regan, Animal Rights, Human Wrongs: An Introduction to Moral Philosophy, Lanham, 2003.

Tom Regan, J.M. Masson, Empty Cages: Facing the Challenge of Animal Rights, Lanham 2005.

Wulff Rehfus, Handwörterbuch Philosophie, Göttingen 2003.

Günter Ropohl, Ethik und Technikbewertung, Frankfurt am Main 1996.

John K. Roth (Hrsg.), Out of the Whirlwind. A Reader of Holocaust Literature, New York 1968.

John K. Roth (Hrsg.), The Death of God Movement and the Holocaust, London 1999.

Michael J. Sandel, Plädoyer gegen die Perfektion, Frankfurt am Main 2008.

Hans Jörg Sandkühler (Hrsg.), Europäische Enzyklopädie zu Philosophie und Wissenschaften. Bd. 4, Hamburg 1990.

Jean-Paul Sartre, Das Sein und das Nichts, Reinbek 1993.

Oskar Schatz, Brauchen wir eine andere Wissenschaft?, Graz/Wien/Köln/Styria 1981.

Max Scheler, Die Stellung des Menschen im Kosmos, 11. Auflage, Bonn 1995.

Max Scheler, Der Formalismus in der Ethik und die materiale Wertethik, Bonn 2008.

Max Scheler, Schriften zur Anthropologie, Ditzingen 1994.

Thomas Schramme, Bioethik, (Campus-Einführungen) Frankfurt, New York, 2002.

Bettina Schöne-Seifert, Grundlagen der Medizinethik, Stuttgart 2007.

Alfred Schütz, Der sinnhafte Aufbau der sozialen Welt. Eine Einleitung in die verstehende Soziologie, Wien 1932.

Hans-Theodor Schmidt, Präimplantationsdiagnostik. Jenseits des Rubikons? Münster 2003.

Daniel J. Silver (Hrsg.), CCAR Journal Anthology on Judaism and Ethics, New York 1970.

Peter Singer, Animal Liberation. Die Befreiung der Tiere, Reinbek 1996.

Peter Singer, Praktische Ethik, Neuausgabe, Stuttgart 2004.

Jan Christiaan Smuts, Holism and Evolution, London 1926.

Robert Spaemann, Reinhard Löw, Die Frage Wozu? Geschichte und Wiederentdeckung des teleologischen Denkens, München 1981.

Horst Steinmann, Andreas Georg Scherer, Zwischen Universalismus und Relativismus. Philosophische Grundlagenprobleme des interkulturellen Managements, Frankfurt am Main 1998.

Elisabeth Ströker, Ethik der Wissenschaften? Philosophische Fragen, München 1984.

Cass Sunstein, Martha Nussbaum (Hrsg.), Animal Rights. Current Debates and New Directions, Oxford 2004.

H. Wagner (Hrsg.), Mit Gott streiten. Neue Zugänge zum Theodizee-Problem, Freiburg 1998.

Max Weber, J. Winckelmann (Hrsg.), Gesammelte Politische Schriften, 5. Auflage, Tübingen 1988.

Franz-Josef Wetz, Baustelle Körper. Bioethik im 21. Jahrhundert, Stuttgart 2009

Alfred North Whitehead, Prozess und Realität. Entwurf einer Kosmologie, Frankfurt a. M. 1995.

Christian Wiese, Eric Jacobson, (Hrsg.) Weiterwohnlichkeit der Welt. Zur Aktualität von Hans Jonas, Berlin/Wien 2003.

Urban Wiesing, (Hrsg.) Ethik in der Medizin. Ein Studienbuch, Stuttgart 2004.

Bernd Wille, Ontologie und Ethik bei Hans Jonas, Dettelbach 1996.

Steven Wise, Drawing the Line: Science and the Case for Animal Rights, Cambridge 2002.

Steven Wise, Rattling the Cage: Toward Legal Rights for Animals, Cambridge 2000.

Franz M. Wuketits, Bioethik – eine kritische Einführung, München 2006.

Zeitschriften

Condé Nast Traveller 04/2012, Condé Nast Publications Ltd., London 2012.
Forum TTN 9/2002.
The Journal of Philosophy 47, 1950.
Politik und Zeitgeschichte B 3/85.
Scheidewege 24, 1994/95.
Schriften Königsberger Gelehrte Gesellschaft, Naturwiss. Klasse, 9. Jahrgang 1933.
Zeitschrift für medizinische Ethik, Wien (seit 1993).
Zeitschrift für Evangelische Theologie, Bd.24, 1964.

Abbildungen

www.pixabay.com